美丽乡村建设丛书

新农村

住区规划

骆中钊　编著

中国电力出版社
CHINA ELECTRIC POWER PRESS

内 容 提 要

　　本书是《美丽乡村建设丛书》中的一册，书中扼要地介绍了传统聚落与新农村住区，在提出新农村住区的规划原则和用地选择的基础上，分章较为全面、系统地阐述了新农村住区住宅用地、公共服务设计规划布局、道路交通和绿化景观规划设计，并辟专章介绍了新农村生态住区的规划设计。还编入经过精选的新农村住区规划实例，以便广大读者参考。

　　书中内容丰富，观点鲜明、理念新颖。努力突出社会主义新农村住宅小区规划设计的特殊性，是一本实用性、可读性较强的读物。适合于广大农民群众阅读，可供从事新农村建设的广大设计人员、规划人员和管理人员工作中参考，也可作为大专院校相关专业师生教学参考，还可作为对从事新农村建设的管理人员进行培训的教材。

图书在版编目（CIP）数据

新农村住区规划 / 骆中钊编著． —北京：中国电力出版社，2018.7
（美丽乡村建设丛书）
ISBN 978-7-5123-7510-9

Ⅰ. ①新…　Ⅱ. ①骆…　Ⅲ. ①农村住宅－住宅区规划－中国　Ⅳ. ①TU984.12

中国版本图书馆 CIP 数据核字（2015）第 069792 号

出版发行：中国电力出版社
地　　址：北京市东城区北京站西街 19 号（邮政编码 100005）
网　　址：http://www.cepp.sgcc.com.cn
责任编辑：乐　苑（010-63412380）
责任校对：马　宁
装帧设计：王红柳
责任印制：石　雷

印　　刷：三河市航远印刷有限公司
版　　次：2018 年 7 月第一版
印　　次：2018 年 7 月北京第一次印刷
开　　本：787 毫米×1092 毫米　16 开本
印　　张：20.5
字　　数：505 千字
印　　数：0001—1500 册
定　　价：68.00 元

前　言

改革开放 30 多年来，是我国农村经济发展和建设最快的时期，特别是在沿海较发达地区，星罗棋布的社会主义新农村生气勃勃，迅速成长，向世人充分展示着其拉动农村经济社会发展的巨大力量。

我国是一个地域辽阔的多民族大家庭，由于受历史文化、民情风俗、自然条件、地理环境和经济发展速度不同的影响，全国各地的农村建设发展水平也不平衡。对于社会主义新农村的建设，2006 年 12 月中共中央农村工作会议指出，无论是东部地区还是中西部地区，推进现代农业建设都可以有所作为，都要从当地实际情况出发，从农村最需要、最有条件解决的问题着手，在具体实施过程中，既要突出重点、整体推进，又要防止一刀切、搞单一模式；既要科学规划、立足长远，又要防止脱离实际、急于求成。发展现代农业，建设社会主义新农村是一项长期而艰巨的任务。因此，在进行社会主义新农村建设规划时，要有强烈的责任心和紧迫感，抓紧落实，用只争朝夕的精神、深入基层脚踏实地的作风和因地制宜、实事求是的理念，以艰苦奋斗、勤奋工作的态度和科学创新、勇于实践的思想，在规划中抓住重点、努力实践、摸索经验、积极推进。确保现代农业建设取得实效，努力走出一条具有中国特色的农业现代化道路，为建设社会主义新农村打下坚实的基础。

从生态学上，可以清晰地看到，农村的基底是广阔的绿色原野，村庄即是其中的斑块，形成了"万绿丛中一点红"的优美生态环境。因此，在我国城乡结构中，星罗棋布的各类农村，是一个相当活跃、又各具特色的聚落，它依然保留着很多贴近自然的优美乡村。广大农村正在日益成为人们喜爱和追逐的好地方。因此，社会主义新农村的建设，目标要清晰，特色要突出。这就要求在新农村住区规划中理念要新、起点要高、质量要严。

要建设好新农村，规划是龙头。搞好新农村的规划设计是促进新农村健康发展的保证，这对推动城乡统筹发展、加快我国的城镇化进程，缩小城乡差别、扩大内需、拉动国民经济持续增长都发挥着极其重要的作用。

新农村住区规划是新农村详细规划的主要组成部分，是确保新农村住宅建设环境优美的重要手段，是实现新农村总体规划的重要步骤。现在人们已经开始追求适应小康生活的居住水平，这不仅要求新农村住区的建设必须适应可持续发展的需要，同时还要求必须具备与其相配套的居住环境，新农村的住宅建设必然趋向于小区化，改革开放以来，经过众多专家学者和社会各界的努力，城市住区的规划设计和研究工作取得很多可喜的成果，为促进我国的城市住区建设发挥了极为积极的作用，新农村住区与城市住区虽然同是住区，有着很多的共性，但在实质上，还是有着不少的差异，并具有特殊性。在过去相当长的一段时期里，由于对新农村住区规划设计的特点缺乏深入研究，导致新农村住区建设要么生硬地套用一般城市住区规划设计的理念和方法，要么采用简单化和小型化了的城市住区规划。甚至将城市住区由于种种原因难以避免的远离自然、人际关系冷漠也带到新农村住区，使得农村住区自然环境贴近、人际关系密切、传统文化深厚的特征遭受到严重的摧残。使得"国际化"和"现代化"对中华民族优秀传统文化的冲击也波及广泛的农村。导致很多农村丧失了独具的中国特色和地方风貌，破坏了生态环境，严重地影响到广大农民群众的生活，阻挠了新农村的经济发展。

现在正处于我国新农村又一个发展的历史时期。东部经济较为发达地区、中西部地区的新农村也将迅速发展。这就要求我们必须认真总结，充分利用农村比起城市，有着环境优美贴近自然、乡土文化丰富多彩、民情风俗淳朴真诚、传统风貌鲜明独特以及依然保留着人与自然、人与人、人与社会和谐融合的特色。努力弘扬优秀传统建筑文化，借鉴我国传统民居聚落的布局，讲究"境态的藏风聚气，形态的礼乐秩序，势态和形态并重，动态和静态互释，心态的厌胜辟邪等。"十分重视人与自然的协调，强调人与自然融为一体的"天人合一"。在处理居住环境和自然环境的关系时，注意巧妙地利用自然形成"天趣"。对外相对封闭，内部则极富亲和力和凝聚力，以适应人们的居住、生活、生存、发展的物质和心理需求。因此，建设美丽乡村，新农村住区的规划设计应立足于满足新农村广大农民群众当代和可持续发展的物质和精神生活的需求，融入地理气候条件、文化传统及风俗习惯等，体现地方特色和传统风貌，以精心规划设计为手段，努力营造融于自然、环境优美、颇具人性化和各具独特风貌的新农村住区。

通过对实践研究的总结，特将对新农村住区规划设计的认识和理解整理成书，旨在抛砖引玉。

本书是《美丽乡村建设丛书》中的一册，书中扼要地介绍了新农村建设的规划理念，在提出新农村住区的规划原则和用地选择的基础上，分章较为全面、系统地阐述了住区住宅用地、公共服务设计规划布局、道路交通、绿化景观和生态住区的规划设计，并辟专章编入经过精选的新农村住区规划实例，以便广大读者参考。

书中内容丰富，观点鲜明、理念新颖。努力突出社会主义新农村住区规划设计的特殊性，是一本实用性、可读性较强的读物。适合于广大农民群众阅读，可供从事新农村建设的广大设计人员、规划人员和管理人员工作中参考，也可作为大专院校相关专业师生教学参考。

在本书编著过程中，得到很多领导、专家学者和广大农村群众的热情关注和支持，张惠芳、骆伟、陈磊、冯惠玲、赵玉颖、骆毅、庄耿、邱添翼、林志伟、饶玉燕、李雄、李松梅、韩春平、黄洵、涂远承、虞文军、林琼华、张志兴、郑文笔、黄山等同志参加资料的整理和汇编工作，特致以衷心的感谢。

限于水平，不足之处，敬请广大读者批评指正。

骆中钊

2014 年秋于北京什刹海畔滋善轩

目　录

1 传统聚落与新农村住区

中华文化是中华民族生生不息、团结奋进的不竭动力。要全面认识祖国传统文化，取其精华，去其糟粕，使之与当代社会相适应、以现代文明相协调，保持民族性，体现时代性；加强对各民族文化的挖掘和保护，重视文物和非物质文化遗产保护，做好文化典籍整理工作。加强对外文化交流，吸收各国优秀文明成果，增强中华文化国际影响力。推进文化创新，增强文化发展活力，让人民共享文化发展成果。重视弘扬中华民族优秀的传统文化，传承民居建筑文化，深入做好古村落和历史文化街区的保护规划。我国传统村庄聚落的规划布局，十分重视与自然环境的协调，强调人与自然融为一体。在处理居住环境与自然环境关系时，注意巧妙地利用自然形成的"天趣"，以适应人们的居住、生产、贸易、文化交流、社群交往以及民族的心理和生理需要。重视建筑群体的有机组合和内在理性的逻辑安排，建筑单体形式虽然千篇一律，但群体空间组合则千变万化。虽为人作，宛自天开。形成了古朴典雅、秀丽恬静、各具特色的村庄聚落。我们必须努力做好历史文化村落和历史街区的保护规划，继承、发展传统民居建筑文化，延续其生命力，为建设社会主义新农村发挥积极的作用。

1.1 我国传统村镇聚落的形成和发展

1.1.1 传统聚落的历史演进

我国"聚落"一词，起源颇早，《史记·五帝本纪》记载："一年而所居成聚，二年成邑，三年成都。"注释中称："聚，谓村落也。"《汉书·沟恤志》记载："或久无害，稍筑室宅，遂成聚落。"

人都是聚居的动物，聚居是人类的本性。人类社会的发展是从聚居开始，大致经历了以下几个过程：巢居和穴居、逐水草而居——分散的半固定的乡村聚落——固定的乡村聚落——集镇聚落——城市聚落。

聚落是人类聚居和生活的场所，是以住宅建筑为主的环境，通俗的称谓就是居民点。

1. 巢居和穴居

在生产力水平低下的状况下，人类的生活场所基本依靠于自然，天然洞穴和巢显然首先成为最宜居住的"家"。这些居住方式都能在很多的古籍文献和考古遗址中得到证实。根据《庄子·盗跖》中记载："古者禽兽多而人少，于是皆巢居以避之，昼拾橡栗，暮栖树上，故命之同有巢氏之民。"《韩非子·五蠹》中也有类似的记载："上古之世，人民少而禽兽众，人民不胜禽兽虫蛇，有圣人作，构木为巢，以避群害，而民悦之，使王天下，好之日有巢氏。"从考古发现的北京周口店遗址、西安半坡遗址、浙江河姆渡遗址等都能证实穴居是当时人类主要的居住方式，它满足了原始人对生存的最低要求。

进入氏族社会以后，随着生产力水平的提高，房屋建筑也开始出现。但是在环境适宜的地区，穴居依然是当地氏族部落主要的居住方式，只不过人工洞穴取代了天然洞穴，且形式日渐多样，更加适合人类的活动。例如，在黄河流域有广阔而丰厚的黄土层，土质均匀，含有石灰质，有壁立不易倒塌的特点，便于挖作洞穴。因此原始社会晚期，竖穴上覆盖草顶的穴居成为这一区域氏族部落广泛采用的一种居住方式。同时，在黄土沟壁上开挖横穴而成的窑洞式住宅，也在山西、甘肃、宁夏等地广泛出现，其平面多为圆形，和一般竖穴式穴居并无差别。山西还发现了"低坑式"窑洞遗址，即先在地面上挖出下沉式天井院，再在院壁上横向挖出窑洞，这是至今在河南等地仍被使用的一种窑洞。随着原始人营建经验的不断积累和技术提高，穴居从竖穴逐步发展到半穴居，最后又被地面建筑所代替。

巢居和穴居是原始聚落发生的两大渊源。

2. 逐水草而居

逐水草而居是游牧民族主要的生活方式。《汉书·匈奴传》中记载："匈奴逐水草迁徙，无城郭常居耕田之业，然亦各有分地。"匈奴人是我国历史上最早的草原游牧民族。草原环境的生态特性决定了草原载畜量的有限性，因为没有哪一片草场经得起长期放牧，因此游牧业一经产生就与移动性生活相伴而行。为了追寻水草丰美的草场，游牧社会中人与牲畜均作定期迁移，这种迁移既有冬夏之间季节性牧场的变更，也有同一季节内水草营地的选择。由于这种居无定所的状况，游牧民们住的基本都是帐篷或蒙古包，方便移动。

逐水草而居的生活方式经历了漫长的历史，虽然随着社会的发展，这种生活方式是越来越少了，然而在今天的蒙古或更偏远一些的草原，它依然存在。这种居住文化是草原游牧民族所特有的，是一种历史的传承。

3. 乡村聚落

聚落约始于新石器时代，由于生产工具的进步，促进了农业的发展，出现了人类社会的第一次劳动大分工，即农业与狩猎、畜牧业的分离。随着原始农业的兴起，人类居住方式也由流动转化为定居，从而出现了真正意义上的原始乡村聚落——以农业生产为主的固定村落。河南磁山和裴李岗等遗址是我国目前发现的时代最早的新石器时代遗址之一，距今 7000 多年。从发掘情况看，磁山遗址已是一个相当大的村落。这一转变对人类发展具有不可估量的影响，因为定居使农业生产效率提高，使运输成为必要，定居促进了建筑技术的发展，使人们树立起长远的生活目标，强化了人们的集体意识，产生了"群内"和"群外"观念，为更大规模社会组织的出现提供了前提。

乡村聚落的发展是历史的、动态的，都有一个定居、发展、改造和定型的过程。乡村聚落的最初形态其实就是散村，这些散村单元慢慢以河流、溪流或道路为骨架聚集，成为带形聚落。带形聚落发展到一定程度则在短向开辟新的道路，这种平行的长向道路经过巷道或街道的连接则称为井干形或日字形道路骨架，进一步可发展为团状的乡村聚落。

从乡村聚落形态的演化过程看，上述过程实际是一种由无序到有序、由自然状态慢慢过渡到有意识的规划状态。已经发掘的原始乡村聚落遗址，如陕西宝鸡北首岭聚落、河南密县莪沟北岗聚落、郑州大河村聚落、黄河下游大汶口文化聚落、浙江嘉兴的马家浜聚落以及余姚的河姆渡聚落等，明显表现出以居住区为主体的功能分区结构形式。这说明我国的村落规划思想早在原始聚落结构中，已经有了明显的和普遍的表现。

原始的乡村聚落都是成群的房屋与穴居的组合，一般范围较大，居住也较密集。到了仰韶文化时代，聚落的规模已相当可观，并出现了简单的内部功能划分，形成了住宅区、墓葬区以及陶窑区的功能布局。聚落中心是供氏族成员集中活动的大房子，在其周围则环绕着小的住宅，门往往都朝着大房子。陕西西安半坡氏族公社聚落和陕西临潼的姜寨聚落就是这种布局的典型代表。

陕西西安半坡氏族公社聚落，形成于距今五、六千年前的母系氏族社会。遗址位于西安城以东 6km 的浐河二级阶地上，平面呈南北略长、东西较窄的不规则圆形，面积约 5 万 km^2，规模相当庞大。经考古发掘，发现整个聚落由三个性质不同的分区组成，即居住区、氏族公墓区和制陶区。其中，居住房屋和大部分经济性建筑，如储藏粮食等物的窖穴、饲养家畜的圈栏等，集中分布在聚落的中心，成为整个聚落的重心。在居住区的中心，有一座供集体活动的大房子，门朝东开，是氏族首领及一些老幼的住所，氏族部落的会议、宗教活动等也在此举行。"大房子与所处的广场，便成了整个居住区规划结构的中心。"46 座小房子环绕着这个中心，门都朝向大房子。房屋中央都有一个火塘，供取暖、煮饭、照明用，居住面平整、光滑，有的房屋分高低不同的两部分，分别用作睡觉和放置东西。房屋按形状可分方形和圆形两种，最常见的是半窑穴式的方形房屋。以木柱作为墙壁的骨干，墙壁完全用草泥将木柱裹起。屋面用木椽或木板排列而成，上涂草泥土。居住区四周挖了一条长而深的防御沟。居住区壕沟的北面是氏族的公共墓地，几乎所有死者的朝向都是头西脚东。居住区壕沟的东面是烧制陶器的窑场，即氏族制陶区。居住区、公共墓地区和制陶区的明显分区表明朴素状态的聚落分区规划观念开始出现。

陕西临潼的姜寨聚落也属于仰韶文化遗存，遗址面积五万多平方米。从其发掘遗址来看，整个聚落也是以环绕中心广场的居住房屋组成居住区，周围挖有防护沟。内有四个居住区，各区有十四、五座小房子，小房子前面是一座公共使用的大房，中间是一个广场，各居住区房屋的门都朝着中心，房屋之间也分布着储存物品的窖穴。沟外分布着氏族公墓和制陶区，其总体布局与半坡聚落如出一辙。

由此可见，原始的乡村聚落并非单独的居住地，而是与生活、生产等各种用地配套建置在一起。这种配套建置的原始乡村聚落孕育着规划思想的萌芽。

4. 集镇聚落

集镇聚落产生于商品交换开始发展的奴隶社会。在众多的乡村聚落中，那些具有交通优势或一定中心地作用的聚落，有可能发展成为当地某一范围内的商品集散地，即集市。在集市的基础上渐次建立经常性商业服务设施，逐渐成长为集镇。在集镇形成后，大都保留着传统的定期集市，继续成为集镇发展的重要因素。

集镇内部结构的主要特征是商业街道居于核心的地位。集镇的平面形态则受当地环境以及与相邻村镇联络的道路格局的影响，作带状伸展或作块状集聚，并随其自身的成长而逐步扩展。

集镇的形态和经济职能兼有乡村和城市两种特点，是介于乡村和城市间的过渡型居民点，其形成和发展多与集市场所有关。

5. 城市聚落

城市聚落指规模大于乡村和集镇的以非农业活动和非农业人口为主的聚落。城市一般人口数量大、密度高、职业和需求异质性强，是一定地域范围内的政治、经济、文化中心。

一般说来，城市聚落具有大片的住宅、密集的道路，有工厂等生产性设施，以及较多的商店、医院、学校、影剧院等生活服务和文化设施。

1.1.2 我国传统村镇聚落的历史形态

村镇聚落不同于城市，它的形成往往要经历一段比较漫长的、自发演变的过程，这个过程既无明确的起点，也没有明确的终点，因此一直处于发展变化的过程之中。城市则不同，虽然开始阶段也带有某种自发性，但一经跨进城市这个范畴，便要受到某种形式的制约。如我国历代都城，都不可避免地要受到礼制和封建秩序的严重制约，从而在格局上必须遵循某种模式。而且城市通常以厚实的城墙作为限定手段，使城的内外分明，这就意味着城市的发展是有一个相对明确的终结。

村镇的发展过程则带有明显的自发性，除少数天灾人祸所导致的村镇重建或易地而建，一般村落都是世代相传并延绵至今的，而且还要继续传承下去。也有特殊的状况出现，即由于村镇发展到一定规模，受到土地或其他自然因素的限制，不得不寻觅另一块基地以扩建新的村落，所以使得原来的村落一分为二。这就表明，村镇的发展虽然没有明确的界限，但发展到一定阶段也会达到饱和的限度，超过了这个限度再发展下去就会导致很多不利的后果，最直接的就是将相同血缘关系的大家族被迫分割开来。在一个大家族中，也会不可避免地发生各种各样的矛盾与冲突，这种矛盾一旦激化同样会导致家族的解体，即使是在封建社会受封建制度禁锢的大家族中也是如此。因此伴随着分家与再分家的活动，势必要不断地扩建新房，并使原来村落的规模不断扩大。基于以上的分析得出，传统村镇聚落的发展是带有很强的自发性。如今的发展则不全然是盲目的，还要考虑地形、占地、联系、生产等各种利害关系，但对这些方面的考虑都是比较简单而直观的。加上住宅的形式已早有先例——内向的格局，因此人们主要考虑的还是住宅自身的完整性。至于住宅以外，包括住宅与住宅之间的空间关系都有很多灵活调节的裕地。可是由于人们并不十分关注于户外空间，因而它的边界、形态多出于偶然而成不规则的形式。此外，人们为了争取最大限度地利用宅基地，常常会使建筑物十分逼近，这样便形成了许多曲折、狭长、不规则的街巷和户外空间。村落的周界也参差不齐，并与自然地形相互穿插、渗透、交融，人们可以从任何地方进入村内，没有明确的进口和出口。凡此种种，虽然在很大程度上出于偶然，但却可以形成极其丰富多样的空间变化。这种变化由于自然而不拘一格，有时甚至会胜过于人工的刻意追求。这种传统村镇聚落布局便形成了独具中国传统文化内涵的"乡村园林"。这也启迪我们：对于村镇聚落的研究，其着眼点不应当仅放在人们的主观意图上，而应重在对于客观现状的分析。

1.1.3　我国传统村镇聚落的现状

在当今社会，经济结构的深刻变化给传统村落的发展施加了很大压力。农村产业结构的变化带来了劳动力的解放，大量农业人口奔向城市，使许多用房闲置无用，任其败落，老建筑因年久失修，频频倒塌，原来对村落起重要作用的村落景观也无人问津。农村产业结构的变化带来了农村经济的发展，但是在产量迅速提高及生产合理化的同时，消耗了越来越多的自然资源。

由于更新方式不当，许多地区从前那种令人神往的田园景观、朴实和谐的居住氛围一去不复返了。传统聚居场所逐渐被由水泥和砖坯粗制滥造的新民房所侵占。这不仅是当地居民生存质量的危机，也是乡土文化濒于消亡的危机。人们渴望回归自然，传统村镇聚落布局的乡村园林景观越来越成为人们的理想追求。

1.1.4　我国传统村镇聚落的发展前景

由于长期以来对城市建设的偏向，使得规划师、建筑师很少涉及农村，长期以来未能对农村规划设计进行深入的研究。规划设计研究严重滞后于城市的规划设计。因此，必须努力做到：不能只用城市的理念来进行规划设计；不能只用现代的观念来进行规划设计；不能只用以"我"为本的理念来进行规划设计；不能只用简陋的技术方法来进行规划设计；不能只用模式化进行规划设计。必须更新观念，树立科学的发展观，深入农村，熟悉农民，理解农民，尊重农民。创造各具特色的规划设计。

当前，在社会主义新农村的建设中，如何弘扬传统文化、强化生态环境保护、促进农业经济发展，已经成为社会各界颇为关切的问题。在研究中，广大学者通过刻苦的努力，普遍认为以创意性生态农业文化促进村镇规划的研究，是推动农村经济发展的有效途径。

1.2　我国传统村镇聚落布局形态及特点

在传统的村镇聚落中，先民们不仅注重住宅本身的建造，还特别重视居住环境的质量。

在《黄帝宅经》总论的修宅次第法中，称"宅以形势为身体，以泉水为血脉，以土地为皮肉，以草木为毛皮，以舍室为衣服，以门户为冠带。若得如斯，是为俨雅，乃为上堂。"极为精辟地阐明了居住环境与自然环境的亲密关系，以及居室对于人类来说有如穿衣的作用。

"地灵人杰"即是人们对风景秀丽、物产富饶、人才聚集的赞美。

安居乐业是人类的共同追求，人们常说的"地利人和"，道出优越的地理条件和良好的邻里关系是营造和谐家居环境的关键所在。"远亲不如近邻"以及"百万买宅、千万买邻"的成语都说明了构建密切邻里关系的重要。《南史·吕僧珍传》："宋季雅罢南康郡，市宅居僧珍宅侧。僧珍问宅价，曰'一千一百万'怪其贵。季雅曰：'一百万买宅，千万买邻'。"因以"百万买宅，千万买邻"比喻好邻居千金难买。(宋)辛弃疾《新居上梁文》："百万买宅，千万买邻，人生孰若安居之乐？"、"孟母三迁"脍炙人口的历史故事，讲的是战国时代，孟子的母亲为了让他能受到好的教育，先后搬了三次家，第一次搬到坟场旁边，环境非常不好；第二次搬到喧闹的市集，孟子无心学习；最后又搬到了国家开设的书院附近，孟子才开始变得守秩序、懂礼貌、喜欢读书。含辛茹苦的孟妈妈满意地说："这才是我儿子应该住的地方呀！"后来，孟子受名校的熏陶，在名师的指导下，成了中国伟大的思想家。"近朱者赤，近墨者黑"。这些都十分鲜明地显示出人与环境有着紧密关系。

在总体布局上，民居建筑一般都能根据自然环境的特点，充分利用地形地势，并在不同的条件下，组织成各种不同的群体和聚落。

在中国古典园林的研究中主要包括皇家园林、私家园林、寺庙园林三种，很少有人提到乡村园林，对乡村园林的研究更是甚少。乡村园林根植于自然环境，充分利用自然环境，我国古典园林师法自然，崇尚天人合一，即是借鉴乡村园林的典型，因而乡村园林应该是古典园林形式的始祖。

我国传统聚落的布局，讲究"境态的藏风聚气、形态的礼乐秩序、势态和形态并重、动态与静态互释、心态的厌胜辟邪等"。十分重视人与自然的协调，强调了人与自然融为一体。在处理居住环境和自然环境的关系时，注意巧妙地利用自然形成"天趣"。对外相对封闭，内部却极富亲和力和凝聚力，以适应人们居住、生活、生存、发展的物质和心理需求。例如，福建土楼就充分展现了我国传统民居建筑文化的魅力，单体拔地而起，岿然矗立；聚落成群，蔚为壮观。有的依山临溪，错落有致，有的平地突兀，气宇轩昂；有的大如宫殿府第，雄伟壮丽；有的玲珑精致，巧如碧玉；有的如彩凤展翅，华丽秀美；有的如猛虎雄踞，气势不凡；有的斑驳褶皱，尽致沧桑；有的丝滑细腻，风流倜傥；有的装饰考究，卓尔不群；有的自然随意，率性潇洒。但却与蓝天、碧水、山川、绿树、田野阡陌、炊烟畜牧等交相辉映，浑然天成，构成了集山、水、田、人、文、宅为一体的一幅天地人和谐、精气神相统一的美丽画卷。形成了独具特色的中国乡村园林，是所有人造园林的范本。

我国传统聚落的布局贴近自然，村落与田野融为一体，展现了良好的生态环境、秀丽的田园风光和务实的循环经济；尊奉祖先、聚族而居的遗风造就了优秀的历史文化、淳朴的民情风俗、深厚的伦理道德和密切的邻里关系。这种"清雅之地"，正是那些随着经济的发展、社会生活节奏加快、长期生活在枯燥城市生活的现代人所追求回归自然、返璞归真的理想所在。这种村镇聚落布局所形成的乡村园林景观必然成为众人观光旅游和度假的向往选择。因此，在新农村住区规划中，应该在弘扬传统优秀民居聚落布局的基础上，努力探索其优秀历史文化的传承。

1.2.1 村镇聚落民居的布局形态

（1）乡村民居常沿河流或自然地形而灵活布置。村内道路曲折蜿蜒，建筑布局较为自由、不拘一格。一般村内都有一条热闹的集市街或商业街，并以此形成村落的中心。再从这个中心延伸出几条小街巷，沿街巷两侧布置住宅。此外，在村入口处往往建有小型庙宇，为村民举行宗教活动和休息的场所，如图 1-1 所示。总体布局有时沿河滨溪建宅，如图 1-2 所示；有时傍桥靠路筑屋，如图 1-3 所示。

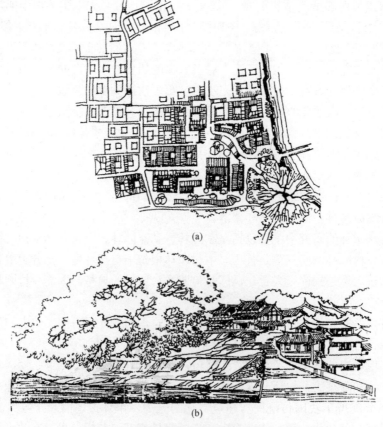

(a)

(b)

图 1-1　新泉桥头民居总体布置及村口透视
（a）总体布置；（b）村口透视

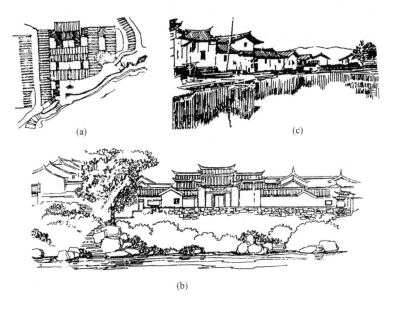

图 1-2 沿河滨溪建宅

（a）新泉水边住宅平面图；（b）新泉水边住宅沿河立面图；（c）古田池边民居外观

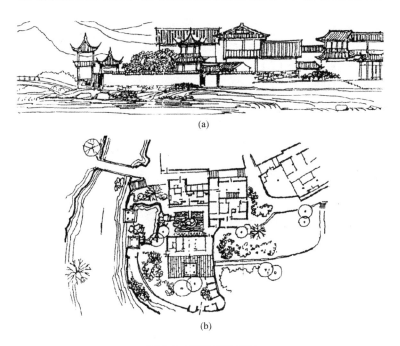

图 1-3 傍桥靠路筑屋

（a）莒溪罗宅北立面图；（b）莒溪罗宅平面图

（2）在斜坡、台地和那些狭小不规则的地段，在河边、山谷、悬崖等特殊的自然环境中，巧妙地利用地形所提供的特定条件，可以创造出各具特色的民居建筑组群和聚落，它们与自然环境融为一体，构成耐人寻味的和谐景观。

（3）利用山坡地形，建筑一组组的民居，各组之间由山路相联系，这种山村建筑平面自然、灵活，顺地形、地势而建。自山下往上看，在绿树环抱之中露出青瓦土墙，一栋栋素朴的民居十分突出，加之参差错落、层次分明，颇具山村建筑特色，如图1-4所示。

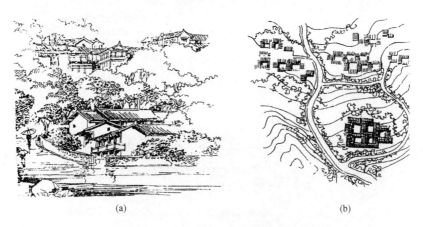

(a)   (b)

图1-4 下洋山坡上民居分布图及外观

(a) 外观；(b) 民居分布图

（4）台地地形的利用。在地形陡峻和特殊地段，常常以两幢或几幢民居成组布置，形成对比鲜明而又协调统一的组群，进而形成民居聚落。福建永定和平楼（如图1-5所示）是利用不同高度山坡上所形成的台地，建筑了上、下两幢方形土楼。它们一前一后，一低一高，巧妙地利用山坡台地的特点。前面一幢土楼是坐落在不同标高的两层台地上，从侧面看上去，前面低而后面高。相差一层，加上后面的一幢土楼正门入口随山势略微偏西面，打破了重复一条轴线的呆板布局，从而形成了一组高低错落、变化有秩的民居组群。

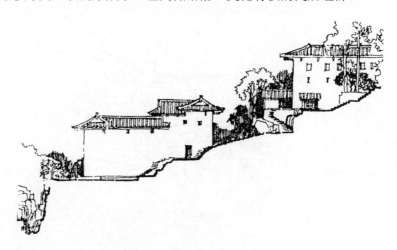

图1-5 永定和平楼侧立面

（5）街巷坡地的利用。坐落在坡地上的乡镇街巷本身带有坡度。在这些不平坦的街巷两侧建造民居，两侧的院落坐落在不同的标高上，通过台阶进入各个院落，组成了富于高、低层次变化的建筑布局。坡地街巷如图1-6所示。福建长汀洪家巷罗宅坐落在从低到高的狭长小巷内，巷中石板铺砌的台阶一级一级层叠而上。洪宅大门入口开在较低一层的宅院侧面。随高度不同而分成三个地坪不等高的院落，中庭有侧门通向小巷，后为花园。以平行阶梯形外墙相围，接连的是两个高、低不同的厅堂山墙及两厢的背立面。以其本来面目出现，该高则高、是低则低，使人感到淳朴自然、亲切宜人。

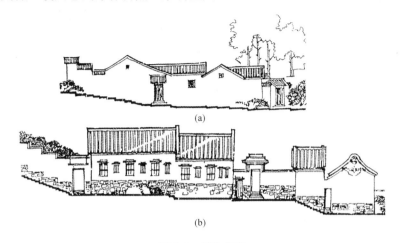

图 1-6　坡地街巷

（a）福建长汀洪家巷罗宅侧立面；（b）集美陈宅侧立面

1.2.2　聚族而居的村落布局

家族制度的兴盛使得民居聚落的形式和民居建筑各富特色、独具风采。

家族制度的一个重要表现形式就是聚族而居，很多乡村的自然村落，大都是一村一姓。所谓"乡村多聚族而居，建立宗祠，岁时醮集，风犹近古"。这种一村一姓的聚落形态，虽然在布局上往往因地制宜，呈现出许多不同的造型，但由于家族制度的影响，聚落中必须具备应有的宗族组织设施，特别是敬神祭祖的活动，已成为民间社会生活的一项重要内容。因此，聚落内的宗祠、宗庙的建造，成为各个家族聚落显示势力的一个重要标志和象征。这种宗祠、宗庙大多建筑在聚落的核心地带，而一般的民居，则环绕着宗祠、宗庙依次建造，从而形成了以家族祠堂为中心的聚落布局形态。福建泉港区的玉湖村是陈姓的聚居地，现有陈姓族人近5000人。全村共有总祠1座、分祠8座。总祠坐落在村庄的最中心，背西朝东，总祠的近周为陈姓大房子孙聚居。二房、三房的分祠坐落在总祠的左边（南面），坐南朝北；围绕着二房、三房分祠而修建的民居，也都是坐南朝北。总祠的左边（北面）是六房、七房、八房的聚居点，这三房的分祠则坐北朝南，民居也坐北朝南。四房、五房的子孙则聚居在总祠的前面，背着总祠、大房，面朝东边。四房、五房的分祠也是背西朝东。这样，整个村落的布局，实际上便是一个以分祠拱卫总祠、以民居拱卫祠堂的布局形态，如图1-7所示。

福建连城的汤背村是张氏家族聚居的村落，全族共分六

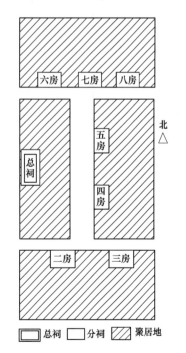

图 1-7　福建泉州泉港区玉湖村
陈氏总祠及各祠分布示意

房，大小宗祠、房祠不下 30 座。由于汤背村背山面水，地形呈缓坡状态，因此这个村落的所有房屋均为背山（北）朝水（南）。家族的总祠建造在聚落的最中心，占地数百平方米，高大壮观，装饰华丽。大房、二房、三房的分祠和民居分别建造在总祠的左侧；四房、五房、六房的分祠和民居则建造在总祠的右侧，层次分明，布局有序，如图 1-8 所示。

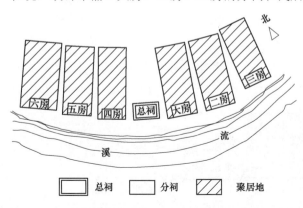

图1-8　福建省连城县汤背村张氏总祠及各分祠分布示意

以家族宗祠为核心的聚落布局，充分体现了宗祠的权威性和民居的向心观念。为了保障家运族运久远，各个家庭都十分重视祠堂的风水气脉。祠堂选址，讲究山川地势，藏风得水，前案后水，背阴向阳，以图吉利、兴旺。如连城邹氏家族的华堂祠，"观其融结之妙，实擅形胜之区，觇脉络之季蛇，则远绍水星之幛，审阴阳之凝聚，则直符河络之占局，环龙水汇五派以濚泗，栋宇接鳌峰，靠三台而挺秀，是诚天地之所钟，鬼神之所秘，留为福人开百代之冠裳者也。而且结构精严，规模宏整，瞻其栋宇，而栋宇则巍峨矣，览其垣墉，而垣墉则孔固矣，门厅堂室，焕然一新。"此外，以家族祠堂为核心的聚落布局还特别重视家庙的建筑布局。家庙大多建造在村落的前面，俗称"水口"处，显得十分醒目。家庙设置在村落的前面（水口），一方面，当然是企图借助神的威力，抵御外来邪魔晦气对于本家族的侵扰；另一方面，则是大大增强了家庭聚落的外部威严感。在村口、水口家庙的四周，往往都栽种着古老苍劲的高大乔木树林，更显得庄严肃穆。家族聚落的布局，力求从自然景观、风水吉地、宗祠核心、家庙威严等各个方面来体现家族的存在，使家族的观念渗透到乡人、族人的日常生活中。

广东东莞茶山镇的南社村保存着较好的古村落文化生态。它把民居、祠堂、书院、店铺、古榕、围墙、古井、里巷、门楼、古墓等融合为一体，组成很有珠江三角洲特色的农业聚落文化景观，如图 1-9 所示。古村落以中间地势较低的长形水池为中心，两旁建筑依自然山势而建，呈合掌对居状，显示了农耕社会的内敛性和向心力。南社在谢氏入迁前，虽然已有十三姓杂居，但至清末谢氏则几乎取其他姓而代之，除零星几户他姓外，基本上全都是谢氏人口，成了谢氏村落。历经明清近 600 年的繁衍，谢氏人口达 3000 多人。在这个过程中，宗族的经营和管理对谢氏的发展、壮大显得尤为重要。南社古村落

图1-9　南社古村落以长形水池为中心合掌而居

现存的祠堂建筑反映了宗族制度在南社社会中举足轻重的地位。珠江三角洲一带把村落称为"围"，村子显著的地方则称为"围面"。南社祠堂大多位于长形水池两岸的围面，处于古村落的中心位置，鼎盛时期达 36 间，现存 25 间。其中建于明嘉靖三十四年（1555 年）

的谢氏大宗祠为南社整个谢氏宗族所有，其余则为家祠或家庙，分属谢氏各个家族。与一般民居相比，祠堂建筑显得规模宏大、装饰华丽。各家祠给族人提供一个追思先人的静谧空间。祠堂是宗族或家族定期祭拜祖先、举办红白喜事、族长或家长召集族人议事的场所。宗族制度在南社明清时期的权威性可以从围墙的修建与守卫制度的制定和实施得到很好的印证。建筑作为一种文化要素携带了其背后更深层的文化内涵，通过建筑形态或建筑现象可以发现其蕴含的思想意识、哲学观念、思维行为方式、审美法则，以及文化品位等。南社明清古村落的聚落布局、道路走向、建筑形态、装饰装修等方面无不包涵丰富的文化意喻。南社明清古村落的布局和规划反映了农耕社会对土地的节制、有效使用和对自然生态的保护。使得自然生态与人类农业生产处于和谐状态。对于进行规划设计仍然是值得学习和借鉴的。

1.2.3 我国传统村镇聚落布局特点

1. 极富哲理和寓意的乡村布局

浙江秀丽的楠溪江风景区，江流清澈、山林优美、田园宁静。这里村寨处处，阡陌相连，特别是保存尚好的古老传统民居聚落，更具诱惑力。

"芙蓉""苍坡"两座古村位居雁荡山脉与括苍山脉之间永嘉县岩头镇南、北两侧。那里土地肥沃、气候宜人、风景秀丽、交通便捷，是历代经济、文化发达地区。两村历史悠久，始建于唐末，经宋、元、明、清历代经营得以发展。始祖均为在京城做官之后，在此择地隐居而建。在宋代提倡"耕读"，入仕为官、不仕则民的历史背景和以农为主、自给自足的自然经济条件下，两村由耕读世家逐渐形成封闭的家族结构，世代繁衍生息。经世代创造、建设，使得古村落的整体环境、建筑模式、空间组合及风情民俗等，都体现了先民对顺应自然的追求和"伦理精神"的影响。两村富有哲理和寓意的乡村布局、精致多彩的礼制建筑、质朴多姿的民居、古朴的传统文明、融于自然山水之中的清新、优美的乡土环境，独具风采，令人叹为观止。

"芙蓉"村的乡村布局以"七星八斗"立意构思 [如图 1-10（a）所示]，结合自然地形规划布局而建。星——即是在道路交汇点处，构筑高出地面约 10cm、面积约 2.2m² 的方形平台。斗——即是散布于村落中心及聚落中的大小水池。它象征吉祥，寓意村中可容纳天上星宿，魁星立斗、人才辈出、光宗耀祖。全村布局以七颗"星"控制和联系东、西、南、北道路，构成完整的道路系统。其中以寨门入口处的一颗大"星"（4m×4m 的平台）作为控制东西走向主干道的起点，同时此"星"也作为出仕人回村时在此接见族人村民的宝地。村落中的宅院组团结合道路结构自然布置。全村又以"八斗"为中心分别布置公共活动中心和宅院，并将八个水池进行有机组织，使其形成村内外紧密联系的流动水系，不仅保证了生产、生活、防卫、防火、调节气候等的用水，而且还创造了优美奇妙的水景，丰富了古村落的布局。经过精心规划建造"芙蓉"村，不仅布局严谨、功能分区明确、空间层次分明有序，而且"七星八斗"的象征和寓意更激发乡人的心理追求，创造了一个亲切而富有美好联想的古村落自然环境的独特的乡村园林景观。

芙蓉村本无芙蓉，而是在村落西南山上有三座高崖，三峰突隆，霞光印照，其色白透红，状如三朵含苞待放的芙蓉，人称芙蓉峰，村子因此而得名，并且村民又将村中最大的水池称为芙蓉池 [如图 1-10（d）所示]，一到夕阳倩影，芙蓉峰倒映水中，芙蓉三冠芙蓉池，芙蓉村的乡村布局便由此诗意的场景令人叹服。

"苍坡"村的乡村布局以"文房四宝"立意构思进行建设，如图 1-11 所示。在村落的前面开池蓄水以象征"砚"；池边摆设长石象征"墨"；设平行水池的主街象征"笔"（称笔街）；

(a)

(b)

(c)

(d)

图 1-10　芙蓉村

（a）芙蓉村现状图；（b）芙蓉村规划图；（c）村口门楼；（d）芙蓉池

1—村口门楼；2—大"星"平台；3—大"斗"中心水池；4—村口门楼；5—大"星"平台；

6—大"斗"中心水池；7—文化中心；8—商业集市；9—扩建新宅

借形似笔架的远山（称笔架山）象征"笔架"有意欠纸，意在万物不宜过于周全，这一构思寓意村内"文房四宝"皆有，人文荟萃，人才辈出。据此立意精心进行布置的"苍坡"村的乡村园林形成了笔街商业交往空间，并与村落的民居组群相连；以砚池为公共活动中心，巧借自然远山景色融于人工造景之中，构成了极富自然的乡村园林景观。这种富含寓意的布局，给乡人居住、生活的环境赋予了文化的内涵，创造了蕴含想象力和激发力的乡土气息，陶冶着人们的心灵。

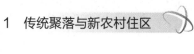

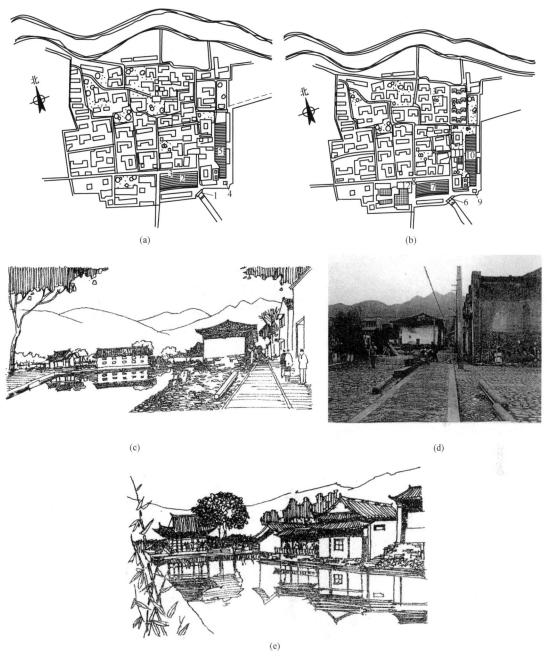

图 1-11　苍坡村

（a）苍坡村现状图；（b）苍坡村规划图；（c）苍坡村"文房四宝"的乡村园林景观；
（d）苍坡村笔街；（e）苍坡村望兄亭景观

1—村口门楼；2—砚池；3—笔街；4—望兄亭；5—水月塘；6—村口门楼；7—砚池；8—笔街；

9—望兄亭；10—水月塘；11—文化中心；12—商业集市；13—扩建新宅

古村落位居山野，这种与大自然青山绿水融为一体的乡土环境和古村落风貌所形成的乡村园林景观具有独特的魅力。造村者利用大自然赋予的奇峰、群山的优美形态，丰富村落的空间轮廓线，衬托出古村落完美的形象。借自然山水之美，巧造乡村园林景观。使古村落充满无穷的活力。古村落的乡村园林美景令人陶醉。

2. 融于自然环境的乡村布局

爨底下古村是稳置于北京门头沟区斋堂镇京西古驿道深山峡谷的一座小村，如图1-12所示，相传该村始祖于明朝永乐年间（1403～1424年）随山西向北京移民之举，由山西洪桐县迁移至此；为韩氏聚族而居的山村，因村址住居险隘谷下而取铭爨底下村。

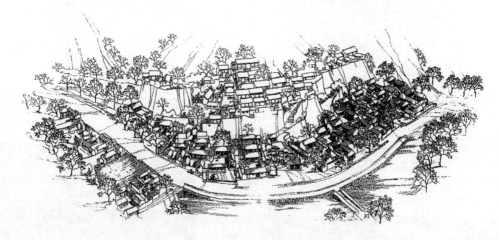

图1-12 爨底下古村鸟瞰图❶

爨底下古村是在中国内陆环境和小农经济、宗法社会、"伦礼"文化、"礼乐"文化等社会条件支撑下发展的。它展现出中国传统文化以土地为基础的人与自然和谐相生的环境，以家族血缘为主体的人与人的社会群体聚落特征和以"伦礼""礼乐"为信心的精神文化风尚。

（1）融于自然的山村环境。人与自然和谐相生是人类永恒的追求，也是中国人崇尚自然的最高境界。爨底下古村环境的创造正是尊奉"天人合一""天人相应"的传统观念，按天、地、生、人保持"循环"与"和谐"的自然规律，以村民的智慧依自然创建了人、自然、建筑相融合的山村环境。

1）运用古代"风水"理论择吉地建村。爨底下古村运用"风水"地理五诀"寻龙""观砂""察水""点穴"和"面屏"勘察山、水、气和朝向等生态条件，科学地选址于京西古驿道上这一处山势起伏蜿蜒、群山环抱、环境优美独特的向阳坡坡上。山村地理环境格局封闭回合，气势壮观，"风水"选址要素俱全，砂山格局示意如图1-13所示。村后有圆润的龙头山"玄武"为依托，前有形如玉带的泉源和青翠挺拔的锦屏山"朱雀"相照，左有形如龟虎、蝙蝠的群山"青龙"相护，右有低垂的青山"白虎"环抱。形成"负阴抱阳、背山面水""藏风聚气、紫气东来"的背山挡风、向阳纳气的封闭回合格局，使爨底下古村不仅获得能避北部寒风、善纳南向阳光的良好气候，更有青山绿水、林木葱郁、四时光色、景象变幻的自然风光，构成了动人的山水田园画卷。实为营造人与自然高度和谐的山村环境之典范。

2）"因地制宜"巧建自然造化的环境空间。充分发挥地利和自然环境优势，结合村民生产、生活之所需，引水修塘，随坡开田，依山就势，筑宅造院。爨底下古村落"顺应自然"

---

❶ 摘自《中国历史文化城镇保护与民居研究》，王春雷绘。

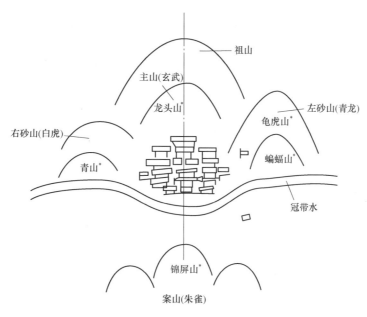

图 1-13　砂山格局示意图

注：*为当地地名。

"因地制宜"的村落布局，以龙头山和锦屏山相连构成南北的"风水轴"，将 70 余座精巧玲珑的四合院随山势高、低变化，大小不同地分上、下两层，呈放射状灵活布置于有限的山坡上。俯瞰村落的整体布局宛如"葫芦"，又似"元宝"。巧妙地将山村空间布局与环境意趣融于自然，赋予古山村"福禄""富贵"的吉利寓意，如图 1-14 所示。

图 1-14　爨底下古村的院落群

3）在山地四合院的群体布置中，巧用院落布置的高低错落和以院落为单元依坡而建所形成的高差，使得每个四合院和组合院落的每幢建筑都能获得充足的日照、良好的自然通风和开阔的景观视野；采用密集型的山地立体式布置，以获取高密度的空间效益，充分体现古人珍惜和节约有限的土地，保持耕地能持续利用发展的追求和实践。

4）充分利用山地高差和村址两侧山谷地势，建涵洞、排水沟等完备有效的防洪排水设施；

利用高山地势建山顶观察哨、应急天梯、太平通道及暗道等防卫系统；村内道路街巷顺应自然，随山势高低弯曲的变化延伸，构成生动多变的山村街巷道路空间，依坡而建的山地建筑构成了丰富多变的山村立体轮廓。采用青、紫、灰色彩斑斓的山石和原木建房铺路，塑造出朴实无华、宛若天开的山村建筑独特风貌，充满着大自然的生机和活力。

（2）质朴的山村环境精神文化。爨底下古村落不仅环境清新优美，充满自然活力；还以它那由富有人性情感品质的精神环境和浓郁的乡土文化气氛所形成的亲和性，令人叹为观止。

古村落巧借似虎、龟、蝙蝠的形象特征，构建"威虎镇山""神龟啸天""蝙蝠献福""金蟾坐月"等富有寓意的村景，以自然景象唤起人们美好的遐想和避邪吉安的心理追求。村中道路和院落多与蝙蝠山景相呼应，用蝙蝠图像装饰影壁、石墩以寓示"福"到的心灵感受。巧借笔锋、笔架山寓为"天赐文宝、神笔有人"之意象，激励村民读书明理、求知向上，营造山村环境的精神文化生活。

在兴造家族同居的四合院、立家谱族谱、祭祖坟等营造村落宗族崇拜、血缘凝聚的家园精神文化的同时，建造公用石碾、水井等道路节点空间、幽深的巷道台阶和槐树林荫等富有人本精神的公共交往空间，成为大人小孩谈论交流家事、村事、天下事，情系邻里的精神文化空间，密切了古村落和谐的社会群众关系。修建"关帝庙""私塾学堂"等伦理教化、读书求知的活动中心，弘扬关帝"仁、义、忠、孝"的精神，以施"伦礼"教化和敦示，规范村民的道德行为，构建和谐环境的精神基础。

3. 隐喻自然形态的乡村园林景观

（1）隐喻自然形态的宏村。隐喻自然形态的乡村园林景观也不少见，最出名的例子应该是安徽黟县的宏村。图 1-15 是安徽黟县宏村平面图。宏村是个"牛形"结构的古村落，全村以高昂挺拔的雷岗山为牛头，苍郁青翠的村口古树为牛角，以村内鳞次栉比、整齐有序的屋舍为牛身，以泉眼扩建形如半月的月塘为牛胃，以碧波荡漾的南湖为牛肚，以穿堂绕户、九曲十弯、终年清澈见底的人工水圳为牛肠，加上村边四座木桥组成的牛腿，远远望去，一头惟妙惟

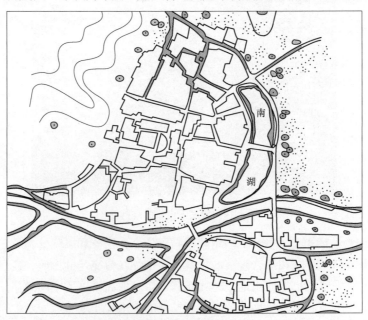

图 1-15　安徽黟县宏村平面图

肖的卧牛在青山环绕、碧水涟漪的山谷之间跃然而生，整个村落在群山的映衬之下展示出勃勃生机，真不愧是牛形图腾的"世界第一村"，理所当然要列入《世界文化遗产名录》。宏村祖辈们以"阅遍山川，详审网络"、尊重自然环境的文化修养，以牛的精神、牛形结构来规划村落布局，展现村落的精神追求。

有位城市规划专家说："人们赋予环境意义和象征性，又从它的意义和象征中得到精神的支持和满足。"宏村人将村落周边突出的山、树、桥、塘、湖等景物以牛形组织起来，让村民意识到人与动物的和谐关系，时时刻刻都能感受到牛的吃苦耐劳品格对人精神的熏陶，另外，以牛头、牛角、牛腿、牛胃、牛肚标定山、树、桥、塘、湖，容易形成简明空间标识，换句话说，在牛形关联位置的控制下，村民出行交往、农耕活动能方便地判别村落各个角落的方位距离，人地配合默契必然巩固人际的和谐关系，因此，卧牛图腾的乡村园林景观成为宏村人的集体记忆而代代传承。图1-16～图1-19是宏村的建筑、街巷和人们的生活气息。

图1-16　具有典型徽派建筑特色的宏村建筑群

图1-17　宏村的建筑外形

图1-18　宏村街巷中人们的生活气息

图1-19　宏村街巷的建筑空间

（2）九宫八卦阵图式的诸葛村。人称八卦村的浙江兰溪诸葛村是一个九宫八卦阵图式规划建设的村庄。从高处看，村落位于八座小山的环抱中，小山似连非连，形成了八卦方位的外八卦；村落房屋成放射状分布，向外延伸的八条巷道，将全村分为八块，从而形成了内八卦；圆形钟池位于村落中心，一半水体为阴，一半旱地为阳，恰似太极阴阳鱼图形。整个村落的乡村园林布局曲折变换、奥妙无穷。诸葛村内部的八卦阵如图1-20所示，诸葛村里的弄堂如图1-21所示，诸葛村里的钟池如图1-22所示，诸葛村的建筑之一如图1-23所示。

图1-20 诸葛村内部的八卦阵

图1-21 诸葛村里的弄堂

图1-22 诸葛村里的钟池

图1-23 诸葛村的建筑之一

4. 以水融情的水乡布局

小洲水乡位于广州市海珠区东南端万亩果树保护区内，保护区由珠江和海潮共同冲积形成，区内水道纵横交错，蜿蜒曲折，并随潮起潮落而枯盈。"岭南水乡"是珠江三角洲地区以连片桑基鱼塘或果林、花卉商品性农业区为开敞外部空间的、具有浓郁广府民系地域建筑风格和岭南亚热带气候植被自然景观特征的中国水乡聚落类型，岭南水乡民居风情融于其中，古桥蚝屋、流水人家，富蕴岭南水乡和广府民俗风情。

（1）果林掩映的外部环境。在广阔的珠江三角洲，果木的种植，历史悠久，品种繁多，花卉、果林水乡区东北起自珠江前航道，西南止于潭州水道、东平水道，登瀛码头和登瀛码头的万亩果林如图1-24所示。位于海珠区果林水乡的沥村，至今已有600年历史，是典型的岭南水乡集镇。这里河涌密布，四面环水，大艇昼夜穿梭，出门过桥渡河。海珠区水乡龙潭村的中央是一处开阔的深潭，处于村中Y形水道交汇处，是旧时渔船停靠之地，也是全村的形胜之地，由于四周河水汇集此潭，有如巨龙盘踞，故称"龙潭"。除了村口的迎龙桥外，在"龙潭"北面布置有利溥、汇源、康济三座建于清末的平板石桥；南岸有"乐善好施"古牌坊；东北岸有兴仁书院；东岸不远处有白公祠。古村四周古榕参天，河道驳岸、古桥、书院、古民居、古牌坊、祠堂等古建筑群和参天古榕围合成多层次、疏密有序的岭南水乡空间格局。

(a) (b)

图1-24 登瀛码头和登瀛码头外的万亩果林

(a) 登瀛码头; (b) 登瀛码头外的万亩果林

（2）潮道密布的水网系统。珠江水系进入三角洲地区后，越向下游分汊越多，河道迂回曲折，时离时合，纵横交错。密布交错的河网为这一带具有广府文化特色的水乡聚落孕育形成了天然的水网环境基础。

小洲就是以"洲"命名的明清下番禺水乡村落之一。小洲位于海珠区东南部的赤沙—石溪涌河网区，村落中心区的水网由西江涌、大涌及其分汊支流大岗、细涌等组成，区内河道迂环曲折，潮涨水满，潮退水浅。西江涌是流经小洲的最大河涌，从村西边自南向北绕村而过，到村北约1km处拐了个大弯，自北而东南，又自东南而东北，这一段至河口称为"大涌"，在村的东北角汇入牌坊河；村西的西江涌分别在西北角和西南角处各分支成两条小河汊，西北分叉一支南流经村中心汇合西江涌从南面过来的另一支小涌后迂回东折，最后汇入细涌，这一Y形水系当地通称"大岗"；西江涌另一分支东流在天后庙，泗海公祠的"水口"位置汇入细涌，西江涌在西南角的另两支河汊，一支北流在村中心汇入大岗，一支绕过村落南缘汇入村东的细涌。绕村东而过的细涌是流经小洲的第二大河涌，它接纳村中的三支小涌后，呈S形自南向北在村东北角流入大涌，整个小洲水乡聚落的河网，呈明显的网状结构。而在这个水网外围，还存在着与之相通的果园中细长的小河沟，形成一个庞大的水网系统，这个河网水位随潮汐而涨落，就像人的血管一样，成为小洲水乡村落和居民疏通生活污水、完成新陈代谢的生命网络。

（3）村落水巷景观。小洲的水巷景观大致可分为以下四类。

1）外围单边水巷。小洲外围的河涌水巷一般在靠村的一侧砌筑红砂岩或麻石（花岗岩）驳（堤）岸，在巷口对出的地方设置埠头，岸上铺上与河道平行的麻石条3~5条，在民居围合的街巷、临街处往往会修筑闸门楼，直对并垂直条石街和河涌。西江涌的另一侧河岸是连片的果林、水塘和泥筑果基，村西的西江涌和村北的河道水巷多数呈现村落一侧麻石道和村外大片水塘、果林、泥基的单边水巷景观。

2）内部双边水巷。穿过村中心的大岗是小洲村民联系外界的主要通道，也是该村最典型的双边水巷，大岗北段是由西、北两组建筑围合成的水巷，民居的街巷巷门大都垂直朝向河涌，河涌两岸的民居街巷两两相对或相错。道路双边均铺设与河道平行的麻石铺砌的石板路，在石板路与河道之间，靠水岸的地方一般种植龙眼、榕树等岭南树种，形成宽敞、树木葱茏的水道景观。

河涌对出的河堤大都砌筑凹进或凸出河面的私家小埠头，可谓家家临水、举步登舟。流经村落的河道两岸用麻石、红砂岩砌筑驳岸，驳岸每隔一段设置小埠头，有的为跌落河涌的阶梯状、有的凸出河岸两边或一边开石阶，一般正对一侧的巷门方便村民上、下船和浣洗衣物，小洲内河大岗的埠头区分十分严格，各房族及家族、家庭各用不同的埠头，有的埠头还特意加以说明。

大岗东折的一段由北、南两组建筑围合，北部组团的巷门正对垂直河涌，西南部组团的民居则背倚河岸而建，在后面开门窗或开小院落，一正一反的建筑围合成水巷空间。

小洲村中以麻石平板桥居多，著名的有细桥（白石）、翰墨桥（又称"大桥"）、娘妈桥（白石）、东园公桥（白石）、东池公桥（白石）、无名石桥等；竹木桥有牌坊桥、青云桥等。大岗这一段河涌铺砌了六七座简易的平板石桥，或一板或两、三板，平直、别致而稳当，连通南北。细桥和翰墨桥是这段河涌中最为著名的平板古石桥，如图1-25所示。

图1-25 小洲村风貌（一）

（a）龙舟试水；（b）翰墨桥；（c）简氏宗祠前的百年老榕；（d）横跨一涌两岸的石板桥；（e）古街和老铺；
（f）巷门与镬耳大屋民居；（g）小洲老铺流水；（h）小洲刺绣工艺；（i）小桥流水人家

3）街市。小洲的水乡街市主要集中在村东的东庆大街→东道大街→登瀛大街，一直延伸到本村最大的对外交通码头→登瀛古码头一带，是村中古商铺最为集中、商业最为繁华的地方。从商铺分布的格局来看，这里出具小镇规模。

4）街巷景观。走进小洲水乡内巷，古村的空间结构，以里巷为单位，布局规整，整齐通畅的巷道起到交通、通风和防火作用；朝向上，民居、祠堂等乡土建筑，面向河涌，建筑构成的里巷与河涌垂直，直对小埠头。与麻石或红砂岩石板巷道平行的排水道在接纳各家各户的生活污水后顺地势而下汇入河涌。

小洲内巷中偶尔还会见到一种珠江三角洲独特的蚝壳屋，如图 1-26 所示，蚝壳屋的每堵墙都挑选大蚝壳两两并排，堆积成列建成；再用泥沙封住，使墙的厚度达 80cm。用这种方式构建的大屋，冬暖夏凉，而且不积雨水，不怕虫蛀，很适合岭南的气候。

1.2.4 我国传统村镇聚落布局的意境塑造

传统村镇聚落乡村布局的意境主要体现在其山水自然环境，传统村镇聚落所处的自然环境在很大程度上决定了整个村镇聚落的整体景观，特别是地处山区的村镇或者依山傍水的村镇，自然环境对于村镇景观的影响尤甚。一些村镇虽然本身的景观变化并不丰富，但是作为背景的山形地势，或因起伏变化而具有优美的轮廓线，或因远近分明而具有丰富的层次感，从而在整体空间布局上获得良好的效果。作为背景的山，通常扮演着中景或远景的角色。作为远景的山十分朦胧、淡薄，介于村镇与远山之间的中景层次则虚实参半，起着过渡和丰富层次变化的作用，不仅轮廓线的变化会影响到乡村布局的整体景观效果，而且山势起伏峥嵘以及光影变化，也都在某种程度上会对村镇聚落的整体布局产生积极的影响，中景层次有建筑物出现，其层次的变化将更为丰富。图 1-27 是典型的村镇聚落乡村布局的田园风光。这种富有层次的景观变化，实际上是人工建筑与自然环境的叠合。还有一些村镇聚落，尽管在建造过程中带有很大的自发性，但是有时也会或多或少地掺入一些人为的意图，如借助某些体量高大的公共建筑或塔一类的高耸建筑物，以形成所谓的制高点，它们或处于村镇聚落之中以强调近景的外轮廓线变化，或点缀于远山之巅以形成既优美又比较含蓄的天际线。这样的村镇聚落如果背山面水，还可以在水下形成一个十分有趣的倒影，而于倒影之中也同样呈现出丰富的层次和富有特色的外轮廓线。坐落于山区的村镇聚落，特别是处于四面环山的，其自然景色随时令、气象，以及晨光、暮色的变化，都可以获得各不相同的诗情画意的意境美。

图 1-26　蚝壳砌筑的镬耳大屋民居

图 1-27　典型村镇聚落乡村布局的田园风光

1.3 新农村住区建设的发展概况及存在问题

1.3.1 新农村住区

居住是人类永恒的主题，是人类生产、生活最基本的需求。人们对居住的需求随着经济社会的发展是不断增长的，首先是满足较低级的需求，即生理需求，就是应该有能够遮风避雨、安全舒适的房子，在这种基本需求得到满足之后，人们必然会提出更高的需求，更深层次的说就是精神上的心理需求，它包括对环境美好品质的追求、对精彩丰富的居住生活的向往、对邻里交往的需要。基于此，住区是一个有一定数量的舒适住宅和相应的服务设施的区域，是按照一定的邻里关系形成并为人们提供居住、休憩和日常生活的社区。

1.3.2 新农村住区环境

广义的新农村住区环境是指一切与新农村相关的物质和非物质要素的总和，包括新农村居民居住和活动的有形空间及贯穿于其中的社会、文化、心理等无形空间。还可进一步细分为自然生态环境、社会人文环境、经济环境和城乡建设环境四个子系统。

狭义的新农村住区环境是广义新农村住区环境的核心部分，是指在新农村居民日常生活活动所达的空间，与居住生活紧密相关、相互渗透，并为居民所感知的客观环境。它包括居住硬环境和居住软环境两个方面。居住硬环境是指为新农村居民所用，以居民行为活动为载体的各种物质设施的统一体，包括居住条件、公共设施、基础设施和景观生态环境四个部分。居住软环境是新农村居民在利用和发挥硬环境系统功能中所形成的社区人文环境，如邻里关系、生活情趣、信息交流与沟通、社会秩序、安全和归属感等。

1.3.3 新农村住区建设的发展概况

衣食住行是人生的四大要素，住宅就必然成为一个人类关心的永恒主题。我国有 90% 以上的人口居住在农村。新农村住宅的建设，不仅关系到广大农民居住条件的改善，而且对于节约土地、节约能源以及进行经济发展、缩小城乡差别、加快城镇化进程等都具有十分重要的意义。

经过多年的改革和发展，我国农村经济、社会发展水平日益提高，农村面貌发生了历史性的巨大变化。新农村的经济实力和聚集效应增强、人口规模扩大，住宅建设也随之蓬勃发展，基础设施和公共设施也日益完善。全国各地涌现了一大批各具特色、欣欣向荣的新型农村，这些新农村也都成为各具特色的区域发展中心。新农村建设，在国家经济发展大局中的地位和作用不断提升，形势十分喜人。

进入 20 世纪 90 年代后，新农村住宅建设保持稳定的规模，质量明显提高。居民不仅看重室内外设施配套和住宅的室内外装修，更为可喜的是已经认识到居住环境优化、绿化、美化的重要性。

1990～2000 年，全国建制镇与集镇累计住宅建设投资 4567 亿元，累计竣工住宅 16 亿 m²。人均建设面积从 19.5m² 增加到 22.6m²。到 2000 年年底，当年新建住宅的 76% 是楼房，大多实现内外设施配套、功能合理、环境优美，并有适度装修。

现在人们已经开始追求适应小康生活的居住水平。小康是由贫穷向比较富裕过渡相当长的一个特殊历史阶段。因此，现阶段的新农村住宅应该是一种由生存型向舒适型过渡的实用住宅，它应能承上启下，既要适应当前新农村居民生活的需要，又要适应经济不断发展引起居住形态发生变化可持续发展的需要。这就要求必须进行深入的调查研究和分析，树立新的观念，用新的设计理念进行设计，以满足广大群众的需要。

1.3.4 新农村住区发展现状及存在的问题

改革开放三十多年来的新农村住区建设，在标准、数量、规模、建设体制等方面，都取得了很大的成绩，住宅建筑面积每年均数以亿计，形成一定规模和建设标准的住区也有相当的数量；但一分为二地看，我国大部分新农村住区还存在着居住条件落后、住区功能不完善、公共服务设施配套水平低、基础设施残缺不全、居住质量和环境质量差等方面的问题与不足。新农村在社会经济迅速发展的同时，既带来了住区建设高速发展的契机，也暴露出了居住环境上的重大隐患，出现了诸多问题，亟待研究解决。

1. 新农村住区的现状

（1）住宅建设由追求"量"的增加转变为对"质"的提高。新农村住宅建设经过数量上的急剧扩张后，现已趋于平缓，居民对住房的要求由"量"的增加转变为对"质"的提高，开始注重住宅的平面布局、使用功能和建设质量；住宅的设计和建造水平有了显著提高；多层公寓式住宅节约用地，配套齐全、安全卫生、私密性较强的特点逐渐为新农村居民所认同并接纳，使一些农民在走出"土地"的同时，也走出了独门独院的居住方式。

（2）住区规模扩大，设施配套有所提高。随着我国城镇化进程的加快，现代化的新农村住区环境、配套的公共服务设施都将有较大的发展。

（3）住区由自建为主向统一开发的方向发展。过去分散的、以自建为主的传统建设方式已经开始被摒弃，住区建设向成片集中、统一开发、统一规划、统一建设、统一配套、统一管理的方向发展，将零星分散的建设投资，逐步纳入综合开发、配套建设的轨道上来。在许多新农村，综合开发和建设商品房已成为主流。这种开发建设住区的方式使许多新农村彻底改变了过去毫无规划的混乱状况，同时也改善了住宅的设计及施工质量，新农村居民的居住环境和生活方式发生了根本的改变。

（4）开始注重住区的规划水平与建设质量。加强了对住区的规划设计研究，在小区的规划布局、设施配套和小区特色等方面有了很大的提高。"2000 年小康型城乡住宅科技产业工程"现部分进入实施阶段，一批示范小区相继建成，并投入使用，如河北恒利庄园、宜兴市高腾镇小区、温州市永中镇小区等，这些小区在规划设计、住宅建设、施工安装和物业管理等方面做出了示范性和先导性的探索，强调新技术、新材料和新工艺的运用，对于推动住宅产业的发展，提高居住环境质量、功能质量、工程质量和服务质量，把我国新农村住区的规划和建设提高到一个新的水平，具有积极而重大的意义。

2. 新农村住区存在的主要问题

（1）居住条件发展极不平衡，经济欠发达地区居住条件落后。自改革开放以来，全国的新农村兴起了大规模的住宅建设热潮，发展速度令世界刮目。但大部分新农村的居住条件至今还比较落后，而且发达地区与贫困地区的发展极不平衡，差距越来越大。经济比较富裕的城镇居民住房面积大，居住环境尚佳，设施配套相对较好。许多经济欠发达地区由于经济形态的落后和传统习惯的根深蒂固，加上建筑材料的一成不变，使得居民住宅区无论是规划布局、建筑设计、施工技术还是装修标准，几乎没有任何改变，更谈不上新技术和新材料的应用，居住环境十分恶劣。

（2）住区建设缺乏规划，功能不完善。就我国新农村住区的整体水平来看，大部分住宅布局是单调划一的"排排坐"。有些地区重视住宅单体却忽视了住宅区规划的科学价值；有些地区，特别是经济落后地区的规划意识普遍淡薄，传统的落后思想认为规划无用；有些地区即使有了建设规划，但规划起不到"龙头"的作用，自建行为和长官意志比较强。由于上述的盲目建设导致大部分新农村住区的生活功能和生产功能相混杂，住宅楼栋之间的关系混乱，缺乏必要的功能分区和层次结构，小区的可识别性差；道路系统不分等级，没有必要的生活服务设施，绿化和公共空间缺乏，更谈不上有完整的居住功能，与当前新农村社会经济的快速发展和居民生活水平的日益提高严重脱节。

（3）建筑空间布局单调，建筑缺乏特色。就我国新农村住区的整体水平来看，住宅多以行列式布置，建筑形式、高度都一模一样，小区内部围合空间过于闭塞；即便是新开发的小区，也存在住区的建筑形式和色彩等方面极为相似的"雷同版"，建筑缺乏地区特征，很难体现新农村发展的文脉或地方特色，也缺少亲切感和归属感。

（4）公共服务设施薄弱，基础设施配套不足。许多新农村新建的住区缺乏市政设施依托，除供电情况稍好外，给水、排水、通信、有线电视等存在许多欠缺的方面，尤其是污水处理和垃圾处理设施几乎还是空白；一些设备良好的卫生间和厨房，由于没有排污系统，使卫生设备和厨房设施不能很好地发挥作用。国家"小康住宅示范小区规划设计优化研究"进行的实态调查表明，采暖地区有90%以上的小区无集中供暖设施，60%以上的地区雨污合流且无污水处理设备，25%以上的村镇住宅区道路铺装率较低。

（5）公共绿地严重缺乏，环境质量差。新农村住区的户外空间缺少统一的规划与建设，一般无公共绿地供居民使用，除必要的建筑和道路外，其他所谓的花园或花坛都是杂草丛生或是被居民们开垦为菜地，垃圾乱堆乱放的现象也很严重。一些虽然也进行了住区绿化，但绿化缺乏系统的规划设计，后期管理又不到位，导致花草树木、建筑雕塑、山水池泉等景观要素无法发挥景观生态效应和美感，限制了居民日常行为、活动和交往。

国家"小康住宅示范小区规划设计优化研究"进行的实态调查表明，大约有2/3以上的居民对住宅本身十分重视，经济投入相当大，但却忽视户外环境的建设，绿化、环卫设施等环境的建设往往是无人问津，造成"室内现代化、室外脏乱差"，极不适应小康生活的需要，必须改善和提高。

（6）公寓式住宅照搬大城市的模式，使用不方便。有些地区在新农村住区多层公寓式住宅的建设中，不考虑新农村居民实际的生活特点，没有将居民对这类住宅的特殊要求如建筑层数、院落、储藏空间等问题予以重视并解决，而是盲目照搬大城市的建设模式，套用城市住宅的设计图纸，过分追求"高"与"大"，片面讲究"洋"与"阔"，把新农村与城市相等同，脱离了新农村的实际情况，结果建了一批不适合新农村居民生活特点的住宅。由于生活习惯和使用要求上的差别，给他们的生活带来了很大不便。另外，一张图纸只经过简单修改，被重复使用，造成新农村住宅千镇同面、百城同貌，毫无地方特色可言，从而直接影响了整个住区的景观环境建设。

在我国新农村繁荣发展时期，应该认真对待新农村住区建设中存在的问题。如何合理地利用我国的建设资源，科学地组织和引导全国新农村的住宅建设，大力提高其规划、设计、施工质量和科技含量，促进我国住宅建设的可持续发展是全社会的共同责任，要求我们在总结工作经验的基础上，采取科学、正确、果断的措施予以综合解决。

1.4 新农村住区规划研究的必要性和趋向

人居环境是现在备受关注的一个问题，也是一个急需解决的问题。

发展新农村是我国城镇化的重要组成部分，《中共中央关于制定国民经济和社会发展第十个五年计划的建议》就已提出："要积极稳妥地推进城镇化。"而发展新农村是推进城镇化的重要途径。住区是新农村规划组织结构中的一个重要组成部分，是现代新农村建设的一个重要起点，在很大程度上反映了一个城镇的发展水平。农村居住条件和居住环境的好坏直接影响着整个新农村的发展建设，直接关系到我国国民经济能否健康发展、社会能否保持稳定的重大问题。

1.4.1 新农村住区规划研究的必要性

新农村住区量多面广，要想建设优美的新农村景观，就要从新农村最基本的组成部分——住区环境的规划抓起。

（1）应注重研究新农村住区处于周边的广大农村田野之中，比起城市更贴近自然、保留着许多在城市之中已散失的中华民族优良传统和民情风俗，新农村住区的规划设计如何弘扬和发展，亟待深入研究。

（2）创造良好的新农村居住环境，满足新农村居民不断提高的居住需求。随着经济的迅猛发展，新农村居民居住生活水平不断提高，人们对居住的需求已经从有房住、住得宽敞这些基本生理要求，向具有良好居住环境和社会环境过渡，并渴望有一个具有认同感、归属感、缓解压力的生活场所。

（3）规范和理论不健全，我国目前有的《城市居住区规划设计规范》主要适用于城市，城市和农村的实际情况是不符的，因此无法科学合理地指导新农村住区的规划建设。正是由于没有配套的相关法规与标准的指导，造成新农村住区的规划及建设很不完善或无章可循。

新农村在社会经济迅速发展的同时，既带来了住区建设高速发展的契机，也暴露出了居住环境上的重大隐患，出现了诸多问题，亟待研究解决。本书以此为出发点，分析当前新农村住区建设的现状及存在的问题，从理论和实践例证方面，研究新农村住区建设的方法和措施，得出一些科学合理并切实可行的理论和方法体系，用以指导新农村住区发展建设，从而为居民创造舒适、实用并安全的居住环境，促进新农村人居环境规划和建设的可持续发展。

1.4.2 新农村住区的环境特征

新农村住区的环境特征表现在其介于城市和乡村两种居住环境之间，一方面具有乡村更接近生态自然环境的特点，另一方面也拥有城市性的相对完善的公共和基础设施。同时，因新农村形成与发展的差异，其住区环境内部也具有类型多样性和地方差异性等特征。

1. 类型多样性

虽然新农村人口规模小，经济结构比较单一，但因分布广、数量多，其类型比较复杂，使新农村住区环境存在多样性和多变性。不同要素（如地形、气候、交通、文化等）可形成相应的居住环境类型；新农村功能定位的不稳定性导致居住环境容易发生转变。

2. 结构双重性

受城乡二元结构和管理制度差异的影响，新农村居民户籍存在双重性，这一特征也造成新农村居住环境在组织方式、投资体制、用地制度、规划手段、建设方式以及维护方式等方面的双重特征。基于此，新农村住区环境无论在物质环境居住形态上，还是在社会人文环境方面均体现为城镇型和乡村型共存的格局。

3. 社区单一性

新农村通常是一个完整的独立社区。住区居民之间的邻里交往和关系状况保持良好，居民对本村的心理归属感和荣誉感较强，文化传统和生活方式能得到很好的延续和保护。

4. 地区差异性

一方面由区域的自然条件差异造成，如平原与山区、南方与北方，新农村住区环境存在着显著的差别；另一方面也由各地的经济社会发展不均衡所致，如东部新农村发展较快，居民生活水平较高，新农村居住环境现代化成分较浓，城市性质显著；西部新农村发展较慢，传统的社会文化习俗保存较好，农村属性突出。

1.4.3 新农村住区的规划研究

1. 努力探索新农村住宅设计的特点

我国新农村住区经过几千年的发展变化，各地都有不少具有特色的传统居住模式和居住形态。但近年来城镇建设普遍存在"普通城市"的理论影响，在"城市化"的口号之下，新农村住宅建设向城市看齐，力求缩小与城市之间的"差距"，使新农村住区建设缺少或破坏了原有的建筑传统和文脉，千屋一面，万村一统，居住群落景观单调乏味。

新农村住宅与城市住宅有很多的相似之处，但也有许多不同的地方。对新农村住宅与城市住宅的特征进行分析、比较和研究，有利于弄清楚他们之间的相似与不同之处，以界定新农村住宅及环境的特征，也是构建新农村住区生活场所的基础。

2. 深入研究新农村住区的规划布局

通过以上的比较看到，新农村住区与城市住区有很多相似之处，也有许多不同的地方，特别是在社会经济、历史文化、人口结构和价值观念等方面存在很大的差异。因此，新农村住区环境规划不能等同于城市的居住区环境规划，这不仅是人口和用地规模上的差别，而更主要的是住区的用户——使用对象的不同。新农村居民生活节奏慢，余暇时间多，较之城市居民而言，人际关系密切，来往较多；另外，新农村因为缺少城市中众多的交往渠道（如酒吧、咖啡厅、舞厅、网吧、影剧院等），所以对住区户外交往的需求比城市居民要强烈；新农村居民依恋土地，较之人工构筑物更喜欢亲近天然构筑物，较之多层住宅更喜欢低层住宅；另外，新农村居民的经济收入和文化水平比城市居民要低，不少地方传统习俗对人的影响非常大，在新农村居家养老的情况比较多等。

　　对于这些种种不同，在进行环境设计时，都不能忽略。要充分了解新农村居民的生活状况与居住意愿，满足其生理的、心理的、社会的、情感的需求，从而有可能为他们建构富于人情味的美好家园。否则，如果一味按照城市住区环境设计的方法去设计新农村住区，现实往往会与设计师的美好构想相差甚远，从而造成生活场所的精神失落。

2 新农村住区的规划原则与用地选择

住区规划是新农村详细规划的主要组成部分，是实现新农村总体规划的重要步骤。新农村住区规划设计的指导思想应立足于满足新农村居民当代并可持续发展的物质和精神生活需求，融入地理气候条件、文化传统及风俗习惯等特征，体现地方特色，以精心规划设计为手段，努力营造融于自然、环境优美、颇具人性化和各具独特风貌的新农村住区。

2.1 新农村住区的规划任务与原则

2.1.1 新农村住区的规划任务

住区规划的任务就是为居民创造一个满足日常物质和文化生活需要的舒适、经济、方便、卫生、安宁和优美的环境。在住区内，除了布置住宅建筑外，还需布置居民日常生活所需的各类公共服务设施、绿地、活动场地、道路、市政工程设施等。

住区规划必须根据住区规划和近期建设的要求，对住区内各项建设做好综合的全面安排。还须考虑一定时期内新农村经济发展水平和居民的文化、经济生活水平，居民的生活需要和习惯，物质技术条件，以及气候、地形和现状等条件，同时应注意近远期结合，留有发展余地。一般新建住区的规划任务比较明确，而旧区的改建必须在对现状情况进行较为详细调查的基础上，根据改建的需要和可能，留有发展余地。

2.1.2 新农村住区的规划原则

新农村住区的规划设计，应遵循下列八项基本原则。

（1）以新农村总体规划为指导，符合总体规划要求及有关规定。

（2）统一规划，合理布局，因地制宜，综合开发，配套建设。

（3）新农村住区的人口规模、规划组织、用地标准、建筑密度、道路网络、绿化系统以及基础设施和公共服务设施的配置，必须按新农村自身经济社会发展水平、生活方式及地方特点合理构建。

（4）新农村住区规划、住宅建筑设计应综合考虑新农村与城市的差别以及建设标准、用地条件、日照间距、公共绿地、建筑密度、平面布局和空间组合等因素合理确定，并应满足防灾救灾、配建设施及住区物业管理等需求，从而创造一个方便、舒适、安全、卫生和优美的居住环境。

（5）为方便老年人、残疾人的生活和社会活动提供环境条件。

（6）新农村住区配建设施的项目与规模既要与该区居住人口相适应，又要在以城镇级公共建筑设施为依托的原则下与之有机衔接。其配套建设设施的面积总指标可按设施配置要求统一安排，灵活使用。

（7）新农村住区的平面布局、空间组合和建筑形态应注意体现民族风情、传统习俗和地方风貌，还应充分利用规划用地内有保留价值的河湖水域、历史名胜、人文景观和地形等规划要素，并将其纳入住区规划。

（8）新农村住区的规划建设要顺应社会主义市场经济机制的需求，为方便住区建设的商品化经营、分期滚动式开发以及社会化管理创造条件。

2.2　新农村住区规划的指导思想

新型城镇化是新农村发展的必然趋势。新农村和城镇是不可分划的整体。这一论点直到20世纪60年代以后才逐渐被越来越多的世人所认识。在发达国家，新农村的住区建设，已逐渐完成城乡一体化、乡村现代化。在我国，城市的迅速发展使部分乡村在短期内发展成为卫星城镇，这对新农村的住区建设起到促进作用，也对新农村的住区规划提出新的要求。优雅的自然环境和人文景观，安静和舒适的生活条件以及发达的交通、电信及能源设施使部分新农村完全改观。为了适应21世纪我国新农村居住水平，在住区的规划中应根据新农村的住区有着方便的就近从业、密切的邻里关系、优雅的田园风光和浓厚的乡土气息等特点。以新的构思，顺应自然、因地制宜。重视节约用地，强化环境保障措施，合理组织功能结构，精心安排道路交通，巧妙布置住宅群体空间，努力完善基础设施，切实加强物业管理。使新农村住区环境整洁优美、住区服务设施配套完善，符合现代家居生活行为的需要。从而达到舒适文明型的居住标准。

2.2.1　重视节约用地，尽可能不占用耕地良田

土地是国家最宝贵的财富。马克思曾经引用过一句名言："劳动是财富之父，土地是财富之母"。还指出："劳动力和土地是一切财富的源泉。"人口多、耕地少是我国一个很大的矛盾，"十分珍惜每寸土地，合理利用每寸土地，是我们的国策"。如何把改善新农村居住条件同节约用地统一起来，是新农村住区规划中急需解决的重要课题。根据新农村住区的规划和建设的情况，应着重考虑以下几个问题。

（1）充分挖掘旧小城镇宅基地的潜力。目前，有两种"喜新厌旧"的倾向。一种是建新村，弃旧村。认为放弃旧区，另建新址，从头新建，一切从新。这样，在建设期间，则形成两边占地的问题，新区建了新房，占了一片土地，而旧区照旧，一时腾不出土地，两边都占地，实际上减少了耕地面积，影响了生产；另一种是建新房，弃旧房。即在旧区的外围建新房，而把旧区中的旧房放弃不住，形成空心村，不仅造成土地大量浪费，也极其严重地影响着镇容镇貌。

新农村住区建设应尽可能在旧区的基础上改造扩建，把小城镇内的闲散土地，如废弃的河沟、池塘、零星杂地加以平整，对原有建筑和设施的质量以及可利用的程度作出实事求是的评价，然后从总体布局上综合考虑，凡是布局上合理的，又可以继续利用的原有建筑和设施，要充分利用，并统一组织到新的规划中；在布局上不合理、严重影响生产发展和居住环境的，以及质量很差、不能居住的和不宜继续利用的原有建筑和设施，则逐步按规划进行调整，对新平整出来的新农村用地，应在规划指导下统一布置，使闲置的土地得

到充分的利用。对一些过于分散的村落，也应该根据乡镇域规划布局进行调整，做到迁村并点、相对紧凑集中，既可节约土地，又使布局合理，方便生产和生活。

（2）利用地形，因地制宜，尽可能不占或少占耕地良田。应充分利用山地、劣地、坡地。各种坡地的适用情况如下：

1）坡度为 1%～3%，称平坡地。规划布局不受限制，各类建筑和道路可以自由布置。

2）坡度为 3%～10%，称缓坡地。对规划布局影响不大，对大型建筑和通车道路布置略有限制，但容易处理，自然排水方便。

3）坡度为 10%～25%，称中坡地。规划布局和建筑、道路布置均受到一定限制，土方工程量也比较大。但只要精心设计，巧作安排，不难克服。在新农村建设中应该充分利用这种土地。

4）坡度为 25%～50%，称陡坡地。规划设计难度大，建设工程造价高，一般不宜作为新农村建设用地。但是，对一个规模不太大的新农村，利用陡坡地也是可以的。

（3）合理确定宅基地面积。对于新农村范围内周边村庄聚落的低层住宅，其宅基地面积的大小是决定新农村用地大小的重要因素，也是广大群众十分关心的问题之一。为了节约用地，为了在新农村建设中减少管线和道路的长度，提高建设项目的经济性，应当合理地确定每户的宅基地用地面积。宅基地面积大小应严格执行各地政府的规定。为能满足广大群众家居生活的要求，新农村低层住宅应以家居生活对一层所需布置的功能空间最小面积来确定。一般新农村低层住宅的一层应布置的功能空间包括厅堂、餐厅、厨房、卫生间、楼梯间和一间老年人卧室为宜，因此，按照各类户型的不同需要，低层住宅每户的宅基地面积一般应在 $80～100m^2$ 较为适宜。当小于 $80m^2$ 时就较难保证一层功能齐全。而当新农村所在用地极为紧张时，也可把一层的功能空间合理地进行分层布置，也还是有缩小宅基地的可能，但宅基地的面积也不应少于 $70m^2$。

（4）努力实行"一户一宅"。目前，小城镇居民一户多宅的现象比较普遍，在经济较发达地区更为严重，人少房多，没人住。造成土地严重浪费，为此，必须下大力气，制定有效的政策，坚决实行"一户一宅"的制度。

（5）合理确定道路网和道路宽度。根据一些实例分析，不少新农村在规划中，道路用地占新农村总用地的 20%左右，有的甚至达到 30%以上。因此，合理地布置道路网和确定道路宽度对节约用地有很重要的意义。从一般的新农村情况来看，平时人流和车辆通行不多，即使是考虑到今后车辆的发展，也由于新农村住区一般规模较小、居住户数和人口也较少，所有道路宽度不宜过宽。道路过宽必然会多占土地，增加建设投资，又显得十分空旷，也是没有必要的。根据经验，只要经过合理规划，道路占地面积一般可控制在新农村建设总用地的 5%～8%。

（6）合理确定房屋间距。房屋间距的大小是决定新农村用地大小的重要因素之一。新农村住宅前后的间距在基本满足采光、通风、防灾、避免视线干扰及组织宅院等要求的情况下，应尽量缩小其间距。

新农村低层住宅山墙的间距一般可控制在 4m 左右，最好是 6m。

（7）适当加长每栋住宅的长度。新农村的独立式低层住宅，每户一栋，过多的通道和间距，浪费了土地。因此，在地形条件允许的情况下，应尽量采取拼联式的做法。但新农村低层住宅应以两户拼联为主。当采用多户拼联时，住宅的单体设计应处理好各功能空间的采光、通风及相互关系的组织。

（8）合理地加大住宅进深，减少面宽。住宅建筑的用地占小城镇总用地的70%以上，比例很大，因此，应从住宅建筑设计本身来寻找节约土地的措施。根据测算，住宅进深11m以内时，每增加1m，每公顷可增加建筑面积1000m²左右。实践也证明减少面宽、加大进深是节约用地的有效途径。

（9）住宅平面应力求简单整齐，避免太多的凹凸进退，可大大减少住宅的建筑用地。

（10）提倡建设多层的公寓式住宅和二、三层的低层住宅。根据各地的调查研究和对设计方案的分析比较，建造二层住宅的每户平均占用宅基地面积比建造一层的要少20%左右，因此，提倡修建二、三层的低层住宅或多层公寓式住宅。

（11）在满足使用功能的前提下，尽量降低层高对节约用地的效果是十分显著的。

（12）尽量减少取土烧砖，节约用地。应逐步改革新农村建筑材料，挖掘地方建材的潜力，尽量利用工业废料制造建筑材料。减少取土烧砖，尤其应杜绝毁坏良田、取土烧砖的现象。

2.2.2 强化环境保障措施，展现秀丽的田园风光

人类经历风雨，在生存斗争和生存适应中不断进化。从栖身树林到蜗居洞穴继而搭木成屋。住宅从一开始就不只具有居住及避险的功能，大多数住宅都集避难、集物、储藏、寄情、生产、流通、交换等功能于一休。到如今，逐步使住宅的居住生活走向"纯化"。在这个过程中，人类也逐步认识到，住宅如果完全没有封闭，就不能给人类以安全感并满足遮蔽隐私及上述诸功能的需要；然而住宅如果完全没有开放，就不适合常人居住而只能作为令人窒息的牢笼。

第二次世界大战以后，希腊学者、城市规划学家萨迪亚斯等人，首先创立了"人类聚居科学"的理论，它是一个以人类的生活、生活环境为基点，研究从单体建筑到群体聚落的人工与自然环境保护、建设和发展的学科体系。战后的日本在研究建筑学、家政学的基础上发展，形成了一个专门研究居住形式、生活方式的家居学。所谓住宅是指一栋建筑，包括它的宅基地、街道、环境等居所（住居）。家庭成员的构成、经济状态、生活态度、年龄结构、生活方式、风俗习惯、社会结构都是影响住居形式的因素。可以说住居包括经济学及环境生态学。在不断发展不断进化的过程中，人类对待生态环境的认识，经历过从"听天由命""上帝主宰万物"到"人定胜天"，再到"天人合一"及人与"天"（大自然）的和谐统一这样一段曲曲折折的过程。如今，人们普遍认识到生态环境是人类赖以生存发展的基础。好的环境、避风向阳、流水潺潺、草木欣欣、莺歌燕舞、鸟语花香、绿树成荫，就能为人们提供空气清新、优雅舒适的居住条件。从而净化人们的心灵，陶冶高尚的情操。使得邻里关系和谐、家庭和睦幸福、人们安居乐业。因此，要提高住宅的功能质量，不仅要注重住宅建筑。同时，还必须特别重视居住环境的质量。

1. 传统民居聚落的布局特点

在我国的传统民居聚落中，应尽可能地顺应自然，或者虽然改造自然却加以补偿。聚落的发生和发展，充分利用自然生态资源，非常注意节约资源，巧妙地综合利用这类资源，形成重视局部生态平衡的天人合一生态观。主要表现如下：

（1）节约土地。盖房不占好地或少占好地；农田精耕细作，保护地力；以耕保田养土。

（2）充分利用自然资源。建房"负阴抱阳"，以取得充沛的日照；房屋前低后高，以防遮挡阳光。

（3）保护和节约资源。如广泛利用人畜粪肥、腐草、污泥乃至炕土等，以保护地力；封山育林或以"风水林"等形式保护森林资源。

（4）重视理水、节约水资源。一般都靠近河溪建设；饮用水倍加保护；为灌溉田亩的水道、水渠、水闸等设施都相当完备。

（5）利用自然温差御寒防暑。新疆喀什地区高台民居和台湾兰屿岛雅美人民居都有凉棚、院房和穴居室三个空间，根据时令季节利用自然温差调节使用；南方居民即广泛利用天井宅巷阴凉通风。

（6）充分利用乡土建筑材料，发挥构件材料的天然性能。先民们天人合一的生态平衡乃至表现为风俗的具体措施，至今仍有其积极意义，尤其是充分利用自然资源、节约和综合利用等思想和实践，仍然可以在今天进行分析、选择和汲取。

"新农村是山水的儿子"。中国的传统民居亲山亲水，充沛的阳光、深邃的阴影、明亮的天空、浓密的树林，建筑生长于其中。福建东南沿海一带，由那"如晕斯飞"的弧曲形屋脊民居组成的聚落，镶嵌在连绵起伏的山峦及碧波万顷的大海之间，浑然一体，从而创造出耐人寻味、颇具乡土气息的景观。

2. 新农村住区的生态环境保护

所有动物及其进化产生的人类都是依赖于植物而生存的，人类和绿色植物是相互寄生在一起的，生态适应和协同进化是人类生态与绿地功能的本质联系。生态绿地系统绝对不是可有可无的景观、美化装饰物或仅供满足休闲活动需要的游憩地，而是人居环境中具有生态平衡功能、维持一定区域范围内的人类生存所必需的物质环境空间。苏东坡诗曰："宁可食无肉，不可居无竹。"因此，在新农村住区和住宅的设计中应充分利用基地的地形地貌，保护生态环境。强化生态绿地系统的规划建设，努力实现大地园林化、道路林荫化、住区花园化。

（1）环境净化。生态环境是人类赖以生存发展的基础，新农村住区的规划、设计、建设和管理对其附近环境的依赖性较城市更为直接和明显。恶劣的环境对住区的人与设施、设备的伤害非常严重，同时人类不合理的资源利用方式对环境也存在着不同程度的破坏。一旦形成恶性循环，其后果可能是灾害性的。因此，首先应对住区周围的环境进行调查，包括大气、水体、地下水、土壤、噪声、振动、电磁波、辐射、光、热、灰尘、垃圾处理等方面均应符合国家有关环境保护的规定。在住区内公共活动地段和主要道路两边应设置符合环境保护要求的公共厕所。对垃圾应进行定点收集、封闭运输和统一消纳。

（2）环境绿化。

1）新农村绿化是大地园林化的重要内容。也是新农村建设规划的重要组成部分。绿化对住区小气候的改良、对住区卫生的改善，都具有极其重要的作用。

a. 遮阴覆盖、调节气候。良好的绿化环境能降低太阳的辐射和辐射温度、调节气温和空气湿度及降低风速，对住区小气候的改善和调节均有明显的效果。

b. 净化空气、保护环境。由于植物在进行光合作用时吸收二氧化碳、放出氧气，同时对空气中的有害气体，如二氧化硫、铅、一氧化碳也有一定的吸收作用，所以树木是一个天然的空气净化工厂。树林由于叶子表面不平、多茸毛，有的还分泌黏性油脂和浆液，能吸附空气中大量的烟尘及飘尘。蒙尘的树木经雨水冲洗后，又能恢复其滞尘作用。许多树木在生长过程中能分泌出大量挥发性物质——植物杀菌素，抵抗一些有害细菌的侵袭，减少空气中微生物的含量，如松脂易氧化而放出臭氧，松树林内空气就显得新鲜。树木能通过根系吸收水和土壤中溶解的有害物质，以净化水质和土壤。许多树木对空气污染物质十分敏感，在低浓度、很微量污染情况下，一些植物就会发生受害症状反应，起了"报警""绿色哨兵"的积极作用。除外，绿化还对噪声有吸收和反射作用，因此，可以减弱噪声的强度。

c．结合生产，创造财富。新农村绿化和结合生产具有普遍和特殊意义的重要作用。可以根据不同的地点和条件，因地制宜地多种植有经济价值的树木。植树是项很好的副业生产，是一项有益当前、造福后代的长远事业。

d．美化环境，为新农村添色。新农村的面貌，除建筑本身外，同时也决定于绿地的组织，树木花草一年四季色彩的季相变化，千姿百态的树形、高矮参差、层层叠叠、生机勃勃、欣欣向荣的美丽景观，装饰着各种建筑、道路、河流，增加环境中生动活泼的气氛，丰富了新农村的主体轮廓；也为人们有了茂盛的花草树木供观赏，而增加精神上的愉快，为人民的生活休息提供良好的自然环境。

e．防风固沙。树木的根系可以固沙，树枝叶可防止雨水对地面的冲刷，防止水土流失。

f．绿化还能起到良好的安全防护作用。如防风、防火、防洪和防震等。因此，树木也是最好的"天然掩体"和"安全绿洲"。

新农村绿化水平的高低是衡量一个新农村环境好坏的重要标志。

2）在现在社会里，人们的物质生活水平不断提高，而在心灵上与精神上却日渐缺少宁静与和谐，即便是生活在新农村中，由于民营企业的不断发展，产业结构的变化、节奏紧张的工作使得人们难以感受到绿树、红花、青草与泥土的芬芳气息。用绿色感受生活已成为现代人对家居环境的迫切要求。植物的绿色是生命与和平的象征，具有生命的活力，会带给人们一种柔和的感觉和一种安全感。优美的绿化布置，可以显得更加怡情悦性、富有生气。绿色的植物能够调节温度、湿度。干燥季节，绿化较好的室内湿度比一般室内湿度约高20%。植物能遮挡直射阳光、吸收热辐射，从而发挥隔热作用。盛夏季节栽种爬墙虎、牵牛花等攀缘植物，可将墙壁上的热量吸走。花卉还能使人产生赏心悦目的感觉。绿化是提高住区及其住宅室内生态环境质量的必要条件和自然基础。

a．住区的绿地面积不应低于总用地的30%，并应尽可能地增加绿地率。村庄公共绿地大于或等于$2m^2/$人，集镇公共绿地大于或等于$4m^2/$人。要充分利用墙面、屋顶、露台、阳台等，扩大绿化覆盖，同时提高绿化的质量。

b．绿地的分布应结合住宅及其组群布置，既丰富建筑景观，又活跃住区的生活气息。采取集中与分散相结合的方式，便于居民就近使用。

集中绿地要为密切邻里关系、增进身心健康、并根据各地的自然条件和民情风俗进行布置，要为老人安排休闲及交往的场所，要为儿童设置游戏活动场地。绿地需铺筑部分铺装地面和活动设施用地，为居民提供健身活动场地。绿地可多功能复合使用，但必须以绿为主。

c．住区的环境绿化应结合地形地貌，保护和利用新农村住区范围内有保留价值的河流小溪等水系、树木植被并加以改造整治；利用坡地，尽可能减少土方量，以创造高低变化、层次丰富、错落有致的自然景观。同时，根据用地布局和新农村现状绿化的特点，结合生产经营统一安排，使其形成综合效益好、富有田园风光和各具地方特色的绿化系统。

d．应注重垂直绿化、立体绿化以及住宅的室内绿化，使其与住区的环境绿化互为映衬，形成一个完整的绿化环境。

e. 新农村住宅还应努力利用内庭，或在入口处设一方小庭院，栽花种草、布置园林小景，以展现田园风光，提高生活情趣。

（3）环境景观。

1）对能体现地方历史与文化的名胜古迹、名树古木及碑陵等人文景观和生态系统景观等应采取积极的保护措施，并充分发挥它的作用。

2）对建筑单体和群体的体型、色彩、群体组合、街巷走向与宽度、绿化的配置等进行综合设计，使其形成新的景点，与现状地形、自然风貌和传统建筑文化相协调。

3）利用各种具有特色的建筑小品形成景点，创造美好的意境，增强住区和住宅组群的识别性。

4）建在山坡的新农村，应重视挡土墙的美化和绿化，或利用天然岩石砌起凹凸不平的墙面；或镶嵌花池，植以盆栽；或以攀缘爬藤，增加绿化覆盖，以避免单调生硬感，增强环境意识。

5）山地中的山泉，应努力加以创作，再现泉水叮咚响和路边小沟流水清澈涟漪的自然景观，给人以返朴归真的追思。

6）水是生命的源泉，人们对水有着极其深厚的感情，亲近水是人类的自然天性。因此，在住区规划中，应该充分利用水系，创造耐人寻味的水环境的艺术景观。

2.2.3 合理组织功能结构，适应现代生活的需要

新农村住区应是所在城镇总体规划的居住用地范围。住区应做到功能结构清晰、整合有序，用地布局合理，设施配置得当。要处理好住区之间、住宅组群之间以及与邻近用地功能和道路交通的关系，相互协调、合理布局，避免彼此干扰，以确保方便居民生活和物业管理的要求。

应根据住区的规模，结合地形地貌和民情风俗，组织住宅组群，布置相应的公共服务设施和绿地，以组织好公共中心，适应现代生活的需要，并具浓郁的地方特色。

要提高新农村住区的空间结构及其建筑文化内涵，主体建筑意象要具个性。

2.2.4 精心安排道路交通，方便居民出行

道路交通无论在新农村总体规划或住区规划中都是极其重要的组成部分。如果把住区喻为人的身躯，则道路就如同人的骨架或动脉，是道路沟通了所有静止的因素。道路保证了住区内外交通的联系，保证了人们的正常生产与生活，相互协作与联系。不仅如此，道路还与各项工程设施有着密切的关系，许多管道，线路都与道路相联系而进行布设。道路对新农村住区的卫生、防火、光照、通风以及防止风暴的袭击也起很大的作用。道路对加强新农村住区的建筑艺术景观也起着极其重要的作用。一般可利用道路线型的曲直，沿路布置建筑物，使行人的视觉不断变幻，步移景异从而获得更多的静观和动观效果。道路与建筑景观的形成起着相辅相成的作用。因此，布置便捷、安全、景观丰富的道路系统，可为方便居民出行，创造舒适的环境、安全的交通、组织住区的景观提供先决条件。

（1）应根据住区的用地布置与对外联系，结合自然条件和环境特点，恰当地选择住区的出入口，组织通达顺畅（但应避免穿行）和景观丰富的道路系统，满足消防、救护、抗灾等要求。

并为住区的住宅组群布置以及管线的敷设提供方便。同时不能让过境公路穿越新农村的住区。

（2）新农村住区的道路走向应沿着夏季的主导风向布置，对通风极为有利（尤其是在南方气候炎热的盆地或山丘地带，作用更为显著）。但又应避免顺着冬季主风风向布置，以防寒风对住区的侵袭。

（3）新农村住区的道路布局应符合车流、人行的轨迹，努力做到便捷通畅、构架清楚、分级明确、宽度适宜，严格区分车行道、步行道和绿地小道。由于道路的建设投资大，因此在满足消防、救护、抗灾及方便出行的前提下，应努力减少车行道的长度。

（4）要组织好住区和住宅组群（院落）的人行、非机动车及机动车的流线，减少人车相互干扰，保证交通安全。

（5）解决好停车。随着农村经济的发展，加速了农村现代化的进程，方便的交通是农村现代化的重要因素，也是广大农民的迫切需要。在很多地方，家庭的农用车已经普及。随之而来的，小汽车进入新农村居民的家庭，也已成为现实了。为了适应这种变化，应结合住宅的设计和住区的规划，采用每户分别设置和适当集中就近布置相结合，解决家庭停车问题。最好能保证每户有一个车位的停车库或停车场地。在住区的规划中，还应为增加停车场地留有发展余地。在住区主要出入口附近，适当布置公共停车场地供来访客人停车。严格控制无关的车辆穿行住区，以保证住区的宁静。

（6）应设置必要的路障、标志和图示，限速行驶。并用不同的铺地、绿化、台阶明确指示车行、人行的道路，防止车辆长驱直入，切实做到人车分流。

（7）在有条件的住区可为残疾人和老年人车辆的通行设置残疾人的专用道路（设专用铺装和信号）。

2.2.5 灵活布置住宅群体空间，丰富住区的整体景观

新农村住宅的立面造型使人造的围合空间能与大自然及既存的历史文化场景密切配合，创造出自然、和谐与宁静的新农村住宅景观提供极为重要的条件。而新农村住区的整体景观又必须运用住宅与住宅、或与其附近的建筑物组成开放、封闭或轴线式的各种空间，来配合自然条件，以达到丰富住区整体景观的目的。

（1）应根据当地居民的不同要求，同时考虑住宅功能变化的趋向，确定住宅标准。

（2）为有利于提高土地利用率，丰富建筑空间环境，形成绿荫掩映的田园风光。新农村住宅应以多层公寓式住宅和低层楼房为主。

（3）住宅的单体设计（或选用通用设计）要结合住宅组群的空间组织统一考虑，使之成为有机的整体。

（4）优秀的传统建筑文化特别重视住宅的方位和朝向选择，新农村的住区建设应弘扬优秀的传统建筑文化。住宅的朝向、间距除了要满足日照、通风和防灾的要求外，还应避免视线干扰，确保住宅的私密性以及建筑视觉等，保证室内外环境的质量要求。同时又做到节地、节能。低层住宅山墙的间距一般应控制在4m左右，布置时应注意住宅的挑出物对间距的影响。

（5）每个住宅组群的居住户数不宜太多，应根据当地的地形地貌、经济发展状况和新农村的不同层次等具体条件合理确定。

（6）应发挥设计人员的积极性，创造性地组织住宅群体空间，提高住宅组群的功能与环境质量，增强住宅群体形态的识别性。

2.2.6 努力完善基础设施，提供舒适的生活条件

改革开放以来，我国的新农村建设取得了辉煌的成就。但基础设施仍然十分薄弱。对于新农村住宅和住区的建设，只有完善的基础设施，才能为广大居民提供现代化、安全舒适的生活条件，也才能确保环境质量。

（1）给水。生活用水应符合卫生标准，给水设施应做到供水到户。

（2）排水。排水系统宜采用雨污分流制。污水需经处理并符合标准后方可排放。用于农业灌溉时应符合相关标准的规定。

（3）供电。应根据当地实际情况选择电源。供电负荷需有适度的增容可能。供电线路可根据具体情况采用架空或埋地敷设，道路、广场和公共绿地应设置照明设施。

（4）电信。应保证每户安装电话的需要。设置有线电视网，电信线路宜埋地敷设。

（5）燃气与供热。应改变每户燃烧煤柴的炊事、采暖方式，以减少能源消耗以及垃圾、烟尘的污染。可根据当地的条件选择经济合理、集中或分散的供热和供燃气方法。

（6）管线综合。所有的给排水、燃气、供热的管线应配备齐全，地下敷设，并应与埋地电缆等一起结合道路规划进行管线综合设计、合理安排。争取一次建成，但也可根据具体情况分期建设。

（7）应完善住区的环卫设施。在新农村住区的公共活动地段和主要干道附近布置符合环保要求的公共厕所。建立垃圾收集、运输及消纳措施。

（8）应根据地区特点，在规划设计中设置必要的防灾措施。

2.2.7 切实加强物业管理，创建文明住区

物业管理是方便居民生活，创造环境优美、高度文明新农村住区的必需条件，也是创造温馨家居环境的重要组成环节。应努力塑造一个适应社会行为和物业管理的空间环境系列。空间组织要便于防范、交通布局要考虑安全，合理安排生活服务设施，完善配套工程，方便居民的日常生活。商业、集贸、幼托及文化活动中心等公共建筑应顺应居民的行为轨迹。新农村住区小孩上学和居民就医应有可行的措施。解决好垃圾的收集以及车辆的管理。强化住区环境绿化和清洁卫生的管理。同时，还应设置设备维修、信报收发、便民商店和社区居委会等服务设施。

2.3 新农村住区规划的布局原则

住宅建筑是居民生活居住的三维空间，住区和住宅建筑群规划布置合理与否将直接影响到居民的工作、生活、休息、游憩等方面。因此，住区和住宅建筑群的规划布置应满足使用合理、技术经济、安全卫生和面貌美观的要求。

2.3.1 使用要求

住区和住宅建筑群的规划布置要从居民的基本生活需要来考虑，为居民创造一个方便、舒适的居住环境。居民的使用要求是多方面的，例如，根据住户家庭不同的人口构成和气候特点，选择合适的住宅类型；合理地组织居民户外活动和休息场地、绿地、内外交通等。由于年龄、地区、民族、职业、生活习惯等不同，其生活活动的内容也有所差异，这些差异必

然提出对规划布置的一些内容的客观要求，不应忽视。

2.3.2 卫生要求

卫生要求的目的是为居民创造一个卫生、安静的居住环境。它既包括住宅的室内卫生要求、良好的日照、朝向、通风、采光条件，防止噪声、空气、电磁及光热等污染，也包括室外和住宅建筑群周围的环境卫生；既要考虑居住心理、生理等方面的需要，也应赋予居民精神上的健康和美的感受。

1. 日照

日光对人的健康有很大的影响，因此，在布置住宅建筑时应适当利用日照，冬季应争取最多的阳光，夏季则应尽量避免阳光照射时间太长。住宅建筑的朝向和间距在很大程度上取决于日照的要求，尤其在纬度较高的地区（$\Phi=45°$以上），为了保证居室的日照时间，必须要有良好的朝向和一定的间距。为了确定前、后两排建筑之间合理的间距，须进行日照计算。平地日照间距的计算，一般以农历冬至日正午太阳能照射到住宅底层窗台的高度为依据；寒冷地区可考虑太阳能照射到住宅的墙脚为宜。

平地日照间距计算如图 2-1 所示，其计算公式为

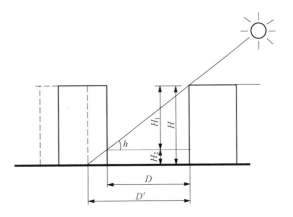

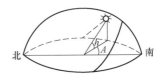

图 2-1 平均日照间距计算示意

注：h 为太阳高度角，A 为太阳方位角。

$$D = \frac{H - H_2}{\tan h}$$

$$D' = \frac{H}{\tan h}$$

式中 h——冬至日正午该地区的太阳高度角；

      H——前排房屋檐口至地坪高度；

      H_1——前排房屋檐口至后排房屋窗台的高差；

      H_2——后排房屋低层窗台至地坪高度；

      D——太阳照到住宅底层窗台时的日照间距；

      D'——太阳照到住宅的墙脚时的日照间距。

当建筑朝向不是正南向时，日照间距应按表 2-1 中不同方位间距折减系数相应折减。

表 2-1   不同方位间距折减系数

方位	0°~15°	15°~30°	30°~45°	45°~60°	>60°
折减系数	1.0L	0.9L	0.8L	0.9L	0.95L

注 L 表示建筑物的长度。

由于太阳高度角与各地所处的地理纬度有关，纬度越高，同一时日的高度角也就越小。所以在我国一般越往南的地方日照间距越小，相反，往北则越大。根据这种情况，应对日照间距进行适当的调整，表 2-2 对各地区日照间距系数作出了相应的规定。

表 2-2　　　　　　　　　　　　我国不同纬度地区建筑日照间距表

地名	北纬	冬至日太阳高度角	日照间距	
			理论计算	实际采用
济南	36°41′	29°52′	1.74H	1.5～1.7H
徐州	34°19′	32°14′	1.59H	1.2～1.3H
南京	32°04′	34°29′	1.46H	1～1.5H
合肥	31°53′	34°40′	1.45H	
上海	31°12′	35°21′	1.41H	1.1～1.2H
杭州	30°20′	36°13′	1.37H	1H
福州	26°05′	40°28′	1.18H	1.2H
南昌	28°40′	37°43′	1.30H	1～1.2H，≤1.5H
武汉	30°38′	35°55′	1.38H	1.1～1.2H
西安	34°18′	32°15′	1.48H	1～1.2H
北京	39°57′	26°36′	1.86H	1.6～1.7H
沈阳	41°46′	24°45′	2.02H	1.7H

居民对日照的要求不仅局限于居室内部，室外活动场地的日照也同样重要。住宅布置时不可能在每幢住宅之间留出许多日照标准以外不受遮挡的开阔地，但可在一组住宅里开辟一定面积的宽敞空间，让居民活动时获得更多的日照。如在行列式布置的住宅组团里，将其中的一幢住宅去掉 1、2 单元，就能为居民提供获得更多日照的活动场地。尤其是托儿所、幼儿园等建筑的前面应有更开阔的场地，获得更多的日照，这类建筑在冬至日的满窗日照不少于 3 小时。

2. 朝向

住宅建筑的朝向是指主要居室的朝向。在规划布置中应根据当地自然条件——主要是太阳的辐射强度和风向，来综合分析得出较佳的朝向，以满足居室获得较好的采光和通风。在高纬度寒冷地区，夏季西晒不是主要矛盾，而以冬季获得必要的日照为主要条件，因此，住宅居室布置应避免朝北。在中纬度炎热地带，既要争取冬季的日照，又要避免西晒。在Ⅱ、Ⅲ、Ⅳ气候区，住宅朝向应使夏季风向入射角大于 15°，在其他气候区，应避免夏季风向入射角为 0°。

3. 通风

良好的通风不仅能保持室内空气新鲜，也有利于降低室内温度、湿度，因此建筑布置应保证居室及院落有良好的通风条件。特别在我国南方或由于地区性气候特点而造成夏季气候炎热和潮湿的地区，通风要求尤为重要。建筑密度过大，住区内的空间面积过小，都会阻碍空气流通。在夏季炎热的地区，解决居室自然通风的办法通常是将居室尽量朝向主导风向，若不能垂直主导风向时，应保证风向入射角在 30°～60° 之间。此外，还应注意建筑的排列、院落的组织，以及建筑的体型，使之布置与设计合理，以加强通风效果，如将院落布置敞向主导风向或采用交错的建筑排列，使之通风流畅。但在某些寒冷地区，院落布置则应考虑风沙、暴风的袭击或减少积雪，而采用较封闭的庭院布置。

在新农村住区和住宅组团布置中，组织通风也是很重要的内容，针对不同地区考虑保温隔热和通风降温。我国地域辽阔，南北气候差异大，各地对通风的要求也不同。炎热地区希望夏季有良好的通风，以达到降温的目的，这时住宅应和夏季主导风向垂直，使住宅立面接受更多、更大的风力；寒冷地区希望冬季尽量少受寒风侵袭，住宅布置时就应尽量避开冬季的主导风向。因此，在住区和住宅组团布置时，应根据当地不同的季节的主导风向，通过住宅位置、形状的变化，满足通风降温和避风保温的实际要求。住宅组团的通风和防风如图2-2所示。

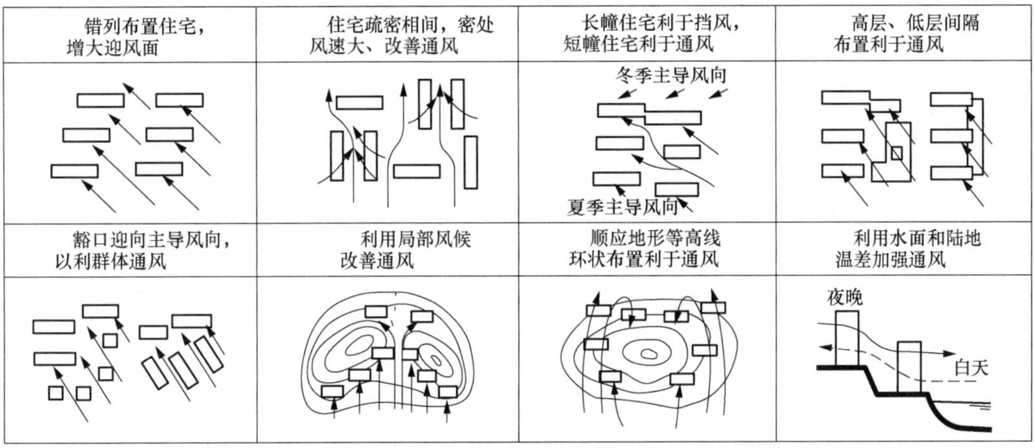

错列布置住宅，增大迎风面	住宅疏密相间，密处风速大、改善通风	长幢住宅利于挡风，短幢住宅利于通风	高层、低层间隔布置利于通风
豁口迎向主导风向，以利群体通风	利用局部风候改善通风	顺应地形等高线环状布置利于通风	利用水面和陆地温差加强通风

图 2-2　住宅组团的通风和防风

4. 防止污染

（1）防止空气污染。

1）油烟扰民。油烟是指食物烹饪和生产加工过程中挥发的油脂、细小的油、有机质以及热氧化和热裂解的产物。饭店、酒楼在食品加工过程中会散发大量的油烟，长期以来，都是无组织排放，严重污染着周围居民的生活环境，并破坏城市的大气环境。

油烟会对人体造成4个方面的危害：

a．油烟随空气侵入人体呼吸道，会引起诸如食欲减退、心烦、精神不振、嗜睡、疲乏无力等症状，在医学上被称为"油烟综合征"。

b．油烟会伤害人的感觉器官。当眼睛遭受到油烟刺激后，会造成干涩发痒，视力模糊、结膜充血，而造成患慢性结膜炎。鼻子受到刺激后黏膜充血水肿。嗅觉减退，进而引起慢性鼻炎。咽喉受到刺激会出现咽干、喉痒而易形成慢性咽喉炎等。

c．油烟中含有致癌物，长期吸入这种有害物质会诱发肺脏组织癌变。中国妇女患肺癌比例较高的主要原因往往是厨房中的环境污染所致。

d．厨房燃料燃烧过程中造成氮氧化物的生成量骤增，产生大量有害物质，吸附以后会导致肺部病变，出现哮喘、气管炎、肺气肿等疾病，严重者可招致肺纤维化的恶果。

2）机动车的尾气。汽车尾气已成为城市空气的主要污染源。主要交通干线和路口等车流越密集、汽车尾气的浓度越高，污染越严重。虽然现在全面推行使用无铅汽油，但是大量货运车辆都是使用柴油发动机，其排放出来的含铅尾气依然对整个城市造成污染。而且汽车尾气中的铅一般分布于地面上方 1m 左右的地带，正好是青少年的呼吸带，因而汽车尾气中的铅污染对青少年危害更严重。低层住宅受汽车尾气的污染也较严重，高层住宅由于空气流通性和扩散性好，污染略轻些。据国外有关统计资料表明，经常处于汽车尾气浓度较高环境的人群，其寿命明显低于普通大众。

机动车排放的尾气中有毒有害物质达 200 多种。比较严重的有一氧化碳、氮氧化物、碳氢化物、光化学物（光气）、铅尘及 3、4 苯并芘等充斥在人们的呼吸带附近。

a. 铅尘进入人体后会导致系统生理病变，使人的智力下降，阅读、计算及抽象思维困难，严重损害神经系统，反应迟钝、内分泌失调。

b. 一氧化碳也就是俗称的煤气，人体吸入后，其与红细胞的亲和力是氧气的 300～400 倍，会造成人体器官缺氧死亡。

c. 光化学物（光气）不仅刺激人的喉、眼、鼻等黏膜，同时还具有强致癌作用。

d. 氮氧化物中的一氧化氮与红细胞的亲和力比煤气还要强，很容易让人中毒死亡。二氧化氮是一种褐色有毒物，具有特殊的刺激性臭味，会损害人的眼睛和肺部。

e. 3、4 苯并芘则是国际公认的头号强致癌物质。

3）臭气。由于城市生活垃圾中含有较多的有机物，如剩饭剩菜，蔬菜的根与叶，家禽、动物及鱼类的皮、毛、脂肪和蛋白质等。在收集、中转以及填埋的各个环节中，这些有机物质受到微生物的作用而腐烂。同时产生一定量的氨、硫化物、有机胺、甲烷等有毒又有异味的气体污染物，俗称为垃圾臭气。垃圾臭气中含有机挥发性气体就多达 100 多种，其中含有许多致癌致畸形物。垃圾臭气污染的危害体现如下。

a. 难闻，令人喘不过气。

b. 吸入过多的臭气会导致咽炎、咳嗽等呼吸道疾病。

c. 吸入过多的臭气对消化系统、神经系统也会产生不良影响。

4）其他臭气。在城市中，还存在一些远比垃圾臭气更毒更臭的工业臭气，尤其是化工厂的臭气，对人体的危害往往比垃圾臭气还要厉害。

（2）防止噪声污染。人们渴望宁静的生活。然而由于现代化生活的快节奏和多元化造成许许多多的噪声，使得人们往往遭受噪声污染的干扰，不仅影响到人们的健康也干扰了人们的正常生活。一般人说话的声音是 40～60dB，嗓门大的人说话声音可达到 60～80dB。研究表明，临街建筑物内的噪声可达到 65dB，在这里居住的人心血管受伤害的程度要比生活在噪声在 50dB 以下环境的人高出 70%以上。如果噪音达到 80～100dB，即相当于一辆从身边驶过的卡车或电锯发出的声音，会对人的听力造成很大的伤害。而当噪声超过 100dB，就已达到人们难以忍受的程度，这种噪声相当于圆锯、空气压缩锤或迪斯科舞厅、随身听、战斗机发出的噪声。而当人们处于爆破及有些打击乐器发出声响达到 120dB 以上时，人体的健康将会遭受极大的伤害。

1）人体长期处在噪声的环境之中，便会依音量强度及持续时间长短不同，对身体逐渐造成伤害，诱发多种疾病。

a. 听力障碍。毫无防护地置身于 80dB 以上的噪声之中，就容易使听觉细胞受损，造成耳聋。若突然受到诸如大炮声、爆炸声、凿岩机声等超过 120dB 噪声的损害，便有可能立即导致耳聋。

b．心血管病。长期生活在噪声 70~80dB 以上的环境中，易使人们动脉收缩、心跳加速、供血不足，出现血压不稳定、心律不齐、心悸等症状，甚至演变成冠心病、心绞痛、脑溢血及心肌梗塞。研究指出，噪声强度每升高 5dB，罹患高血压的几率就可能提高约 20%。

c．破坏人体正常运转。噪声会导致中枢神经功能失调、大脑皮质兴奋及抑制功能失去平衡，使得身体出现失眠、多梦、头痛、耳鸣、全身乏力等现象。

d．精神障碍。噪声会使人肾上腺素分泌增加，以致容易惊慌、恐惧、易怒、焦躁，甚至演变成神经衰弱、忧郁或精神分裂症。

e．消化道疾病。噪声会引起消化系统的功能障碍、内分泌失调，使人出现食欲不振、消化不良、肠胃衰弱、恶心、呕吐等症状，最后还可能导致消化道溃疡、肝硬化等疾病的产生。

f．影响生育功能。噪声会对妇女的月经和生育功能产生影响，使妇女出现月经失调、痛经等现象，还会使孕妇产生妊娠恶阻、妊娠高血压及产下低体重儿等恶果，甚至造成流产、早产。

g．影响幼儿健康。胎儿和幼儿的听觉神经敏感脆弱，极易受噪声的破坏，严重时甚至会影响智力发育。

h．导致死亡。美国医学专家研究指出，突发的强烈噪声，可使听觉受到刺激，引发突发性心律不齐，使人猝死。

2）长期在噪声 80dB 以上的环境中工作、学习和生活，将使人精神无法集中，听力下降，降低工作、学习效率。噪声还会使微血管收缩，减低血液中活性氧流通，造成精神紧张亢奋，情绪无法安定，影响工作、学习和日常的生活。

（3）防止光污染。光污染已经成为一种新的环境污染，它是时刻威胁和损害人们健康的"新杀手"，光污染在国内尚无立法，目前也还没有专家开展专门研究，甚至对"光污染"一词也尚无权威解释；在国外对光污染已引起极大的重视，许多企业在产品生产时，开始考虑其对视觉的影响并采取相应的措施。

我们的祖先曾长期过着日出而作、日落而归的农耕生活，在室外生活的时间较长，他们所接受的是全光谱自然光的照射，人类在这样的环境中，形成了人体与环境相适应的许多生理功能。现代人的工作、生活环境大都在室内，办公室、车间和住宅内通常是使用荧光照明，这种灯缺少一些光谱辐射，镜面玻璃的反射系数比绿地、森林以及平面砖石装饰的建筑物大 10 倍以上，大大超过了人眼所能承受的范围。由于人体不适应，时间长了，就会对人体健康带来影响而导致某些疾病的产生。

1）光污染的种类。国际上一般将光污染分为白亮污染、人工白昼和彩光污染 3 类。

a．白亮污染。阳光照射强烈时，建筑物的玻璃幕墙、釉面砖墙面、磨光的石板材和各种涂料等装饰的反射光线，明晃白亮、炫眼夺目。专家研究发现，长时间在白色光亮污染的环境下工作和生活的人，视网膜和虹膜都会受到程度不同的损害，视力急剧下降，白内障的发病率高达 45%，还会使人头昏心烦，甚至造成失眠、食欲下降、情绪低落、身体乏力等类似神经衰弱的症状。

夏天，玻璃幕墙强烈的反射光进入附近居民楼内，增加了室内温度，影响正常的生活。有些玻璃幕墙是圆弧形的，反射光汇聚还容易引起火灾。烈日下驾车行驶的司机会出其不意地遭受到玻璃幕墙反射光的突然袭击，眼睛受到强烈刺激，很容易诱发车祸。

b. 人工白昼。夜幕降临后，街道广场的广告灯、霓虹灯闪烁夺目，令人眼花缭乱。但是，这使得夜晚如同白天的所谓人工白昼。会使人夜晚难以入眠，扰乱人体正常的生物钟，造成白天精神不振、工作效率低下。人工白昼还会伤害鸟类和昆虫，强光会破坏昆虫在夜间的正常繁殖过程。

c. 彩光污染。舞厅、夜总会安装的黑光灯、旋转灯、荧光灯以及闪烁的彩色光源构成了彩光污染。据测定，黑光灯所产生的紫外线强度大大高于太阳光中的紫外线，其对人体损害的影响持续时间很长。如果长期受其照射，可诱发流鼻血、脱牙、白内障，甚至导致白血病和其他癌变。彩色光源不仅对眼睛不利，还会干扰大脑的中枢神经，使人头晕目眩，造成恶心呕吐、失眠等症状。彩光污染不但损害人的生理功能，同时还会影响身心健康。

2）光污染的危害。光污染是人视力的杀手。严重的光污染，其后果就是导致各种眼疾，特别是近视眼。据统计，我国高中生近视率已达 60% 以上，居世界第二位。光污染对人体的危害如下。

a. 光污染主要会损伤人体的视觉系统，长期暴露于强光下，使视力敏锐度降低、视力下降。其中以激光对眼睛的损伤最大，可累及眼结膜、虹膜和晶状体，甚至损伤深层组织的神经系统。

b. 光污染造成视觉疲劳，可使人情绪低落、心情烦闷、影响身心健康。

c. 玻璃幕墙强烈的反射光进入附近居民住宅，增加了室内的温度，尤其是在夏天会影响居民的正常生活。有些玻璃幕墙呈凹状的半圆形，反射光汇聚形成过高的温度，易引起火灾。

d. 烈日下驾车行驶的司机，由于遭受玻璃幕墙反射光的突然袭击，眼睛受到强烈的刺激，汽车易出现失控而诱发车祸。

（4）防止电磁污染。据介绍，不少城市电磁辐射污染日趋严重。随处可见的手机、遍布市区的无线电发射基站，甚至微波炉，都可能产生电磁污染源。高压线不仅产生无线电辐射污染，而且放射 X 射线、伽马射线等。在一些城市的居民住宅区、移动天线的无线电辐射严重超标。电磁污染对人体的危害是多方面的，除了引发头晕头疼的病症外，还可能会生产怪胎，影响下一代的质量。

电磁辐射看不见、摸不着，各种各样的电磁波无时无刻地在我们身边盘旋，穿越我们的肌体，损害我们的健康，穿越我们的肌体，人们都无处可藏。为了保护我们的健康，必须了解电磁辐射究竟是什么，才能利用电磁波推动我们的社会前进时，保护自己不被伤害。

1）什么是电磁污染。电磁辐射所形成的污染，就是电磁污染，又称为电子雾污染。它存在于我们的周围，被称为"健康的隐形杀手"。在全国人民代表大会上，有关代表呼吁尽早出台防止电磁污染的法规。

2）电磁污染的来源。电磁污染的来源可分为两大类。

一类是直接利用电磁辐射而产生的污染。这不仅包括无线电通信和广播电视发射系统、雷达站、手机通信基站，还有变电站、高压电线以及高压输变电工程。

另一类是某些工业、交通、科研、医疗设备在工作时会有电磁辐射产生并泄漏出来，对环境造成污染，如高频感应炉、微波理疗仪、高压送变电系统、电力机车等。

这些电磁波充斥空间，无色无味无形，可以穿透包括人体在内的多种物质，人体如果长期暴露在超过安全的辐射剂量下，细胞就会被大面积杀伤或杀死。

3）电磁污染的危害。

高剂量的电辐射会影响和破坏人体原有的生物电流和生物磁场，使人体内原有的电磁场发生异常。值得注意的是，不同的人或同一个人在不同年龄段对电磁辐射的承受能力是不一样的，老人、儿童和孕妇是对电磁辐射敏感的人群。

电磁辐射对人体的潜在危险，国内外专家有着共识，主要有7个方面。

a. 电磁辐射是造成儿童白血病的原因之一。医学研究证明，长期处于高电磁辐射环境中，会使血液、淋巴液和细胞原生质发生改变。意大利每年有400多名儿童患白血病，主要原因是他们的生活环境距高压线太近，受到了严重的电磁污染。

b. 使癌症发病率增高。1976年，原苏联为监听美驻苏使馆的通信联络情况，向使馆发射电磁波，造成使馆工作人员长期处于电磁环境中，结果被检查的313人中，有64人淋巴细胞平均数高44%，有15个妇女得了胰腺癌。

c. 影响人的生殖系统。主要表现为男子精子质量降低，孕妇易发生自然流产和胎儿畸形等。在对我国某省16名电脑操作员进行追踪调查时发现，接触电磁辐射污染组的女性操作员月经紊乱明显高于对照组，其中8人10次怀孕中就有4人6次出现妊娠异常。有关研究报告也指出孕妇每周使用20h以上计算机，流产率增加80%，同时畸形儿出生率也有上升。

d. 导致儿童智力残缺。据最近调查显示，我国每年出生的2000万儿童中，有35万是缺陷儿，这其中有25万是智力残缺，有关专家认为电磁辐射污染是其主要影响因素之一。世界卫生组织认为，计算机、电视机、移动电脑的电磁辐射对胎儿有不良影响。

e. 影响人的心血管系统。主要表现心悸、失眠、部分女性经妊期紊乱、心动过缓、血搏血量减少、窦性心律不齐，白细胞减少、免疫功能下降等，如果装有心脏起搏器的病人处于高电磁的环境中，会影响起搏器的正常使用。

f. 对人们的视觉系统有不良影响。眼睛属于人体对电磁辐射的敏感器官，过高的电磁辐射污染会对视觉系统造成影响，表现为视力下降，引起白内障等。

g. 损害中枢神经系统。头部长期受电磁辐射影响后，轻则引起失眠多梦、头痛头昏、疲劳乏力、记忆力减退、易怒、抑郁等神经衰弱症，重者使大脑皮质细胞活动能力减弱，并造成脑损伤。

（5）防止热污染。大气热污染现象也称"热岛"现象。它是指因城市气温比周边地区气温高，导致气候变化异常和能源消耗增大，从而给居民生活和健康带来影响的现象。在用等温线表示的气温分布图上，气温高的部分呈岛状，因而被称为"热岛"。

热污染是由于日益现代化的工农业生产和人类生活中排出的各种废热所导致的环境污染，它会导致大气和水体的污染。工厂的循环冷却系统排出的热水和工业废水都含有大量废热，废热排入湖泊河流后，造成水温骤升，导致水中溶解氧气锐减，引发鱼类等水生动植物死亡。大气中含热量增加，还会影响到全球气候变化和居民的日常生活，热污染还对人体健康构成危害，降低人体的正常免疫功能。

（6）防止其他污染。除了上述的多种污染外，建筑工地打桩所引起的振动也是扰民的污染源，另外，过于单调的景观、杂乱无章的景观以及与环境极不和谐的景观也会给人们造成一种与优美环境背道而驰的视觉污染。在国内已引起重视，并开始进行研究。

近十年来，在我国的城市建设中，由于盲目追求经济发展，忽视城市文化品位。盲目效仿欧美，只求气派豪华，缺乏中国特色，使得很多建筑与我国城市的整体形象不相协调，显得非常突兀。导致目前的城市建设所出现诸像像"满嘴镶金牙的小商人，看上去金光闪闪，实际上没有文化"的现象。成为"异国设计的实验场""城市化的牺牲品……"等。这种景观上的污染会从心理上给人们带来污染。为此，很多专家、学者也已纷纷呼吁必须弘扬中国传统文化，注重城市文化形象和城市整体形象的塑造，以便给予人们美的感受，从而陶冶人的高尚情操。

2.3.3 安全要求

住宅建筑的规划布置除了满足正常情况下居住生活要求结构安全外，还必须考虑一旦发生火灾、地震、洪水时，抢运转移的方便与安全。因此，在规划布置中，必须按照有关规范，对建筑的防火、防震、安全疏散等做统一的安排，使之能有利防灾、救灾或减少其危害程度。

（1）防火。当发生火灾时为了保证居民的安全、防止火灾的蔓延，建筑物之间要保持一定的防火距离。防火距离的大小随建筑物的耐火等级以及建筑物外墙门窗、洞口等情况而异。GB 50016—2006《建筑设计防火规范》中有具体的规定。

（2）防震。地震区必须考虑防震问题。住宅建筑必须采取合理的房屋层数、间距和建筑密度。对于房屋防震间距，一般应为两侧建筑物主体部分平均高度的1.5～2.5倍。住房的布置要与道路、公共建筑、绿化用地、体育活动用地等相结合，合理组织必要的安全隔离地带。

2.3.4 经济要求

住宅建筑的规划与建设应同新农村经济发展水平、居民生活水平和生活习俗相适应，也就是说在确定住宅建筑的标准、院落的布置等均需要考虑当时、当地的建设投资及居民的生活习俗和经济状况，正确处理需要和可能的关系。降低建设费用和节约用地，是住宅建筑群规划布置的一项重要原则。要达到这一目的，必须对住宅建筑的相关标准、用地指标严格进行控制。此外，还要善于运用各种规划布局的手法和技巧，对各种地形、地貌进行合理改造，充分利用，以节约经济投入。

2.3.5 美观要求

一个优美的居住环境的形成，不是单体建筑设计所能奏效的，主要还取决于建筑群体的组合。现代规划理论，已完全改变了那种把住宅孤立地作为单个建筑来进行的设计，而应把居住环境作为一个有机整体来进行规划。居民的居住环境不仅要有较浓厚的居住生活气息，而且要反映出欣欣向荣、生机勃勃的时代精神面貌。因此，在规划布置中应将住宅建筑结合道路、绿化等各种物质要素，运用规划、建筑以及园林等的手法，组织完整的、丰富的建筑空间，为居民创造明朗、大方、优美、生动的生活环境，显示美丽的城镇面貌。

2.4 新农村住区的规模

2.4.1 住区的人口规模

住区一般由新农村主要道路或自然分界线围合而成，是一个相对独立的社会单位，住区的规划组织结构由住区——住宅组群——住宅庭院组成。其人口规模见表2-3。

表 2-3　　　　　　　　　　　　　　　　住区人口规模

居住单位名称		居住规模	
		人口数	住户数
住区	Ⅰ级	8000～12 000	2000～3000
	Ⅱ级	5000～7000	1250～1750
住宅群组	Ⅰ级	1500～2000	375～500
	Ⅱ级	1000～1400	250～350
住宅庭院	Ⅰ级	250～340	63～85
	Ⅱ级	180～240	45～60

2.4.2　住区的用地规模

　　住区用地规模以规划用地指标为依据，规划用地指标包括住宅建筑用地、公共建筑用地、道路用地和公共绿地各项用地指标和总用地指标。住区用地规模应采取人均用地指标、建设用地构成比例加以控制。新农村住区人均建设用地指标见表 2-4，新农村住区用地构成控制指标见表 2-5。

表 2-4　　　　　　　　　　　　新农村住区人均建设用地指标

层　　数	人均用地指标（m²/人）					
	住区		住宅组群		住宅庭院	
	Ⅰ级	Ⅱ级	Ⅰ级	Ⅱ级	Ⅰ级	Ⅱ级
低层	48～55	40～47	35～38	31～34	29～31	26～28
低层、多层	36～40	30～35	28～30	25～27	23～25	22～24
多层	27～30	23～26	21～22	18～20	19～20	17～18

表 2-5　　　　　　　　　　　　新农村住区用地构成控制指标

用地类别	各类用地构成比例（%）					
	住区		住宅组群		住宅庭院	
	Ⅰ级	Ⅱ级	Ⅰ级	Ⅱ级	Ⅰ级	Ⅱ级
住宅建筑用地	54～62	58～66	72～82	75～85	76～86	78～88
公共建筑用地	16～22	12～18	4～8	3～6	2～5	1.5～4
道路用地	10～16	10～13	2～6	2～5	1～3	1～2
公共绿地	8～13	7～12	3～4	2～3	2～3	1.5～2.5
总计用地	100	100	100	100	100	100

2.5　新农村住区的用地选择

2.5.1　优秀传统建筑文化的环境选择原则

　　优秀传统建筑文化，实际上就是融合了地球物理磁场、宇宙星体气象、山川水文地质、生态建筑景观、宇宙生命信息和奇妙黄金分割等多门科学、哲学、美学、伦理学以及宗教、民俗等众多智慧，最终形成内涵丰富，具有综合性的系统性很强的独特文化体系。其环境选择的原则概括起来有如下五项。

1. 立足整体，适中合宜

整体系统论，作为一门完整的科学，是 20 世纪才产生的，但作为一种朴素的方法，中国的先哲很早就开始运用了。传统建筑文化把环境作为一个整体系统，这个系统以人为中心，包括天地万物。环境中的每一个子系统都是相互联系、相互制约、相互依存、相互对立、相互转化的要素，传统建筑文化的功能就是要宏观地把握、协调各子系统之间的关系，优化结构，寻求最佳组合。

传统建筑文化充分注意到环境的整体性。《黄帝宅经》主张"以形势为身体，以泉水为血脉，以土地为皮肉，以草木为毛发，以舍屋为衣服，以门户为冠带，若得如斯，是事俨雅，乃为上吉。"清代姚延銮在《阳宅集成》中强调整体功能性，主张"阳宅应须择地形，背山面水称人心，山有来龙昂秀发，水须围抱作环形，明堂宽大斯为福，水口收藏积万金。关煞二方无障碍，光明正大旺门庭。"

立足整体原则是传统建筑文化的总原则，其他原则都从属于整体原则，以立足整体的原则处理人与环境的关系，是传统建筑文化的基本点。

适中合宜，就是恰到好处，不偏不倚，不大不小，不高不低，尽可能优化，接近至善至美。《管氏地理指蒙》论穴云："欲其高而不危，欲其低而不没，欲其显而不张扬暴露，欲其静而不；幽囚哑噎，欲其奇而不怪，欲其巧而不劣。"适中的原则早在先秦时就产生了。《论语》中提倡的中庸，就是无过不及，处事选择最佳位，以便合乎正道。《吕氏春秋·重己》指出："室大则多阴，台高则多阳，多阴则蹶，多阳则痿，此阴阳不适之患也。"阴阳平衡就是适中。

传统建筑文化主张山脉、水流、朝向都要与穴地协调，房屋的大与小也要协调，房大人少不吉，房小人多不吉，房小门大不吉，房大门小不吉。清人吴才鼎在《阳宅撮要》指出："凡阳宅须地基方正，间架整齐，东盈西缩，定损丁财。"

适中的另一层意思是居中，中国历代的都城为什么不选择在广州、上海、昆明、哈尔滨？因为地点太偏。《太平御览》卷有记载："王者命创始建国，立都必居中土，所以控天下之和，据阴阳之正，均统四方，以制万国者。"洛阳之所以成为九朝故都，原因在于它位居天下之中，级差地租价就是根据居中的程度而定。银行和商场只有在闹市中心才能获得最大效益。

适中合宜的原则还要求突出中心，布局整齐，附加设施紧紧围绕轴心。在典型的环境景观中，都有一条中轴线，中轴线与地球的经线平行，向南北延伸。中轴线的北端最好是横行的山脉，形成丁字形组合；南端最好有宽敞的明堂（平原）；中轴线的东西两边有建筑物簇拥，还有弯曲的河流，明清时期的帝陵，清代的园林就是按照这个原则修建的。

2. 观形察势，顺乘生气

清代的《阳宅十书》指出："人之居处宜以大山河为主，其来脉气最大，关系人祸最为切要。"传统建筑文化重视山形地势，把小环境放入大环境考察。

中国的地理形势，每隔 8°左右就有一条大的纬向构造，如天山——阴山纬向构造；昆仑山——秦岭纬向构造。《考工记》云："天下之势，两山之间必有川矣。大川之上必有途矣。"《禹贡》把中国山脉划为四列九山。传统建筑文化把绵延的山脉称为龙脉、龙脉源于西北的昆仑山，向东南延伸出三条龙脉，北龙从阴山、贺兰山入山西，起太原，渡海而止。中龙由岷山入关中，至泰山入海。南龙由云贵、湖南至福建、浙江入海。每条大龙脉都有干龙、支龙、真龙、假龙、飞龙、潜龙、闪龙，勘察环境首先要搞清楚来龙去脉，顺应龙脉的走向。

龙脉的形与势有别，千尺为势，百尺为形，势是远景，形是近观。势是形之崇，形是势之积。有势然后有形，有形然后知势，势住于外，形在于内。势如城郭墙垣，形似楼台门第。势是起伏的群峰，形是单座的山头，认势惟难，观形则易。势为来龙，若马之驰，若水之波，欲其大而强，异而专，行而顺。形要厚实、积聚、藏气。

在龙脉集结处有朝案之山为佳。朝山案山是类似于朝拱伏案之形的山，就像臣僚簇拥君主。朝案之山可以挡风并且很有趣屈之情。如《朱子语类》论北京的大环境云："冀都山脉从云发来，前则黄河环绕，泰山耸左为龙，华山耸右为虎，嵩为前案，淮南诸山为第二案，江南五岭为第三案，故古今建都之地莫过于冀，所谓无风以散之，有水以界之"。这是以北京城市为中心，以全国山脉为朝案，来说明北京地理环境之优势。

从大环境观察小环境，便可知道小环境受到外界的制约和影响，诸如水源、气候、物产、地质等。任何一块宅地表现出来的吉凶都是由大环境所决定的，犹如中医切脉，从脉象之洪细弦虚紧滑浮沉迟速，就可知道身体的一般状况，因为这是由心血管的机能状态所决定的。只有形势完美，宅地才完美。每建一座城市，每盖一栋楼房，每修一个工厂，都应当先考山川大环境。大处着眼，小处着手，必无后顾之忧，而后富乃大。

传统建筑文化认为，气是万物的本源。太极即气，一气积而生两仪，一生三而五行具，土得之于气，水得之于气，人得之于气，气感而应，万物莫不得于气。

由于季节的变化，太阳出没的变化，使生气与方位发生变化。不同的月份，生气和死气的方向就不同。生气为吉、死气为凶。人应取其旺相，消纳控制。《管子·枢言》云："有气则生，无气则死，生则以其气。"《黄帝宅经》认为，正月的生气在子癸方，二月在丑艮方，三月在寅甲方，四月在卯乙方，五月在辰巽方，六月在巳丙方，七月在午丁方，八月在未坤方，九月在申庚方，十月在酉辛方，十一月在戌乾方，十二月在亥壬方。罗盘体现了生气方位观念，理气派很讲究这一套。

怎样辨别生气呢？明代蒋平阶在《水龙经》中指出，识别生气的关键是望水。"气者，水之母，水者，气之止。气行则水随，而水止则气止，子母同情，水气相逐也。夫溢于地外而有迹者为水，行于地中而无形者为气。表里同用，此造化之妙用。故察地中之气趋东趋西，即其水或去或来而知之矣。行龙必水辅，气止必有水界。"这就讲清了水和气的关系。

明代《葬》中指出，应当通过山川草木辨识生气，"凡山紫气如盖，苍烟若浮，云蒸霭游，四时弥留，皮无崩蚀，色泽油油，草木繁茂，流泉甘洌，土香而腻，石润而明，如是者，气方钟而来休。云气不腾，色泽暗淡，崩摧破裂，石枯土燥，草木凋零，水泉干涸，如是者，非山冈之断绝于掘凿，则生气之行乎他方。"可见，生气就是万物的勃勃生机，就是生态表现出来的最佳状态。

传统建筑文化提倡在有生气的地方修建城镇房屋，这叫做乘生气。只有得到生气的滋润，植物才会欣欣向荣，人类才会健康长寿。宋代黄妙应在《博山篇》云："气不和，山不植，不可扦；气未上，山走趋，不可扦；气不爽，脉断续，不可扦；气不行，山垒石，不可扦。"扦就是点穴，确定地点。

传统建筑文化认为：房屋的大门为气口，如果有路有水环曲而至，即为得气，这样便于交流，可以得到信息，又可以反馈信息。如果把大门设在闭塞的一方，谓之不得气。得气有利于空气流通，对人的身体有好处。宅内光明透亮为吉，阴暗灰秃为凶。只有顺乘生气，才能称得上贵格。

3. 因地制宜，调谐自然

因地制宜，即根据环境的客观性，采取适宜于自然的生活方式。《周易·大壮卦》提出："适形而止。"先秦时的姜太公倡导因地制宜，《史记·货殖列传》记载："太公望封于营丘，地泻卤，人民寡，于是太公劝其女功，极技巧，通渔盐。"

中国地域辽阔，气候差异很大，土质也不一样，建筑形式也不同。西北干旱少雨，人们就采取穴居式窑洞居住。窑洞位多朝南，施工简易，不占土地，节省材料，防火防寒，冬暖夏凉，人可长寿，鸡多下蛋。西南潮湿多雨，虫兽很多，人们就采取干阑式竹楼居住。《旧唐书·南蛮传》曰："山有毒草，虺蝮蛇，人并楼居，登梯而上，号为干阑。"楼下空着或养家畜，楼上住人。竹楼空气流通，凉爽防潮，大多修建在依山傍水之处。此外，草原的牧民采用蒙古包为住宅，便于随水草而迁徙。贵州山区和大理人民用山石砌房，这些建筑形式都是根据当时当地的具体条件而创立的。中国现存许多建筑都是因地制宜的楷模。湖北武当山是道教名胜，明成祖朱棣当初派三十万人上山修庙，命令不许劈山改建，只许随地势高下砌造墙垣和宝殿。

中国是个务实的国家，因地制宜是务实思想的体现，根据实际情况，采取切实有效的方法，使人与建筑适宜于自然，回归自然，返璞归真，天人合一，这正是传统建筑文化的真谛所在。

人们认识世界的目的在于改造世界为自己服务。《周易》有草卦，象曰："已日乃孚，革而信之。文明以说，大亨以上，革而当，其悔乃亡。天地革而四时成，汤武革命，顺乎天而应乎人。革之时义大矣。"革就是改造。人们只有顺应自然、调谐环境，才能创造优化的生存条件。

顺应自然、调谐环境的实例很多，四川都江堰就是调谐环境的成功范例。岷江泛滥，淹没良田和民宅，一旦驯服了岷江，都江堰就造福于人类了。

北京城中处处是调谐环境的名胜。故宫的护城河是人工挖成的障，河土堆砌成景山，威镇玄武。北海是金代时蓄水成湖，积土为岛，以白塔为中心，寺庙以山势排列。圆明园堆山导水，修建一百多处景点，堪称"万园之园"。

我国传统的村镇聚落很注重顺应自然、调谐环境。如果下工夫，花力气翻捡一遍历史上留下来的地方志书和村谱、族谱，每部书的首卷都叙述了自然环境，细加归纳，一定会有许多顺应自然、调谐环境的记载。就目前来说，如深圳、珠海、广州、汕头、上海、北京等许多开放城市，都进行了许多的移山填海，建桥铺路，折旧建新的环境调谐工作，而且取得了很好的效果。

研究传统建筑文化的目的，在于努力使城市和村镇的格局更合理，更有益于人民的健康长寿和经济的发展。

4. 依山傍水，负阴抱阳

依山傍水是传统建筑文化最基本的原则之一。山体是大地的骨架，水域是万物生机之源泉，没有水，人就不能生存。考古发现的原始部落几乎都在河边台地，这与当时的狩猎和捕捞、采摘经济相适应。

依山的形势有两类。

一类是"土包屋"。即三面群山环绕，奥中有旷，南面敞开，房屋隐于万树丛中。湖南岳阳县渭洞乡张谷英村就处于这样的地形，五百里幕阜山余脉绵延至此，在东北西三方突起三座大峰，如三大花瓣拥成一朵莲花。明代宣德年间，张谷英来这里定居，五百年来发展六百多户、三千多人的赫赫大族，全村八百多间房子串通一气，男女老幼尊卑有序，过着安宁祥和的生活。

另一类是"屋包山"。即成片的房屋覆盖着山坡，从山脚一直到山腰，长江中上游沿岸的码头小镇都是这样，背枕山坡，拾级而上，气宇轩昂。有近百年历史的武汉大学建筑在青翠的珞珈山麓，设计师充分考虑到特定的环境，依山建房，学生宿舍贴着山坡，像环曲的城墙，有了个城门形的出入口。山顶平台上以中孔城门洞为轴线，图书馆居中，教学楼分别立于两侧。主从有序，严谨对称。学校得天然之势，有城堡之壮，显示了高等学府的宏大气派。

六朝故都南京，滨临长江，四周是山，有虎踞龙盘之势。其四边有秦淮河入江，沿江多山矶，从西南往东北有石头山、马鞍山、幕府山，东有钟山，西有富贵山，南有白鹭洲和长命洲形成夹江。明代高启有赞曰："钟山如龙独西上，欲破巨浪乘长风。江山相雄不相让，形胜争夸天下壮。"

中国处于地球北半球，欧亚大陆东部，大部分陆地位于北回归线（北纬 23°26′）以北，一年四季的阳光都由南方射入。朝南的房屋便于采集阳光。阳光对人的好处很多：一是可以取暖，冬季时，朝南的房间比朝北的房间温度高 1～2℃；二是参与人体维生素 D 的合成，小儿常晒太阳可预防佝偻病；三是阳光中的紫外线具有杀菌作用，尤其对经呼吸道传播的疾病有较强的灭菌作用；四是可以增强人体免疫功能。因此，对于处在地球北半球的中国来说，传统建筑文化的环境选择原则负阴抱阳就是要求坐北朝南。

坐北朝南，不仅是为了采光，还为了避风。中国的地势决定了其气候为季风型。冬天有西伯利亚的寒流，夏天有太平洋的凉风，一年四季风向变换不定。甲骨卜辞有测风的记载。《史记·律书》云："不周风居西北，十月也。广莫风居北方，十一月也。条风居东北，正月也。明庶风居东方，二月也。"

风有阴风与阳风之别。清末何光廷在《地学指正》中云："平阳原不畏风，然有阴阳之别，向东向南所受者温风、暖风，谓之阳风，则无妨。向西向北所受者凉风、寒风，谓之阴风，宜有近案遮拦，否则风吹骨寒，主家道败衰丁稀。"这就是要避免西北风。

传统建筑文化表示方位的方法有：其一，以五行的木为东、火为南、金为西、水为北、土为中。其二，以八卦的离为南、坎为北、震为东、兑为西。其三，以干支的甲乙为东、丙丁为南、庚辛为西、壬癸为北。以地支的子为北，午为南。其四，以东方为苍龙，西方为白虎，南方为朱雀、北方力玄武。或称作："左青龙、右白虎，前朱雀，后玄武。"《吴兴志·谈起》记载宋代吴兴郡治的布局：大厅居中，谯门翼其前，"卞苍"拥其后，"清风""会景""销署蜿蜒于左，有青龙象。""明月"一楼独峙西南，为虎踞之形，合阴阳家说。

《黄帝内经》中的"九宫八风"就是古代中国人对风进行长期观察的结果，由于它是一部中医学著作，所以其八风的名称都是以是否风寒伤人为标准的。春风和煦称为"婴女风"，夏季风暖湿称为"弱风"或"大弱风"，秋风强劲称为"刚风"，冬季风寒冷凛冽称为"大刚风"或"凶风"。其风与方位的排列表明，西面是刚风，北面是大刚风，东北面是凶风，西北面是折风，这些较强劲的风均需在地形上有挡避；而东、东南、南、西南各方之风均属人体能接受的"弱风"类，故而不需全面挡护，地形可以稍微敞开。《吕氏春秋·有始览》对"八风"的认识主要从风的大小和寒暖方面来说的，书中云："何谓八风？东北曰炎风，东方曰滔风，东南曰熏风，南方曰巨风，西南曰凄风，西方曰飂风，西北曰厉风，北方曰寒风。"其中所说北方的寒风、西北的厉风、西方的飂风和西南的凄风均是寒冷之风，需要抵挡才行。可见，古代中国人早就认识到了所处地理环境下不同方向风的属性，并据此进行了挡风聚气的环境选择。因此黄土高原的窑洞，其洞口的朝向均背离寒冷的偏北风，北京猿人居住的"龙骨洞"，则是通过周围山体来挡风的。长期的生活体验得出的理想居住环境，往往是一个以能抵挡偏北风为主要目的的东、北、西三面为群山环抱，南面地形稍稍敞开的"功能性"居住环境。在没有靠山的平原地区，人们就通过营造防护林的办法来达到挡风的目的。

概言之，负阴抱阳（坐北朝南）原则是对自然现象的正确认识，顺应天道，得山川之灵气，受日月之光华，颐养身体，陶冶情操，地灵方出人杰。

5. 地质检验，水质分析

传统建筑文化对地质很讲究，甚至是挑剔，认为地质决定人的体质，现代科学也证明这并不是危言耸听。地质对人体的影响至少有以下4个方面。

（1）土壤中含有微量元素锌、钼、硒、氟等，在光合作用下放射到空气中直接影响人的健康。明代王同轨在《耳谈》云："衡之常宁来阳产锡，其地人语予云：凡锡产处不宜生殖，故人必贫而迁徙。"比《耳谈》早一千多年的《山海经》也记载了不少地质与身体的关系，特别是由特定地质生长出的植物，对人体的体形、体质、生育都有影响。

（2）潮湿或臭烂的地质，会导致关节炎、风湿性心脏病、皮肤病等。潮湿腐败地是细菌的天然培养基地，是产生各种疾病的根源，因此，不宜建宅。

（3）地球磁场的影响。地球是一个被磁场包围的星球，人感觉不到它的存在，但它时刻对人发生着作用。强烈的磁场可以治病，也可以伤人，甚至引起头晕、嗜睡或神经衰弱。中国先民很早就认识了磁场，《管子·地数》云："上有磁石者，下有铜金。"战国时有了司南，宋代普遍使用指南针，皆科学运用地磁之举。传统家居环境文化主张顺应地磁方位。杨筠松在《十二杖法》指出："真冲中煞不堪扦，堂气归随在两（寸）边。依脉稍离二三尺，法中开杖最精元。"这就是说要稍稍避开来势很强的地磁，才能得到吉穴。传统家居环境文化常说巨石和尖角对门窗不利，实际是担心巨石放射出的强磁对门窗里住户的干扰。

（4）有害波影响。如果在住宅地面3m以下有地下河流、双层交叉的河流、坑洞、复杂的地质结构，都可能放射出长振波或污染辐射线或粒子流，导致人头痛、眩晕、内分泌失调等症状。

以上四种情况，旧时凭借经验知其然不知其所以然，不能用科学道理加以解释，在实践中自觉不自觉地采取回避措施或使之神秘化。在相地时，亲临现场，用手研磨，用嘴尝泥土，甚至挖土井察看深层的土层、水质，俯身贴耳聆听地下水的流向及声音，这些看似装模作样，其实不无道理。

怎样辨别水质呢？《管子，地贞》认为：土质决定水质，从水的颜色判断水的质量，水白而甘，水黄而糗，水黑而苦。古代经典著作《博山篇》主张："寻龙认气，认气尝水。其色碧，其味甘，其气香主上贵。其色白，其味清，其气温，主中贵。其色淡、其味辛、其气烈，冷主下贵。若苦酸涩，若发馊，不足论。"《堪舆漫兴》论水之善恶云："清涟甘美味非常，此谓嘉泉龙脉长。春不盈兮秋不涸，于此最好觅佳藏。""浆之气味惟胆，有如热汤又沸腾，混浊赤红皆不吉。"

不同地域的水分中含有不同的微量元素及化合物质，有些可以致病，有些可以治病，浙江省泰顺承天象鼻山下有一眼山泉，泉水终年不断，热气腾腾，当地人生了病就到泉水中浸泡，比吃药还见效。后经检验发现泉水中含有大量放射性元素氡。《山海经·西山经》记载，石脆山旁有灌水，"其中有流赭，以涂牛马无病"。

云南省腾冲县有一个"扯雀泉"，泉水清澈见底，但无生物，鸭子和飞禽一到泉边就会死掉。经科学家调查发现，泉中含有大量的氰化酸、氯化氢，这是杀害生物的剧毒物质。《三国演义》中描写蜀国士兵深入荒蛮之地，误饮毒泉，伤亡惨重，可能与这种毒泉有关。在这样的水源附近是不宜修建聚落的。

中国的绝大多数泉水具有开发价值，山东济南称为泉水城。福建省发现矿泉水点 1590 处，居全国各省之最，其中可供医疗、饮用的矿泉水 865 处。广西凤凰山有眼乳泉，泉水乳泉似汁，用之泡茶，茶水一星期不变味。江西永丰县富溪日乡九峰岭脚下有眼 $1m^2$ 的味泉，泉水有鲜啤酒那种酸苦清甘的味道。由于泉水是通过地下矿石过滤的，往往含有钠、钙、镁、硫等矿物质，以之口服、冲洗、沐浴，无疑有益于健康。

传统建筑文化主张考察水的来龙去脉，辨析水质，掌握水的流量，优化水环境，这条原则值得深入研究和推广。

2.5.2 新农村住区用地的选择原则

新农村住区用地的选择关系到新农村的功能布局、居住环境质量、村镇建设经济及景观组织等各个方面，必须慎重对待。我国优秀传统建筑文化极为重视家居的室外环境，《阳宅十书》在《论宅外形》中就谈到宅与大地山河的重要关系："人之居处，宜以大地山河为主，其来脉气势最大，关系人祸福最为切要。若大形不善，总内形得法，终不全吉。"即是说，人的居住所首先要与大地山河相协调，即使住宅的内部很得法，但如果外部环境选择不当的话，终究不能称得上好的住宅。因此，新农村住区用地的选择应遵循以下原则。

（1）具有良好的自然条件。应选择适于各项建筑工程所需要的地形和地质条件的用地，避免不良条件(洪水、地震、滑坡、沼泽、风口等)的危害，以节约工程准备和建设的投资；在山地丘陵地区，选择向阳和通风的坡面，少占或不占基本农田；在可能的条件下，最好接近水面和环境优美的地区。

（2）紧凑布置，集中完整。居住用地宜集中而完整，以利紧凑布置，从而节约市政工程管线和公共服务设施配套的费用。

（3）尽量靠近城镇。新农村住区规模一般不太大，部分城镇级公共设施可兼有公共服务设施的职责，因此居住用地宜靠近城镇，节省开发的投资。

（4）尽可能接近就业区。居住用地的位置，应按照工业企业的性质和环境保护的要求，确定相应的距离和部位。一般情况，城镇工业区根据当地主导风向，应位于居住用地的下风向、河流的下游地段。在保证安全、卫生和良好生态环境的前提下，居住用地尽可能接近工厂等就业区。

（5）留有发展余地。居住用地的选择在规模和空间上要留有必要的余地。发展空间不仅要考虑居住用地本身，而且还要兼顾相邻的工业或其他用地发展的需要，不因其他用地的扩展而影响到自身的发展及布局的合理性。

2.6 新农村住区的构成要素

新农村住区的构成要素包括用地构成和建设构成两个方面。

2.6.1 用地构成

住区的用地根据不同的功能要求，一般可分为以下五类：

（1）住宅用地。指住宅建筑基底占有的用地及其四周合理间距内的用地。其用地包括通向住宅入口的小路、宅旁绿地和家务院。

（2）公共建筑用地。是指住区内各类公共服务设施建筑物基底占有的用地及其四周的用地（包括道路、场地和绿化用地等）。

（3）道路用地。指住区内各级道路的用地，还包括回车场和停车场用地。

（4）公共绿地。指住区内公共使用的绿地，包括住区级公共绿地、小游园、运动场、林荫道、小面积和带状的绿地、儿童游戏场地、青少年和成年人及老年人的活动和休息场地。

（5）其他用地。指上述用地以外的用地，例如，小工厂和作坊用地、镇级公共设施用地、企业单位用地、防护用地等。

2.6.2 建设内容构成

根据住区内建设工程的类型可分为以下两类：

（1）建筑工程。主要为居住建筑，其次是公共建筑、生产性建筑、市政公用设施用房以及小品建筑等。

（2）室外工程。包括地上、地下两部分，地上部分主要有道路工程、绿化工程等；地下部分主要为各种工程管线及人防工程等。

2.7 新农村住区规划图纸深度和要求

新农村住区的规划图纸深度和要求应包括说明书、区位图、总平面规划图、结构分析图、道路交通系统图、绿化景观系统图、电力电信规划图、给水排水规划图、燃气供热规划图以及公共建筑和住宅单体设计图等。

2.8 新农村住区规划的技术经济指标

新农村住区的技术经济分析一般包括用地分析、技术经济指标和建设投资等方面，在具体规划工作中一般作为依据和控制的标准。它是从量的方面衡量和评价规划质量和综合效益的重要依据，使住区建设在技术上达到经济合理性，使其规划内容，即符合客观要求、设施标准、建筑规模和速度，又与经济发展水平相适应，充分发挥投资效果，节约用地。

2.8.1　用地分析

1. 用地分析的作用和表现形式

用地分析是经济分析工作中的一个基本环节。它主要是对住区现状和规划设计方案的用地使用情况进行分析和比较，其作用主要有以下几点：

（1）对土地使用现状情况进行分析，作为调整用地和制订规划的依据之一。

（2）用数量表明规划设计方案的各项用地分配和所占总用地比例，检验各项用地的分配比例是否符合国家规定的指标。

（3）作为住区规划设计方案评定和建设管理机构审定方案的依据。

用地分析的内容和指标数据通常用用地平衡表来表示，其内容见表2-6。

表 2-6　　　　　　　　　　　　住 区 用 地 平 衡 表

	用途	面积（ha）	所占比例（%）	人均面积（m/人）
	一、住区用地	▲	100	▲
1	住宅用地	▲	▲	▲
2	公共建筑用地	▲	▲	▲
3	道路用地	▲	▲	▲
4	公共绿地	▲	▲	▲
	二、其他用地	△	—	—
	住区规划总用地	△	—	—

注　"▲"为参与住区用地平衡的项目，"△"为不参与住区用地平衡的项目。

2. 用地平衡表中各项用地界限的划定（如图2-3所示）

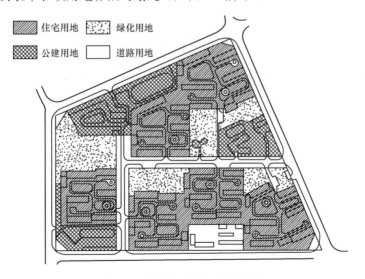

图 2-3　住区各项用地界限划定

（1）住区规划总用地范围的确定。

1）当住区规划总用地周界为城镇道路、住区（级）道路、住区路或自然分界线时，用地范围划至道路中心线或自然分界线。

2）当规划总用地与其他用地相邻时，用地范围划至双方用地的交界处。

（2）住区用地范围的确定。

1）住区以道路为界线时。

属城镇干道时，以道路红线为界；属住区干道时，以道路中心线为界；属公路时，以公路的道路红线为界。

2）同其他用地相邻时，以用地边线为界。

3）同天然障碍物或人工障碍物相毗邻时，以障碍物用地边缘为界。

4）住区内的非居住用地或住区级以上的公共建筑用地应扣除。

（3）住宅用地范围的确定。

1）以住区内部道路红线为界，宅前宅后小路属住宅用地。

2）住宅与公共绿地相邻，没有道路或其他明确界线时，如果在住宅的长边，通常以住宅高度的 1/2 计算；如果在住宅的两则，一般按 3～6m 计算。

3）住宅与公共建筑相邻而无明显界限的，则以公共建筑实际所占用地的界线为界。

（4）公共建筑用地范围的确定。

1）有明显界限的公共建筑，如幼儿园和托儿所（简称幼托机构）托、学校均按实际用地界限计算。

2）无明显界限的公共建筑，如菜店、饮食店等，按建筑物基底占用土地及建筑物四周所需利用的土地划定界线。

3）当公共建筑设在住宅建筑底层或住宅公共建筑综合楼时，用地面积应按住宅和公共建筑各占该幢建筑总面积的比例分摊用地，并分别计入住宅用地和公共建筑用地；底层公共建筑突出于上部住宅或占有专用场院或因公共建筑需要后退红线的用地，均应计入公共建筑用地。

（5）道路用地范围的确定。

1）住区道路作为住区用地界线时，以道路红线宽度的一半计算。

2）住区路、组团路，按路面宽度计算。当住区路设有人行便道时，人行便道计入道路用地面积。

3）非公共建筑配建的居民小汽车和单位通勤车停放场地，按实际占地面积计入道路用地。

4）公共建筑用地界限外的人行道或车行道均按道路用地计算。属公共建筑用地界限内的路用地不计入道路用地，应计入公共建筑用地。

5）宅间小路不计入道路用地面积。

（6）公共绿地范围的确定。

1）公共绿地指规划中确定的住区公园、住区公园、组团绿地，以及儿童游戏场和其他的块状、带状公共绿地等。

2）宅前宅后绿地，以及公共建筑的专用绿地不计入公共绿地。

3）组团绿地面积的确定，按绿地边界距宅间路、组团路和小区路边 1m；距房屋墙脚 1.5m 计算，如图 2-4 所示。

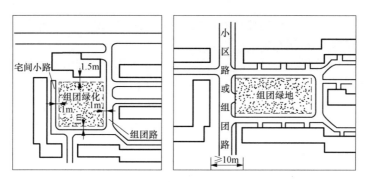

图 2-4　组团绿地面积的确定

（7）其他用地。

其他用地指规划范围内除住区用地以外的各种用地，包括非直接为住区居民配建的道路用地、其他单位用地、保留的村落或不可建设用地等，如住区级以上的公共建筑、工厂（包括街道工业）或单位用地等。在具体进行用地计算时，可先计算公共建筑用地、道路用地、公共绿地和其他用地，然后从住区总用地中扣除，即得居住建筑用地。

2.8.2　技术经济指标内容和计算

1. 技术经济指标的内容（见表 2-7）

表 2-7　　　　　　　　　　　　　　住区技术经济指标的内容

项目	居住户数	居住人数	总建筑面积			住宅平均层数	人口毛密度	人口净密度	建筑密度	住宅面积毛密度	住宅面积净密度	容积率	绿地率
			住宅建筑面积	公共建筑面积	其他建筑面积								
单位	户	人	m²	m²	m²	层	人/hm²	人/hm²	%	m²/hm²	m²/hm²	%	%

2. 各项技术经济指标的计算

（1）住宅平均层数。平均层数是指各种住宅层数的平均值，公式表示为

平均层数＝各种层数的住宅建筑面积之和（住宅总建筑面积）/底层占地面积之和

【例】已知某住区住宅建筑分别为五层、六层、十层，其中五层住宅建筑面积为 20 000m²，六层住宅建筑面积为 90 000m²，十层住宅建筑面积为 30 000m²，求该住区的平均层数。

解　住宅总建筑面积＝20 000＋90 000＋30 000＝140 000（m²）

底层占地面积＝20 000/5＋90 000/6＋30 000/10＝22 000（m²）

则

平均层数＝住宅总建筑面积/底层占地面积＝140 000/22 000≈6.36（层）

（2）建筑密度。其计算式为

建筑密度＝（各居住建筑底层建筑面积之和/居住建筑用地）×100%

建筑密度主要取决于房屋布置对气候、防火、防震、地形条件和院落使用等要求，直接与房屋间距、建筑层数、层高、房屋排列有关。在同样条件下，住宅层数越多，居住建筑密度越低。

（3）人口毛密度。其计算式为

人口毛密度＝居住总人口数/住区用地总面积　（人/hm²）

（4）人口净密度。其计算式为

人口净密度＝居住总人口数/住宅用地面积　（人/hm²）

人口净密度与人口毛密度不仅反映了住宅和住区各建筑物分布的密集程度，还反映了平均居住水平。在同样居住面积密度条件下，平均每人居住面积越高，则人口密度相对越低。

（5）住宅面积毛密度。是指每公顷住区用地上拥有的住宅建筑面积。其计算式为

住宅面积毛密度＝住宅建筑面积/居住区用地面积　（m²/hm²）

（6）住宅面积净密度（住宅容积率）。是指每公顷住宅用地上拥有的住宅建筑面积。其计算式为

住宅面积净密度＝住宅建筑总面积/住宅用地　（m²/hm²）

（7）住区建筑面积毛密度（容积率）。是每公顷住区用地上拥有的各类建筑的建筑面积。其计算式为

容积率＝总建筑面积/居住区用地总面积

（8）住宅建筑净密度。其计算式为

住宅建筑净密度＝住宅建筑基底总面积/住宅总用地　（％）

（9）绿地率。其计算式为

绿地率＝居住区用地范围内各类绿地总和/居住区用地总面积　（％）

绿地应包括公共绿地、宅旁绿地、公共服务设施所属绿地和道路绿地（即道路红线内绿地），不应包括屋顶、晒台的人工绿地。

2.8.3　建设投资

新农村住区建设的投资主要包括居住建筑、公共建筑和室外工程设施、绿化工程等造价。此外还包括土地使用准备费（如土地征用、房屋拆迁、青苗补偿等），以及其他费用（如工程建设中未能预见到的后备费用，一般预留总造价的 5％）。在住区建设投资中，住宅建筑的造价所占比重最大，约占 70％左右，其次是公共建筑造价。因此，降低居住建筑单方造价是降低住区总造价的一个重要方面。住区建筑投资内容见表 2-8。

表 2-8　　　　　　　　　　　　　住 区 造 价 概 算 表

编号	项目	单位	数量	单价	造价	占总造价比重	备注
一	土地使用准备费						
	（1）土地使用准备费	ha					
	（2）房屋拆迁费	间					
	（3）青苗补偿费	ha					
	⋮						
二	居住建筑						
	（1）住宅	m²					
	（2）单身宿舍	m²					
三	公共建筑						
	（1）儿童教育	m²					
	（2）医疗	m²					

编号	项目	单位	数量	单价	造价	占总造价比重	备注
三	（3）经济	m²					
	（4）文化娱乐	m²					
	（5）商业服务	m²					
	⋮						
四	室外市政工程设施						
	（1）土石方工程	m³					
	（2）道路	m²					
	（3）水、暖、电外线	m²					
五	绿化	m²					
六	其他						
七	居住区总造价	万元					
八	平均每居民占造价	元/人					
九	平均每公顷居住用地造价	元/ha					
十	平均每平方米居住建筑面积造价	元/ m²					

3 新农村住区的住宅用地规划布局

3.1 住区的功能结构

建设良好的住区，就是创造一个功能合理、结构明晰、特色鲜明的住区。新农村住区的功能结构为了适应新农村居民人际交往密切，住区规模较小的特点，以住宅和群体组织为主。一般可按住区——住宅组群（团）——住宅院落、住区——住宅组群（团）和住区——住宅院落的结构布局方式。

（1）福清龙田镇上一住区为独立式住宅的低层住区，根据道路系统的组织和用地条件，以住区中心广场为核心，形成两环的 13 个住宅组群，组群以公共绿地为中心，以道路的绿化相互隔离，加上各组团建筑色彩的变化，形成了形态、色彩各异的空间环境，提高了住宅组群的识别性，如图 3-1 所示。

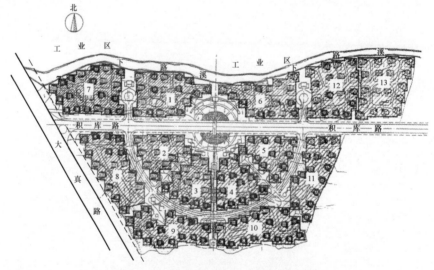

图 3-1 福清市龙田镇上一住区组团分析

考虑到伊拉克的地理位置和气候特点以及其为信奉伊斯兰教的国家，在规划布局时，把伊斯兰教堂置于住宅区的中心位置，并以其为中心组织东西向的公共建筑用地，把整个住宅区划分为 3 段。中间为公共建筑用地，南北为居住用地。形成了以伊斯兰教堂为中心，东西两个公共建筑区和南、北 4 个住区。并由 10 个组成的住宅组团作为住区的基本组合单元。每个住区分别由 7 个或 8 个住宅组团围绕住区的公共绿地进行布置，在公共绿地上布置着住区商店、变电站及供老年人、儿童、居民活动的场所。分别在南、北各两个住区之间的绿化带中布置了小学和幼托，便于儿童就近上学。伊拉克南部油田工程师住宅区总平面图和结构分析如图 3-2 所示。

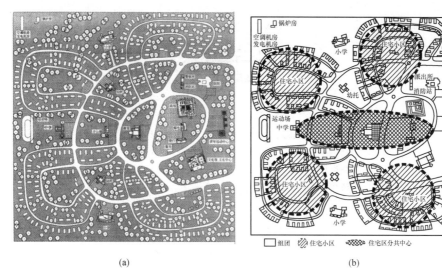

（a）　　　　　　　　　　　　　　　（b）

图 3-2　伊拉克南部油田工程师住宅区总平面图和结构分析

（a）总平面图；（b）结构分析

（2）为了探索具有江南水乡特色，且适应 21 世纪生活的小康住宅区的规划设计手法，温州市永中镇在小康住宅示范小区的规划中，延续传统水乡空间肌理，将颇受群众欢迎的两排三层联立式住宅布置在两个组团的相邻处，中间规划人工河，河上布置石拱桥，河边设步行道，形成"一河两路（花园）两房"的格局，其格局、空间尺度、建筑形式均有传统神韵，联立式住宅背河面有车库，运用传统街巷的转折、视线的阻挡，创造丰富的路边小广场、河埠码头等过渡空间。紧邻组团绿地的住宅架空层，为居民提供了交往、喜庆聚会的场所，符合地方生活习惯。借用传统城镇符号、利用地方材料，如台门、亭子、石拱桥、石埠码头、驳岸以及丰富的地方石材、大榕树等，强化环境的地方特色。同时，结合现代规划设计手法，形成结构清晰、布局合理、功能完善、设施配套和地方特色浓郁的小康住宅区如图 3-3、图 3-4 所示。

图 3-3　温州永中镇小康住宅示范小区规划总平面图

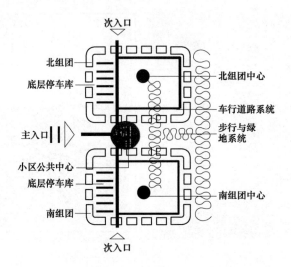

图 3-4　温州永中镇小康住宅示范小区结构示意图

注：规划特点。延续传统城市文脉，尊重居民生活习俗，运用现代规划设计手法，创造具有浓郁地方特色的小康示范小区。延续本镇具有江南水乡特色的空间肌理，借用传统环境符号，利用地方材料，配置地方树种。一个中心，两个组团，人车分流两套系统，布局合理，结构清晰。功能完善，环境优美，节约土地，有利管理。

（3）宜兴市高塍镇居住小区规划从人的需求出发，依据小区道路的布局将小区划分为 3 个组团，再将 3 个组团分为 12 个"交往单元"。"交往单元"不仅使居住者享受阳光、绿色的自然环境，而且还是家居生活的空间延伸，住宅布局力求打破行列式格局，增加空间的个性，采用院落式布局，增强了空间的私密性和可防卫性，使居住者有归属感和安全感，从而提高了居住者户外活动的机会，促进邻里间的接触和交往。

组团和"交往单元"具有较明确的领域界限，一般设 1～2 个出、入口，在出、入口处设信报箱、袋装垃圾存放处、停车场等设施；小区中低层住宅的住户按户均拥有一部小汽车考虑，住宅中各有自己的车库；多层公寓式住宅按 20%用户拥有小汽车考虑，在"交往单元"出入口附近设置停车场，考虑到既要停放方便，又要尽量减少对居住环境的干扰如图 3-5 所示。

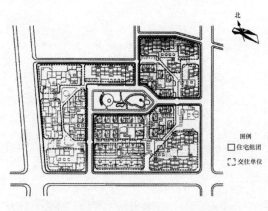

图 3-5　宜兴市高塍镇居住小区结构分析

（4）张家港市南沙镇东山村居住小区共分 6 个组团，为公众服务的各项公共建筑和商业建筑处于小区中部及南北向的城区道路两侧，结合水面组成广场步行系统；布置公共设施，改变以往农村商业沿街"一层皮"的做法，形成由自然水面步行系统、绿化、广场共同构成富于情趣、气氛活跃、舒适方便的公共活动环境。

居住的 6 大组团，各有特色。第 2、4 组团临近水面，采取较为灵活的组合方式，以流畅富有动感的曲线围合，组成住宅间的内部空间，与自由的驳岸相得益彰，互相呼应；第1、5组团，临近南北向的城区道路，采用较规整的组合方式，以直线或折线围合出住宅间的空间；第3组团，围绕公共中心区域，采用点式自由布置，生动变化；第6组团依山就势布局，形成高低错落的山地建筑风貌，各组团间过渡自然，整体和谐，如图3-6、图3-7所示。

图3-6　张家港市南沙镇东山村总平面图

图3-7　张家港市南沙镇东山村居住
小区功能结构分析图

3.2　平面规划布局的基本形式

在新农村住区中，住宅的平面布置受多方面因素的影响，如气候、地形、地质、现状条件以及选用的住宅类型都对布局方式产生一定影响，因而形成各种不同的布局方式。比如，一般地形平坦的地区，布局可以比较整齐；山地丘陵地区需要结合地形灵活布局。规划区的住宅用地，其划分的形状、周围道路的性质和走向，以及现状的房屋、道路、公共设施在规划中如何利用、改造，也影响着住宅的布局方式。因此，新农村住区住宅的布局必须因地制宜。住宅组群通常是构成住区的基本单位。一般情况下，住区是由若干个住宅组群配合公用服务设施构成的，再由几个住区配合公用服务设施构成住宅区；也就是说，住宅单体设计和住宅组群布局时相互协调和相互制约。下面主要介绍住宅组群布局的几种形式。

3.2.1　行列式

行列式是指住宅建筑按一定的朝向和合理的间距成行成排地布置，如图3-8所示。形式比较整齐，有较强的规律性。在我国大部分地区，这种布置方式能使每个住户都能获得良好的日照和通风条件。道路和各种管线的布置比较容易，是目前应用较为广泛的布置形式。但行列式布置形成的空间往往比较单调、呆板，归属感不强，容易产生交通穿越的干扰。因此，在住宅群体组合中，注意避免"兵营式"的布置，多考虑住宅建筑组群空间的变化，通过在"原型"基础上的恰当变化，就能达到良好的形态特征和景观效果，如采用山墙错落、单元错接、短墙分隔以及成组改变朝向等手法，即可以使组群内建筑向夏季主导风向敞开，更好地组织通风，也可使建筑群体生动活泼，更好地结合地形、道路，避免交通干扰、丰富院落景观。同是采用行列式的住宅群体布局，但由于住区主干道结合地形的有机布置和公共绿地的合理安排，使得住宅组群布局多有变化。

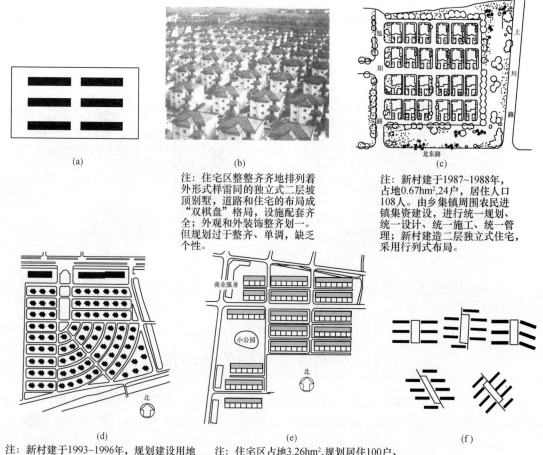

注：住宅区整整齐齐地排列着外形式样雷同的独立式二层坡顶别墅，道路和住宅的布局成"双棋盘"格局，设施配套齐全；外观和外装饰整齐划一。但规划过于整齐、单调，缺乏个性。

注：新村建于1987~1988年，占地0.67hm²，24户，居住人口108人。由乡集镇周围农民进镇集资建设，进行统一规划、统一设计、统一施工、统一管理；新村建造二层独立式住宅，采用行列式布局。

注：新村建于1993~1996年，规划建设用地5.06km²，住宅100套，居住人11450人。规划以独院式住宅为主，采用行列式布局，中心广场绿地采用向心放射构图手法；沿街为联立式住宅，底层为商店。

注：住宅区占地3.26hm²，规划居住100户、400人。平面布局采用基本的行列式布置手法；商业服务设施沿路设置，结合池塘设立小花园。

图 3-8　行列式

（a）行列式布置的基本形式；（b）某小城镇住区鸟瞰图；（c）某住区平面图（d）张家港市南沙镇长山住区平面图；

（e）某移民建镇一期工程规划；（f）行列式布局的几种形式

（1）福建明溪余厝住区是典型的行列式族群布置方式，但由于其城镇干道和住区主干道均略带弧形，且近街住宅单元错接，使得由两排住宅组成人车分离的院落式庭院空间富于变化，加上中心绿地的布置，使得群体布局较为活泼，如图 3-9 所示。

（2）图 3-10 是永定坎市镇云景住区总平面图，由于充分利用住区基地的原有森林绿地，通过道路组织，使得行列式的布置形式得到适当的调整。

（3）厦门同安区西柯镇潘涂住区在保留已建沿街条形底商住宅的基础上，规划时通过进行组团绿地布置，既加强了新、旧建筑的结合，又改善了行列式的呆板布局，如图 3-11 所示。

图 3-9 福建明溪余厝住区的行列式布置

图 3-10 永定坎市镇云景住区总平面图

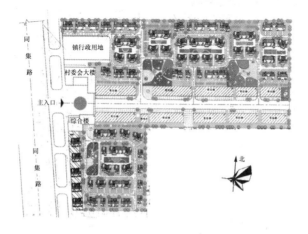

图 3-11 厦门市同安区西柯镇潘涂住区总平面图

（4）仙游县鲤城北宝峰住区也是在保留已建沿街排排房时，通过绿地和道路组织使得行列式的住宅群体布局略显活泼，如图 3-12 所示。

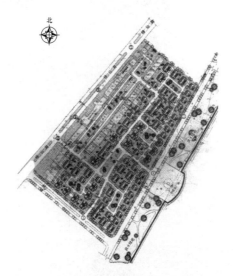

图 3-12　仙游县鲤城北宝峰住区规划总平面图

3.2.2　周边式

周边式布置是指住宅建筑、街坊或院落周边布置的形式，如图 3-13 所示。这种布置形式形成近乎封闭的空间，具有一定的活动场地，空间领域性强。便于布置公共绿化和休息园地，利于组织宁静、安全、方便的户外邻里交往的活动空间。在寒冷及多风沙地区，具有防风御寒的作用，可以阻挡风沙及减少院内积雪。这种布置形式，还可以节约用地和提高容积率。但是这种布置方式会出现一部分朝向较差的居室，在建筑单体设计中应注意克服和解决，努力做好转角单元的户型设计。

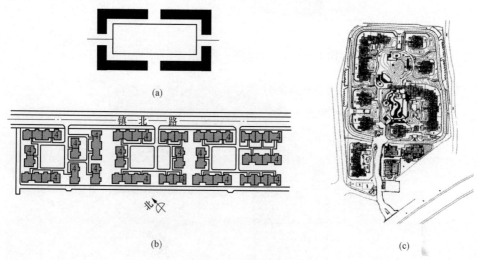

图 3-13　周边式
（a）周边式布局的基本形式；（b）某镇镇北路住宅群规划图；（c）某小高层社区实例
注：结合当地住宅布置中东南至西南朝向均可的特点，巧妙地利用地形和路网，将住宅群组合成 3 个面积较大的院落。

3.2.3 点群式

点群式是指低层庭院式住宅形成相对独立群体的盘形式，福清龙田上一住区点群式布局如图3-14所示。一般可围绕某一公共建筑、活动场地和公共绿地来布置，可利于自然通风和获得更多的日照。

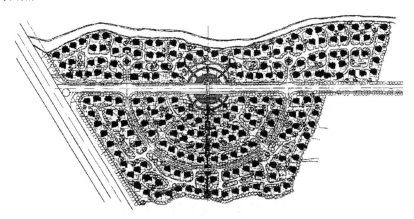

图3-14 福清龙田上一住区点群式布局

3.2.4 院落式

低层住宅的群体可以把一幢四户联排住宅和两幢两户拼联的住宅组织成人车分流和宁静、安全、方便、便于管理的院落，如图3-15所示。并以此作为基本单元，根据地形、地貌灵活组织住宅组群和住区，是一种吸取传统院落居民的布局手法形成的一种较有创意的布置形式，但应注意做好四户联排时，中间两户的建筑设计。

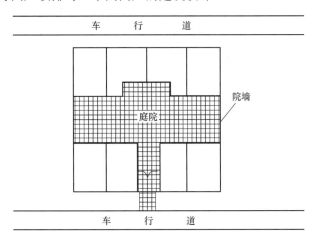

图3-15 庭院式布局的基本形式

这种院落式的布局由两排住宅组成可实行人车分离化的院落式住宅组群，所有机动车车行道均在院落外的两侧，两排住宅之间形成供居民交往的休闲庭院，根据人行入口的布置可分为南侧入口和东西两侧入口两类，分别如图3-16、图3-17所示。

由这种院落式住宅组群形式作为基本单元,结合地形和住区的道路构架以及公共绿地的巧妙布置,使得住区的住宅组群布局呈现出灵活多变,极富生气,如图 3-18、图 3-19 所示。

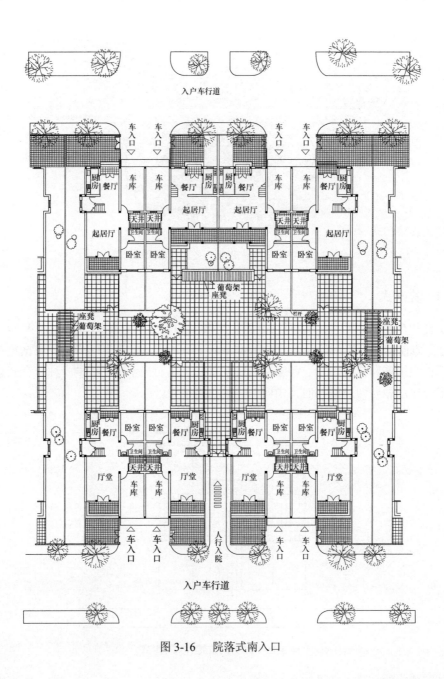

图 3-16　院落式南入口

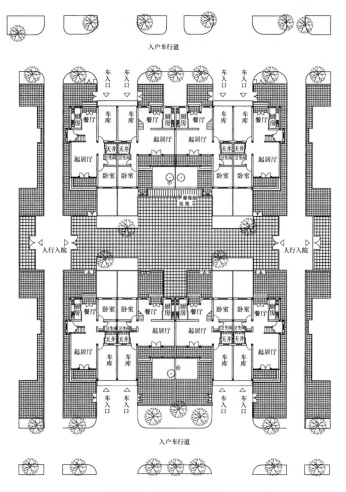

图 3-17 院落式侧入口

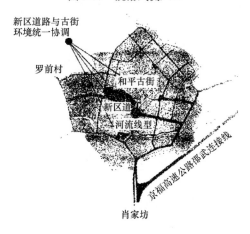

图 3-18 邵武和平古镇道路网

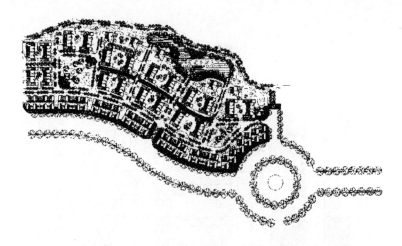

图 3-19　邵武和平古镇聚奎住区总体布局

3.2.5　混合式

混合式一般是指上述四种布置形式的组合方式，如图 3-20 所示。最为常见的是以行列式为主，以少量住宅或公共建筑沿道路或院落周边布置，形成半围合的院落。

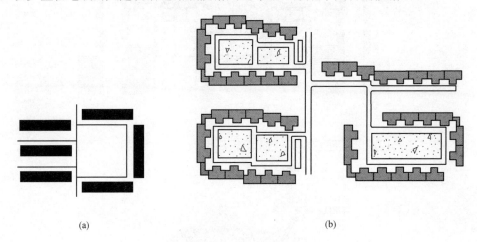

(a)　　　　　　　　　　　　　　　　　　　　(b)

图 3-20　混合式布局

（a）混合式布局的基本形式；（b）某住区住宅群布局

注：采用混合式的住宅布置形式。组团的南侧为水上公园，规划住宅的底层架空，使围合的院落空间向水面开敞和渗透。

3.3　住宅组群的组合方式

住宅组群的组合应在住区规划结构的基础上进行，是住区规划设计的重要环节和主要内容。它将小区内一定规模和数量的住宅（或结合公共建筑）进行合理而有序的组合，从而构成住区、住宅组群的基本组合单元。住宅组群的组合形式多种多样，各种组合方式并不是孤立和绝对的，在实际中往往相互结合使用。其基本组合方式有成组成团、成街成坊和院落式三种。

3.3.1 成组成团的组合方式

这种组合方式是由一定规模和数量的住宅（或结合公共建筑）成组成团组合，构成住区的基本组合单元，有规律地反复使用。其规模受建筑层数、公共建筑配置方式、自然地形、现状条件及住区管理等因素的影响。住宅组群可由同一类型、同一层数或不同类型、不同层数的住宅组合而成。

成组成团的组合方式功能分区明确，组群用地有明确范围，组群之间可用绿地、道路、公共建筑或自然地形（如河流、地形高差）进行分隔。这种组合方式有利于分期建设，即使在一次建设量较小的情况下，也容易使住宅组团在短期内建成而达到面貌比较统一的效果，是当前小城镇住区最为常用的组合方式。图 3-21 所示是四川广汉向阳小区住宅成组成团的组合方式，图 3-22 所示是福建连城西康居住小区成组成团的组合方式。

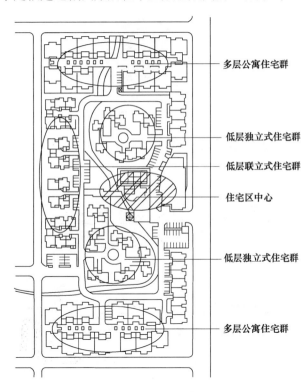

图 3-21　四川广汉向阳小区住宅成组成团的组合方式

3.3.2 成街成坊的组合方式

成街的组合方式是住宅沿街组成带形的空间，成坊的组合方式是住宅以街坊作为一个整体的布置方式。成街的组合方式一般用于新农村主要道路的沿线和带形地段的规划。成坊的组合方式一般用于规模不太大的街坊或保留房屋较多的旧居住地段的改建。成街组合是成坊组合中的一部分，两者相辅相成，密切结合，特别在旧居住区改建时，不应只考虑沿街的建筑布置，而不考虑整个街坊的规划设计，图 3-23 所示是成街的组合方式。福建泰宁状元街是一条由底商住宅成街组成的颇具地方风貌，集旅游、休闲和购物于一体的特色商

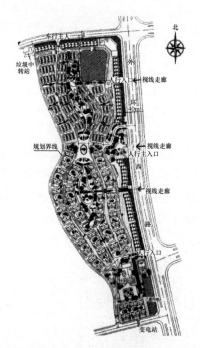

图 3-22　福建连城西康居住小区成组成团的组合方式

业街。图 3-24 所示为福建泰宁状元街平面图，图 3-25 所示为福建泰宁状元街南侧立面设计草图。

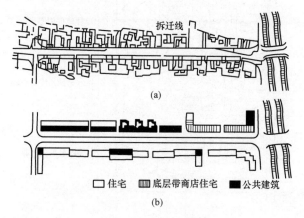

(a)

□ 住宅　▦ 底层带商店住宅　■ 公共建筑

(b)

图 3-23　成街的组合方式

（a）现状图；（b）规划图

3.3.3　院落式的组合方式

院落式的组合方式是一种以庭院为中心组成院落，以院落为基本单位组成不同规模的住宅组群的组合方式。

龙岩市新罗区适中镇中和住区借鉴福建土楼文化，兴建一条以突出民俗活动和商业服务的底商住宅民俗街，充分展现土楼的韵味，如图 3-26～图 3-29 所示。

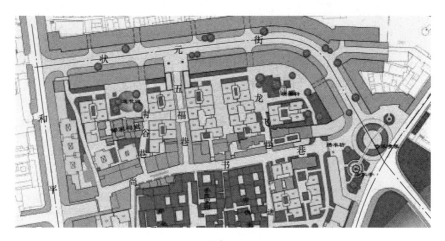

图 3-24 福建泰宁状元街平面图

图 3-25 福建泰宁状元街南侧立面设计草图

图 3-26 适中古镇中和住区民俗街——东北街段效果图

图 3-27 适中镇中和住区民俗街——东南街段效果图

图 3-28　适中古镇中和住区民俗街——西南街段效果图

图 3-29　适中古镇中和住区民俗街——西北街段效果图

　　传统民居的庭院，不论是有明确以围墙为界的庭院或者是无明确界限的庭院，都是优美自然环境和田园风光的延伸，也是利用阳光进行户外活动和交往的场所，这是传统民居居住生活和进行部分农副业生产（如晾晒谷物、衣被，储存农具、谷物，饲养禽畜，种植瓜果蔬菜等）之所需，也是家庭多代同居老人、小孩和家人进行户外活动以及邻里交往的居住生活之必需，同时还是贴近自然，融合于自然环境之所在。广大群众极为重视户外活动，因此传统民居的庭院有前院、后院、侧院和天井内庭，充分展现了天人合一的居住形态，构成了极富情趣的庭院文化，是当代人崇尚的田园风光和乡村文明之所在，也是新农村住区住宅群体布局中应该努力弘扬和发展的重要内容。

　　院落的布局类型，主要分为开敞型、半开敞型和封闭型几种，应根据当地气候特征、社会环境和基地地形等因素合理确定。院落式的组合方式科学地继承了我国传统民居院落式布局的优秀手法，适合于低层和多层住宅，特别是村镇的住区，由于受生产经营方式及居住习惯的制约，这种规划布局方式最为适合。黄厝跨世纪农民新村由四层及六层住宅组成的农宅区，在规划布局时把多层农宅前后错落布局形成院落，继承了闽南历史文脉，颇具新意，如图 3-30 所示。

　　南靖县书洋镇是列入世界文化遗产名录的福建土楼最为集中的地方之一。在保护好河坑的土楼群完整性的要求下，为了安置拆迁户，组织了安置区的规划设计，区内建筑采用庭院式组合方式，犹如方形的土楼建筑，依山就势、高低错落，形成了造型独特和极富变化的天际轮廓线，与周边环境相得益彰。在建筑布局上，南北朝向的多户拼联低层住宅作为安置户的居住用房，东西朝向作为土楼人家经营度假旅游的客房，功能上有所区分，减少相互干扰。庭院内部为公共活动场地，与中心绿地、道路绿化结合，形成绿地、广场、建筑相互套叠的

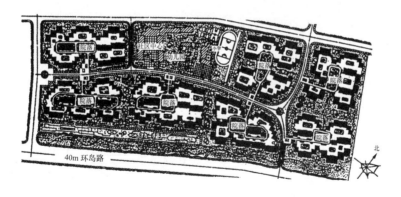

图 3-30 院落式的组合方式

景观格局,取得良好的景观效果。这种院落式的组合方式既提高了土地使用强度,又传承土楼文化,如图 3-31 所示。

图 3-32 所示为福建南平延平区峡阳镇西隅小区规划。规划布局突出地方特色,院落组合从传统"土库"民居中探求文脉关系。峡阳古镇的"土库",是闽北古建筑的奇葩,布局严密和谐,高高的马头墙,深深的里弄,外低内高,呈阶梯层进式,显得深远而不憋蔽。房屋四面环合,宽敞的天井采光、通风,冬暖夏凉,其布局类似北京四合院。小区的院落,以 6 栋、8 栋或更多栋,围合成一个大庭院。每个院落只设 1 个主入口,建筑主入口均面向院落,车辆从外围道路进入住宅停车库。院落以绿地和硬地组成,并配置老人活动和儿童游戏的场所、庭院标志,周围以低矮露空围墙围合,形成一个既封闭又通透的院落。各个院落依着道路自由而有序地安排,在中心绿地两旁,整个小区宛如一只展翅飞翔的蝴蝶。

在住宅设计中,由于巧妙地解决了 4 户拼联时,中间两户的采光、通风问题,因而采取北面一幢 4 户拼联、南面两幢两户拼联,组成了基本院落的住宅组群形态,既弘扬了历史名镇传统民居的优秀历史文脉,又为住户创造了一个安全、舒适、宁静的院落共享空间。随着地形的变化,院落组织也随之加以调整,使得整个住宅组群形态丰富多彩,极为动人。

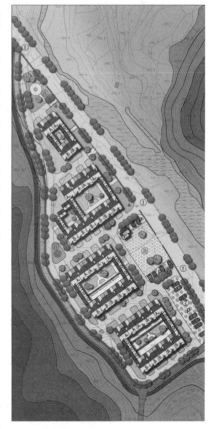

图 3-31 河坑安置住区总平面规划图

院落式布局是中国传统建筑组合方式的一大特色,相对于成组成团和成街成坊的组合方式。从功能上、美学上都有着巨大的魅力。因此,在新农村居住住区规划布局中,应努力深入进行探索,以创造适合新农村居民生活习惯和审美情趣的居住空间。

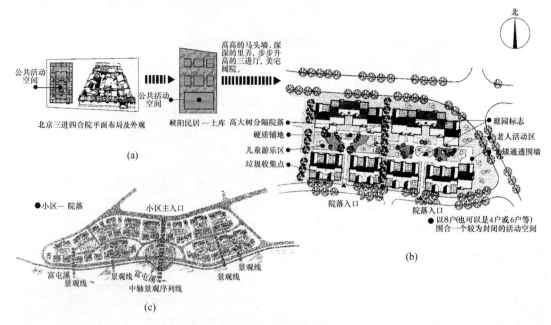

公共活动空间

北京三进四合院平面布局及外观

(a)

高高的马头墙，深深的里弄，步步升高的三进厅，美宅阔院。

公共活动空间

峡阳民居—土库

北

高大树分隔院落
硬质铺地
儿童游乐区
垃圾收集点

庭园标志
老人活动区
矮通透围墙

院落入口
院落入口

以8户(也可以是4户或6户等)围合一个较为封闭的活动空间

(b)

小区—院落

小区主入口

富屯溪景观线
景观线
富屯溪
中轴景观序列线
景观线
景观线

(c)

图 3-32　福建南平延平区峡阳镇西隅小区
（a）历史文脉的延续；（b）典型院落分析；（c）结构分析

3.4　住区住宅组群的空间组织

居住建筑组群一般是由相互平行、垂直以及互成斜角的住宅单元、住宅组合体，或结合公共服务设施建筑，按一定的方式，因地制宜有机组合而成的。建筑组群为了满足不同层次、年龄的居民使用，满足功能、景观和心理、感觉等方面的要求，需要有意识地对建筑组群及其环境进行分割、围合，从而形成各种各样的空间形态。

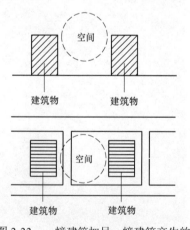

空间
建筑物　建筑物

空间
建筑物　建筑物

图 3-33　一幢建筑加另一幢建筑产生的新功能——户外空间

3.4.1　住区户外空间的构成

户外空间构成的含义是通过各类实体的布置形成户外空间，并设计好空间的构成和空间使用的合理性，以适应居民居住生活的需要。

一幢住宅建筑（住宅或配套服务设施）加另外一幢建筑的结果，并不只等于两幢建筑，它们构成了另一种功能——户外空间，如图3-33所示。实际上住宅一旦建成并使用，它不再仅仅是一个"物体"，人们使用的也不仅仅是"物体"本身——住宅的内部空间，它们还需要相应的外部空间及其环境；如果没有外部环境的共同作用，那么住宅这一"物体"就成为"闷罐子"，无法使用，居民无法自如生活。这种空间或场所的"空"或"虚无的"，使人们在其中生活常不易感到它的存在价值及其作用的重大。然而，正是这个"虚无的"空间包容着人们，给居民的生活带来安定与欢悦。随着物质和文化水准的提高，新农村居民将从单纯追求住房本身的宽大，逐步转向追求户内外整体环境质量的提高。

空间和实体是住区环境的主要组成部分，它们相互依存，不可分割。目前新农村住区中虽然有众多的建筑实体，如住宅建筑、公共建筑、环境设施和市政公用设施等，但住区往往缺少恰当的空间，居民体会不到舒适的空间感受。实际上，许多新农村住区建设时缺乏空间组织，其空间的组织、结构、秩序等方面的不合理，造成了住区空间的"杂乱"。即使有良好的住宅、公共服务设施等人工建造的实体，但都缺乏处理好实体与空间的关系，就不可能形成良好的生活居住环境。

住宅建筑组群的组合与设计是一项极其复杂的工作，它既是功能和精神的结合，又是心理和形式的综合；既要考虑日照、通风等卫生条件，研究居民的行为活动需要、居住心理，又要强调个性、地方特色和民族性、历史文脉，还要反映时代特征，并且要考虑经济和组织管理等方面的问题。

1. 住宅建筑组群的户外空间环境构成要素

住宅建筑组群的户外空间环境是由自然的与人文的、有机的与无机的、有形的与无形的各种复杂元素构成的，诸多元素中虽然有主次之分，但并非单一元素在起作用，而是许多元素的复合作用。住宅建筑组群外部空间的构成要素可分为主要元素和辅助要素。

（1）主体构成要素是指决定空间的类型、功能、作用、形态、大小、尺度、围合程度等方面的住宅建筑、公共建筑、高大乔木和其他尺度较大的构筑物（如墙体、杆、通廊、较大的自然地形）等实体及其界面，如图3-34所示。

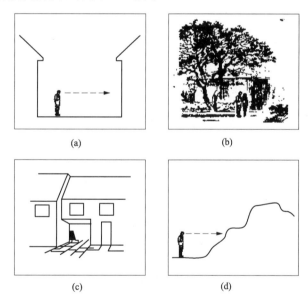

(a) (b)

(c) (d)

图3-34 住宅建筑组群外部空间的主要构成要素

（a）建筑实体及其界面；（b）高大的树木；（c）过街楼；（d）有一定体量的山体等自然屏障

（2）辅助构成要素是指用来强化或弱化空间特性的元素，处于陪衬、烘托的地位，如建筑小品、围墙、橱窗、台阶、灌木丛、铺地、稍有起伏的地形和色彩、质感等，如图3-35所示。

2. 住宅建筑组群外部空间构成的手法

住宅建筑组群外部空间的构成要素多种多样，但空间的构成归纳起来有以下两种方式：

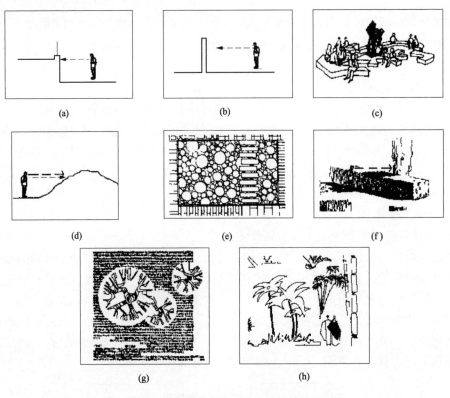

图 3-35　住宅建筑组群外部空间的辅助构成要素

（a）地坪高差；（b）围墙、橱窗等；（c）建筑小品；（d）地形起伏；（e）硬质铺地；（f）灌木丛；（g）草地；（h）树群

　　（1）由住宅或住宅结合公共建筑等实体围合，形成空间，如图 3-36 所示。围合构成的空间使人产生内向、内聚的心理感受。我国传统的四合院住宅以及土楼住宅，使居住者产生强烈的内聚、亲切、安全和友好的感受，如图 3-37、图 3-38 所示。

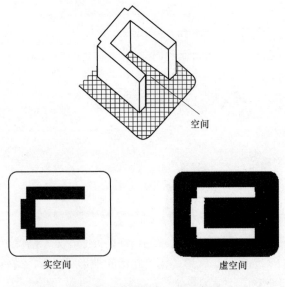

图 3-36　实体围合，形成空间

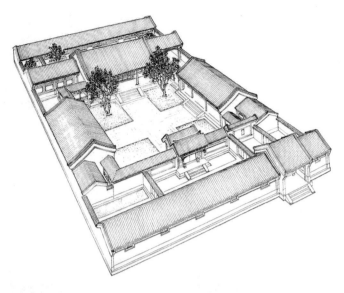

图 3-37 传统四合院空间：内聚、自守、收敛、有序、主次、尊卑

图 3-38 河坑土楼群形成空间：安全、封闭、亲切

（2）由住宅或住宅结合公共建筑等实体点缀，形成空间，如图 3-39 所示。点缀构成的空间使人产生开敞、扩散、外向、放射的心理感受。高层低密度住宅区是一种实体占领而形成的空间，如图 3-40 所示。

住区是一个密集型的聚居环境。目前，新农村住区大多是以低层或低层、多层为主的住宅建筑组群，其空间主要是由实体围合而形成，如图 3-41 所示。

3.4.2 住宅建筑组群空间的尺度

空间尺度处理是否得当，是住宅建筑组群空间设计成败的关键要素之一；住宅建筑组群空间的尺度，一般包括人与住宅或公共建筑实体、空间的比例关系。尺度是否合适主要取决于实体高度与观赏距离的比值和识别效应，人、实体、空间的比例与封闭、开敞效应，实体、空间的比例与情感效应。

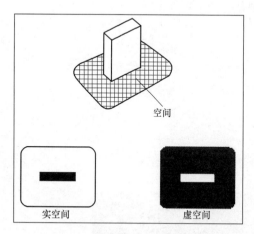

图 3-39　实体点缀，形成空间

图 3-40 高层低密度住宅区的实体占领
而形成的空间体围合

图 3-41　以低层或低层、多层为主的住宅建筑组群围合空间

1. 实体高度与观赏距离的比值和识别效应

实体的高度与距离的比例不同，会产生不同的视觉感受。如实体的高度为 H，观看

者与实体的距离为 D，在 D 与 H 比值不同的情况下，可得到不同的视觉效应，如图 3-42 所示。

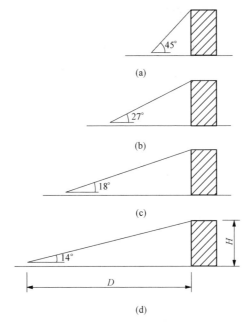

图 3-42　实体高度与观赏距离比值和识别效应

（a）$D{:}H{=}1{:}1$；（b）$D{:}H{=}2{:}1$；（c）$D{:}H{=}3{:}1$；（d）$D{:}H{=}4{:}1$

（1）当 $D{:}H{=}1{:}1$ 时，即垂直视角为 45°时，一般可以看清实体的细部；

（2）当 $D{:}H{=}2{:}1$ 时，即垂直视角为 27°时，一般可以看清实体的整体；

（3）当 $D{:}H{=}3{:}1$ 时，即垂直视角为 18°时，一般可以看清实体的整体和背景；

（4）当 $D{:}H{=}4{:}1$ 时，即垂直视角为 14°时，一般可以辨认实体的姿态和背景轮廓。

2. 人、实体、空间的比例与封闭、开敞效应

空间感的产生一般由空间的使用者与建筑实体的距离以及实体高度的比例关系所决定。在比例不同的情况下，可得到不同的空间效应，如图 3-43 所示。

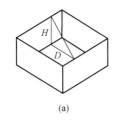 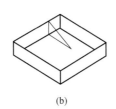 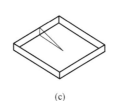 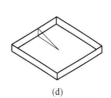

（a）　　　　　　（b）　　　　　　（c）　　　　　　（d）

图 3-43　人、实体、空间的比例与封闭开敞效应

（a）$D{:}H{\approx}1$；（b）$D{:}H{\approx}2$；（c）$D{:}H{\approx}3$；（d）$D{:}H{\approx}4$

（1）当 $D{:}H{\approx}1$ 时，空间处于封闭状态，空间呈"衔""廊"的特性，属"街型空间"。

（2）当 $D{:}H{\approx}2$ 时，空间处于封闭与开敞的临界状态，属"院落空间"。

（3）当 $D{:}H{\approx}3$ 时，空间处于开敞状态，属"庭式空间"。

（4）当 *D:H*≈4 时，空间的容积特性消失，处于无封闭状态。此时开敞度较高，通风、日照等自然条件优越，属"广场空间"。

3. 实体、空间的比例与情感效应

当人处于两个实体之间时，由于两侧建筑物高度与空间宽度之间的尺度关系引起相应的情感反应。如两个实体的高度为 *H*，其间距为 *D*，当 *D:H* 的比例不同会产生不同的心理效应，如图 3-44 所示。

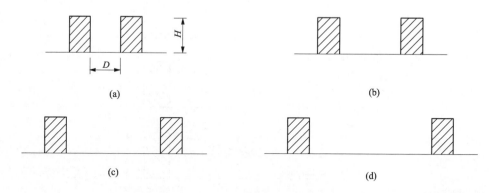

图 3-44　实体、空间的比例与情感效应

（a）*D:H*≈1；（b）*D:H*≈2；（c）*D:H*≈3；（d）*D:H*≈4

（1）当 *D:H* 的比值约为1时，使用者有一种安定、内聚感。

（2）当 *D:H* 的比值约为2时，使用者有一种向心、舒畅感。

（3）当 *D:H* 的比值约为3时，使用者有一种渗透、奔放感。

（4）当 *D:H* 的比值约为4时，使用者有一种空旷、自由感。

创造良好的尺度感的手段很多，包括建筑与建筑、建筑与空间的尺度处理、色彩的搭配、地面图案的设计、树木的培植和室外设施的布局，以及空间程序的处理等。

住宅建筑组群的空间大小，一方面，由于受到用地标准的控制，空间的开敞性受到一定的限制；另一方面，住宅与住宅之间的距离由于受到日照间距的规定而得到控制。一般来说，新农村住区内的住宅建筑空间尺度主要是"院落型""廊型"，少量的为"庭式型"和"广场型"。

3.5　住宅组群空间组合的基本构图手法

3.5.1　对比

所谓对比就是指同一性质物质的悬殊差别，如大与小、简单与复杂、高与低、长与短、横与竖、虚与实、色彩的冷与暖、明与暗等的对比。对比的手法是建筑组群空间构图的一个重要的和常用的手段，通过对比可以突出主体建筑或使建筑群体空间富于变化，从而打破单调、沉闷和呆板的感觉。图 3-45 所示是总平面规划中点状和条状住宅的对比布局，图 3-46 所示是住宅建筑群体空间立面图中高与低的对比。

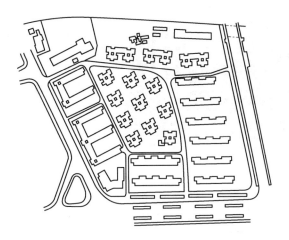

图 3-45　点状和条状住宅的对比布局

图 3-46　住宅建筑群体空间立面图中高与低的对比

3.5.2　韵律与节奏

韵律与节奏是指同一形体有规律的重复和交替使用所产生的空间效果，犹如韵律、节奏，如图 3-47 和图 3-48 所示。韵律按其形式特点可分为以下四种不同的类型。

（1）连续的韵律。以一种或几种要素连续、重复排列而形成，各要素之间保持着恒定的距离和关系，可以无止境地连绵延长。

（2）渐变韵律。连续的要素在某一方面按照一定的秩序逐渐变化，如逐渐加长或缩短，变宽或变窄，变密或变稀等。

（3）起伏韵律。渐变韵律按照一定规律时而增加、时而减小，犹如波浪起伏，具有不规则的节奏感。

（4）交错韵律。各组成部分按一定规律交织、穿插而形成。各要素互相制约，一隐一现，表现出一种有组织的变化。

以上四种形式的韵律虽然各有特点，但都体现出一种共性——具有极其明显的条理性、重复性和连续性。借助于这一点，在住宅群体空间组合中既可以加强整体的统一性，又可以求得丰富多彩的变化。

韵律与节奏是建筑组群空间构图常用的一个重要手法，这种构图手法常用于沿街或沿河等带状布置的建筑组群的空间组合中，图 3-47 所示某沿河住宅，平面构图由 38 层塔式和 8～16 层错层住宅构成 U 形，相互交错布置，住宅群富有层次、韵律和节奏感，成为点缀的滨河景观建筑。但应注意，运用这种构图手法时应避免过多使用简单的重复，如果处理不当会造成呆板、单调和枯燥的感觉，一般说来，简单重复的数量不宜太多。

(a)

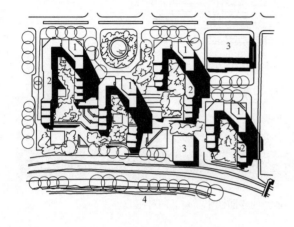

(b)

图 3-47　韵律与节奏示例
（a）透视图；（b）平面图

1—38 层塔式住宅；2—8～16 层错层住宅；3—公共建筑；4—东河

3.5.3　比例与尺度

一切造型艺术，都存在着比例关系是否和谐的问题。在建筑构图范围内，比例的含义是指建筑物的整体或局部与其长、宽、高的尺寸、体量间的关系，以及建筑的整体与局部、局部与局部、整体与周围环境之间尺寸、体量的关系。而尺度的概念则与建筑物的性质、使用对象密切相关。例如，幼儿园的设计应考虑儿童的特点，门窗、栏杆等的

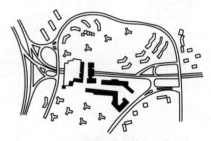

图 3-48　在住区地域的几何中心成片集中布局

尺度应与之相适应。一个建筑应有合适的比例和尺度，同样，一组建筑物相互之间也应有合适的比例和尺度的关系。在组织居住院落的空间时，就要考虑住宅高度与院落大小的比例关系和院落本身的长宽比例。一般认为，建筑高度与院落进深的比例在 1:3 左右为宜，而院落的长宽比则不宜悬殊太大，特别应避免住宅之间成为既长又窄的空间，使人感到压抑、沉闷。沿街的建筑群体组合，也应注意街道宽度与两侧建筑高度的比例关系。比例不当会使人感到空旷或造成狭长胡同的感觉。一般认为，道路的宽度为两侧建筑高度的 3 倍左右为宜，这样的比例可以使人们在较好的视线角度内完整地观赏建筑群体。

3.5.4　造型

造型是每个建筑物最基本的特性之一。建筑造型直接影响到居民对居住环境的认可和喜爱。好的建筑造型不但可以愉悦居民的身心，也可以成为居住区的主要特色，提升居民的归属感。

新农村住宅建筑的造型应借鉴地方传统建筑风格，使其与村镇整体环境形成一种相互融合、相互协调的气氛，不应该以怪异的造型凸显于传统建筑之中。特别要注意，不应采用外来建筑造型，破坏村镇的地方特色。

河坑安置住区的建筑设计，立足于弘扬土楼文化，在总体布局中，更是充分吸取土楼建筑对外封闭、对内开放的布局手法。由南北相向拼联而成的低层住宅和东西朝向客房围合的内部庭院，层层吊脚回廊相连（每户设隔断），再现了土楼住宅对内开敞的和谐风采。尽管是

为了适应现代生活的需要，对于南北朝向的多户拼联低层住宅的南、北立面均采用较为敞开的做法，但也都仍然在敞开的做法中保留了层层设置延续吊脚回廊的做法。既充分呈现土楼的神韵，又富有时代的气息，如图3-49所示。

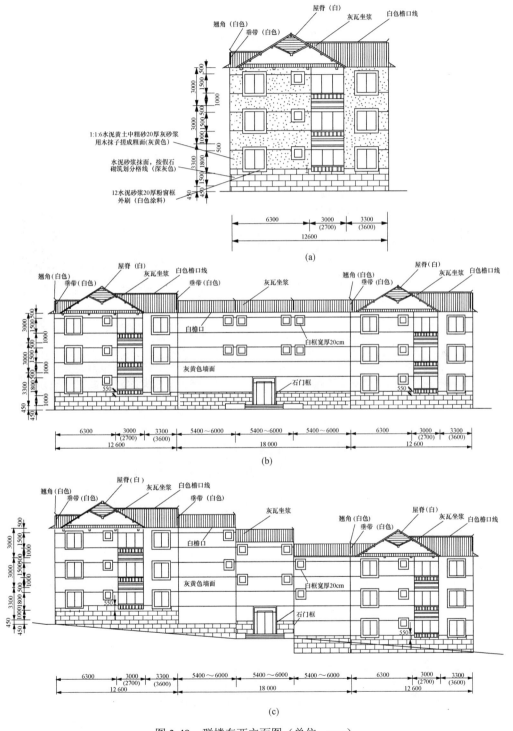

图 3-49　群楼东西立面图（单位：mm）

（a）A、B 型东（西）尽端立面图；（b）3 号楼东立面图；（c）1 号楼东立面图

3.5.5 色彩

色彩是每个建筑物不可分割的特性之一。建筑的色彩最重要的是主导色相的选择。这要看建筑物在其所处的环境中突出到什么程度，还应考虑建筑的功能作用。住宅建筑的色彩以淡雅为宜，使其整体环境形成一种明快、朴素、宁静的气氛。住宅建筑群体的色彩要成组考虑，色调应力求统一协调；对建筑的局部如阳台、栏杆等的色彩可作重点处理以达到统一中有变化。河坑安置住区的建筑设计在色彩方面考虑到地方传统建筑的色调，并与之协调。方形群楼东西向外立面以土墙的浅黄色墙面为主，配以带有白色窗框的方窗洞，展现了浑厚质朴的土楼造型，如图 3-50、图 3-51 所示。

图 3-50 河坑安置住区透视图

图 3-51 河坑安置住区鸟瞰图

以上分别叙述了有关建筑群体构图的一些常用手法和规律及其在住宅建筑空间构成中的具体运用，实际上一个住宅建筑群体空间的组合往往是各种空间构图手法的综合应用。此外，住宅建筑的绿化的配置、道路的线形、地形的变化以及建筑小品设施等也是空间构图不可缺少的重要辅助手段。

3.6 住宅组群空间组合的关联方式

3.6.1 建筑高度与宽度的关系

对于现代我国新农村街道垂直界面的设计来讲，由于村镇规模的限制，街道两侧构成垂直界面的建筑数量、高度和体量较大城市相对较小，同时街道垂直界面的构成往往离不开住宅建筑这一新农村中最大量性建筑的参与，尤其是在商业街中，在大城市中已很少用的临街底商、底商上住等形式在这里作为重要的形式仍非常重要，正是由于以上这些因素的存在使得新农村街道垂直界面的设计和布置形式有着自己独特的特点。图 3-52 所示是街道垂直界面的景观控制元素示意图。具体来讲，对于街道垂直界面的控制，应从建筑轮廓线、建筑面宽、建筑退后红线、建筑组合形式、入口位置及处理方法、开窗比例、开间、入口和其他装饰物、表面材料的色彩和质地、建筑尺度、建筑风格、装饰和绿化等多个方面来考虑设计与环境的视觉关系，并通过退后、墙体、墙顶、开口、装饰几个方面来进行控制。

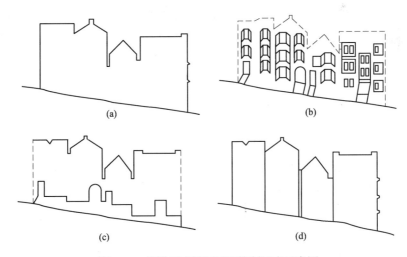

图 3-52 街道垂直界面景观控制元素示意图
（a）体块；（b）入口和开窗；（c）水平韵律；（d）垂直韵律

由于建筑退后红线和街道垂直界面墙顶部以上的后退影响着垂直界面的连续性和高度上的统一性，一般来讲除不同的垂直界面交接的节点需做后退处理外，仅要求每段垂直界面间既要局部有适当的后退以形成适当的变化，丰富街道空间，但又不希望有较大的后退，以免破坏街道的连续性。如泉州市义全宫街的规划中，原本整齐的街道立面显得单调，空间缺少变化，设计中将沿街的一栋办公楼适当后退，在建筑和街道间形成过渡空间，这一空间既为街道空间增添活力，同时作为一个缓冲空间也为建筑本身提供了一个小型的广场。图 3-53 所示是泉州市义全宫街规划图。

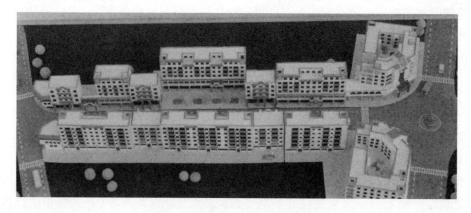

图 3-53　泉州市义全宫街规划图

意大利维托里奥·埃马努埃莱广场就是一个注重整体性的优秀实例，该广场是意大利南部圣塞韦里娜镇的中心广场，小镇非常古老，因一个 12 世纪的城堡和一个拜占庭式教堂而闻名，而维托里奥·埃马努埃莱广场就坐落于这两个主要纪念物之间。精致的地面设计明确地区分了广场与公园两个不同性质的主要空间，整个广场全部使用简洁的深色石块铺砌地面，使广场成为一个整体，而地面上的椭圆图案才是使这个不规则空间统一起来的真正要素，几个大理石的圆环镶嵌在深色的地面上，像水波一样延续到广场的边界，圆环的中心是一个椭圆形状的风车图案，指示出南北方向。连接城堡和教堂大门的白色线条是第二条轴线，风车的图案指示着最盛行的风向，轴线和圆的交接处重复使用几个魔法标志，南北轴线末端的石灰岩区域包含着天、星期、月和年四个时间元素。该轴线区域内还有金、银、汞、铜、铁、太阳、月亮、地球等象征性的标志。总之，广场的设计在众多的细部中体现出简洁、统一的整体性特征，如图 3-54、图 3-55 所示。

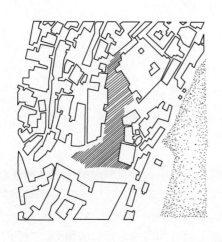

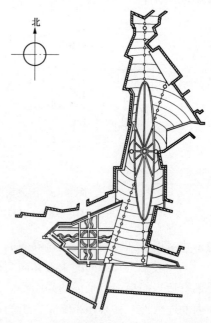

图 3-54　维托里奥·埃马努埃莱广场总平面　　　图 3-55　维托里奥·埃马努埃莱广场平面图

3.6.2 结合自然环境的空间变化

传统村镇聚落的布局和建筑布局都与附近的自然环境发生紧密关联，可以说是附近的地理环境与聚落形态的共同作用才构成了具有中国优秀传统文化的理想居住环境。平原、山地、水乡村镇因其自然环境的迥异，呈现出魅力各异的村镇聚落景观。

1. 平面曲折变化

建于平地的街，为弥补先天不足而取形多样。单一线形街，一般都以凹凸曲折、参差错落取得良好的景观效果。两条主街交叉，在节点上建筑形成高潮。丁字交叉的则注意街道对景的创造。多条街道交汇处几乎没有垂直相交成街、成坊的布局，这可能是由多变的地形和地方传统文化的浪漫色彩所致。

某些村镇，由于受特定地形的影响，其街道呈现弯曲或折线的形式。直线形式的街道空间从透视的情况看只有一个消失点，而曲折或折线形式的街道空间，其两个侧界面在画面中所占的地位则有很大差别：其中一个侧界面急剧消失，另一个侧界面则得以充分展现。直线形式的街道空间的特点是一览无余，而弯曲或折线形式的街道空间则随视点的移动而逐一展现于人的眼帘，两相比较，直线形式的街道空间较袒露，而弯曲或折线形式的街道空间则较含蓄，并且能使人产生一种期待的心理和欲望。

2. 结合地形的高低变化

湘西、四川、贵州、云南等地多山，村镇常沿地理等高线布置在山腰或山脚。在背山面水的条件下，村镇多以垂直于等高线的街道为骨架组织民居，形成高低错落、与自然山势协调的村镇景观。

某些村镇的街道空间不仅从平面上看曲折蜿蜒，而且从高度方面看又有起伏变化，特别是当地形变化陡峻时还必须设置台阶，而台阶的设置又会妨碍人们从街道进入店铺，为此，只能避开店铺而每隔一定距离集中地设置若干步台阶，并相应地提高台阶的坡度，于是街道空间的底界面就呈现平一段、坡一段的阶梯形式。这就为已经弯曲了的街道空间增加了一个向量的变化，从景观效果看极富特色。处于这样的街道空间，既可以摄取仰视的画面构图，又可以摄取俯视的画面构图，特别是在连续运动中观赏街景，视点忽而升高，忽而降低，间或又走一段平地，必然使人们强烈地感受到一种节律的变化。

3. 水街的空间渗透

在江苏、浙江以及华中等地的水网密集区，水系既是居民对外交通的主要航线，也是居民生活的必需。于是，村镇布局往往根据水系特点形成周围临水、引水进镇、围绕河道布局等多种形式。使村镇内部街道与河流走向平行，形成前朝街、后枕河的居住区格局。

由于临河而建，很多水乡村镇沿河设有用船渡人的渡口。渡口码头构成双向联系，把两岸构成互相渗透的空间。开阔的河面构成空间过渡，形成既非此岸、也非彼岸的无限空间。同时，河畔必然建有供洗衣、浣纱、汲水之用的石阶，使得水街两侧获得虚实、凹凸的对比与变化。

另外，兼作商业街的水街往往还设有披廊以防止雨水袭扰行人。或者于临水的一侧设置通廊，这样既可以遮阳，又可以避雨，方便行人。一般通廊临水的一侧全部敞开，间或设有坐凳或"美人靠"，人们在这里既可购买日用品，又可歇脚或休息，并领略水景和对岸的景色，进一步丰富了空间层次。

　　总之，传统村镇乡土聚落是在中国农耕社会中发展完善的，它们以农业经济为大背景，无论是选址、布局和构成，还是单栋建筑的空间、结构和材料等，无不体现着因地制宜、因山就势、相地构屋、就地取材和因材施工的营建思想，体现出传统民居生态、形态、情态的有机统一。它们的保土、理水、植树、节能等处理手法充分体现了人与自然的和谐相处。既渗透着乡民大众的民俗风情——田园乡土之情、家庭血缘之情、邻里交往之情，又有不同的"礼"的文化层次。建立在生态基础上的聚落形态和情态，既具有朴实、坦诚、和谐、自然之美，又具有亲切、淡雅、趋同、内聚之情，神形兼备、情景交融。这种生态观体现着中国乡土建筑的思想文化，即人与建筑环境既相互矛盾又相互依存，人与自然既对立又统一和谐。这一思想文化是在小农经济的不发达生产力条件下产生的，但是其文化的内涵却反映着可持续发展最朴素的一面。

　　具有中国优秀传统建筑文化的村镇聚落。其设计思想和体系住宅群体所体现的和建筑的空间组织极富人性化和自然性，是当代新农村住区规划设计应该努力汲取并加以弘扬的。

3.7　住区规划的空间景观组织实例

3.7.1　温州永中镇小康住宅示范小区的空间景观规划

　1. 空间层次

　　规划把整个小区空间分为四个层次和四个不同使用性质的领域。第一层次为公共空间——小区主出入口、小区中心广场，是小区全体居民共同使用的领域；第二层次为半公共空间——组团空间，是组团居民活动的领域；第三层次为半私有空间——院落空间；第四层次为私有空间——住宅户内空间。

　2. 空间序列

　　通过空间的组织，形成一个完整连续、层次清晰的空间序列，在小区整体空间组织上，形成两组空间序列：第一组序列为小区出入口—小区中心广场—水乡巷道—城市公共绿带，空间体验特征为收—放—转折、收—放—收—放；第二组序列为小区出入口—环形组团道路—住宅架空层—组团绿地，空间体验特征为收—放—转折、收—放—收—放。

　3. 空间处理手法

　　运用传统村镇建筑空间组织手法，追求江南村镇空间肌理特征，组织不同层次空间。

　　（1）水乡巷道空间。两边低层房屋＋两条道河＋一条小河，成为小区中心广场与城市公共绿地的过渡空间。

　　（2）中心广场。临水建亭＋大榕树＋水面，成为具有地方传统环境特征的小区广场。

　　（3）道路及其他。道路转折形成的小广场、河埠码头等，形成丰富的过渡空间，体现传统巷道转折、河埠码头功能所形成的灰空间特征。

　4. 景观规划

　　建筑层数分布从沿河二、三层过渡到五、六层，层次较丰富。两个组团之间有小区主入口和人工河道分隔，节奏分明，有较强的可识别性。建筑造型简洁、明快，为避免台风侵扰，屋顶以平顶为主，局部运用坡顶符号。建筑色彩以淡雅为主，檐口点缀蓝灰等较深色彩。环境设计把开敞明快的自然草坪泉地与体现传统水乡城镇神韵的水乡巷道结合，运用台门、亭子、石拱桥、青石板路、石埠码头等环境符号，还有地方材料、地方树种（榕树、樟树等）的运用，强化小区的可识别性和地方性，创造既有现代社区气息，又有强烈地方特色的小区风貌。图 3-56 所示是温州永中镇小康住区空间景观分析图。

3.7.2 宜兴市高塍镇居住小区的空间景观规划

小区规划中的建筑布局和空间形态力求丰富有序，尽量避免水平方向的"排排房"和垂直方向的"推平头"。整个小区的建筑布局呈北高南低，空间形态错落有致。基地北面与高塍大河之间地带现有许多陈旧的民宅，规划为远期改造。因此，小区北侧以五层公寓式住宅为主，作为保证小区内创造优美环境的视线屏障，同时也有利于整个小区内建筑间合理的日照要求；由于小区西面临主要干道，东、南面为次要干道，为了达到合理的空间比例形态，临干道面以多层住宅为主，间以低层住宅。而多层住宅又有点式、条式、院落式不同类型，构成形态丰富、疏密相同的景观特色；小区中央是公共绿地，周围环以低层独立式或联排式住宅，使建筑不遮挡绿地，外围的多层住宅则加强了小区总体的围合性和向心性；规划中同时考虑了进出小区道路两侧建筑的形态和布局的合理配置，并在空间的重要节点和对景位置，点缀以小品或标志，作为丰富空间形态的必要的辅助手段。

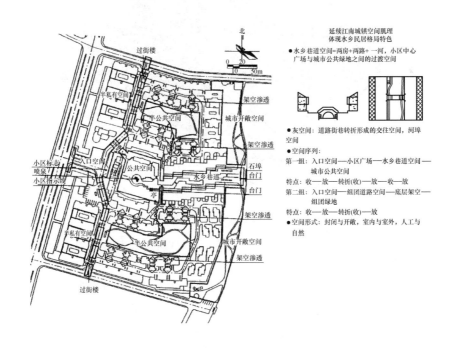

图 3-56　温州永中镇小康住区空间景观分析图

居住小区建筑类型布局规划如图 3-57 所示，居住小区鸟瞰图如图 3-58 所示。

3.7.3 张家港市南沙镇东山村居住小区空间景观规划

整个小区分为中部、西北部低层控制区（以二、三层联立式为主）；东北、西南部为多层控制区（以四层为主的公寓），形成一条由东南向西北较为开阔的视觉走廊，并顺应地势延伸

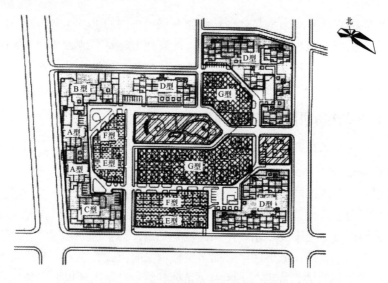

图 3-57　居住小区建筑类型布局规划图

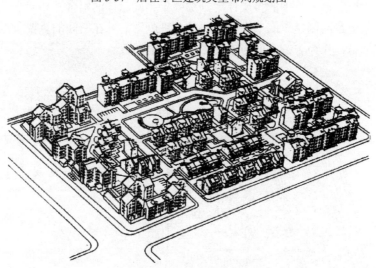

图 3-58　居住小区鸟瞰图

到西北面的山景和烈士陵园；相反，从山上俯视，居住区的风貌也一览无余，组成整个香山风景区的一部分。

基地原有泄洪水塘，进行规划整治后，使之贯通相连，汇集到东西方向的河道中，自然流畅的水岸给居住小区的景观注入活跃的因素，使整体小区依山傍水，自然景观十分优越。对水体的利用和适当改造，形成一条与视觉走廊相对应的蓝色走廊，成为一大景观特色。

住宅组团形态因地形不同分别处理，滨水住宅沿河道、水池采用放散状空间组织，将视线引向水面；临街住宅采用平直或曲折形组织空间，围合内向空间，避免外界干扰，如图 3-59、图 3-60 所示。

3.7.4　广汉市向阳镇小康住区空间景观规划

居住区的空间环境通过居住行为的组织形成序列：社区空间→小区公共空间→邻里空间→居家空间，如图 3-61 所示。

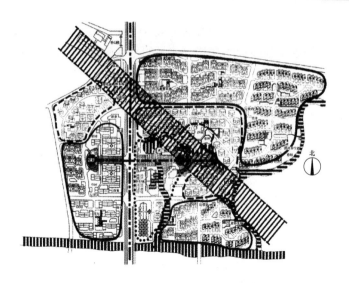

图 3-59 张家港市南沙镇东山村居住小区空间形态及景观分析

图 3-60 张家港市南沙镇东山村居住小区鸟瞰图

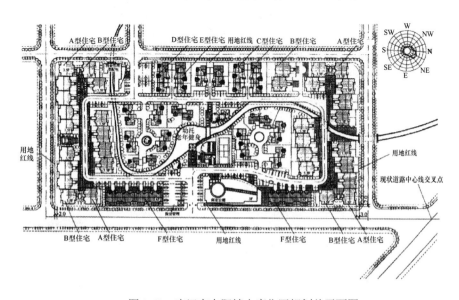

图 3-61 广汉市向阳镇小康住区规划总平面图

（1）社区空间进入小区空间。以门饰类标志进入小区范围，较宽的公共绿地、公共停车场、迎面的拓宽水面，构成宁静高雅的高档居住区的空间感受，人们可驾车沿道路或步行穿过公共绿地、水面至居住空间。

（2）居住者的邻里空间有 3 种类型。

1）公寓型邻里环境（南北二区）。上、下层住户和左、右邻近住户在户外形成有限交叉——入户路线平等但各自独立。一层住户在公寓入口处直接进入户门，上层住房通过室外梯直接到户门，公共楼梯只有两户共用，公寓主入口处仅四户共享。在公共活动空间内，更强调私有性、独立性，较适应居民现有的心理状态。

2）院落式邻里环境（西区）。由四～六户居民构成一个小院落，彼此或为乡亲、或为亲友、或为同事。院落为公共空间，可以栅栏门与主干道外的小区其他空间分隔，形成邻里感更强的半公有空间。

3）独立式联体住宅邻里环境。地处环境良好的中心地段，各家都有独立的院落、车库和住宅。强调了每户起居和社交活动的私密性，适应了物业所有者的独立意识和被尊重的心理状态。但在规划中用了一条尽端式入户道路将 10 户左右的独立住户连接起来，从而形成户与户之间的邻里关系，强调与公共行为有限划分的整体环境。

（3）居家空间住宅设计中都考虑到私有空间与公共空间、室内空间与室外空间的相互渗透。公寓底层住户、院落式及独立式住户通过前院与邻里相交流；通过后院与绿地及公共空间相融合。公寓上层住户通过室外楼梯与公共空间交叉，通过屋顶平台形成由上而下，由私密空间向公共绿化环境的融合。

3.7.5 福清市龙田镇上一住区空间景观规划

（1）图 3-62 为福清市龙田镇上一住区空间序列分析。

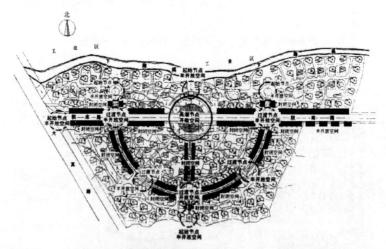

图 3-62 福清市龙田镇上一住区空间序列分析

（2）图 3-63 为福清市龙田镇上一住区景观分析。

（3）图 3-64 为福清市龙田镇上一住区设计模型。

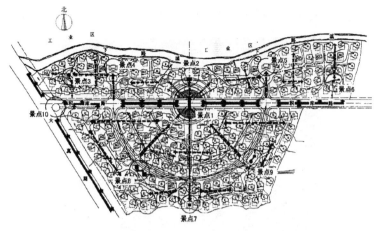

图 3-63　福清市龙田镇上一住区景观分析

图 3-64　福清市龙田镇上一住区设计模型

3.7.6　伊拉克南部油田工程师住宅区空间景观规划

（1）图 3-65 为伊拉克南部油田工程师住宅区景观分析。

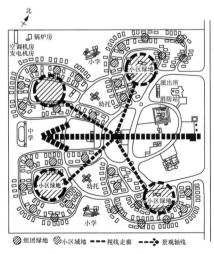

图 3-65　伊拉克南部油田工程师住宅区景观分析

（2）图 3-66 为伊拉克南部油田工程师住宅区设计模型。

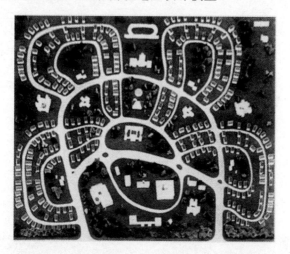

图 3-66　伊拉克南部油田工程师住宅区设计模型

4 新农村住区公共服务设施的规划布局

公共服务设施是住区中一个重要组成部分，与居民的生活密切相关。它是为了满足居民的物质和精神生活的需要，与居住建筑配套建设的。公共服务设施配套建筑项目的设置和布置方式直接影响居民的生活方便程度，同时公共建筑的建设量和占地面积仅次于居住建筑，而其形体色彩富于变化，有利于组织建筑空间，丰富群体面貌，在规划布置中应予以足够的重视。

4.1 住区公共服务设施的分类和内容

住区的公共服务设施主要是为本住区的居民日常生活需要而设置的,主要包括儿童教育、医疗卫生、商业饮食、公共服务、文娱体育、行政经济和公用设施等。新农村住区公共服务设施的配建应本着方便生活、合理配套的原则，确定其规模和内容；重点配置社区服务管理设施、文化体育设施和老人活动设施。如果镇区规模较小，住区级公共建筑可以和镇级公共建筑相结合。

住区内公共服务设施按其使用性质可分为商业服务设施、文教卫休设施、市政服务设施、管理服务设施四类。

1. 商业服务设施

商业服务设施主要有为居民生活服务所必需的各类商店和综合便民商店。这是市场性较强的项目，需要有一定的人口规模去支撑，各类商店主要在更大范围或全镇范围统一规划。

2. 文教卫体设施

文教卫体设施主要有托幼机构、小学校、卫生站（室）、文化站（包括老人和小孩）等项目。规模较小的住宅区，托幼机构、小学校等设施可由城镇统一安排，合理配量。

3. 市政服务设施

市政服务设施主要有机动车、非机动车停车场、停车库、公共厕所、垃圾投放点、转运站等项目。

4. 管理服务设施

管理服务设施按其投资及经营方式可划分为社会公益型公共建筑和社会民助型公共建筑两类。从居民的使用频率来衡量，可分为日常式和周期式两种。

（1）社会公益型公共建筑。主要由政府部门统管的文化、教育、行政、管理、医疗卫生、体育场馆等公共建筑。这类公共建筑主要为住区自身的人口服务，也同时服务于周围的居民。其公共建筑配置见表4-1。

表4-1 住区公共建筑配置表

公共建筑项目	规模较大的住区	规模较小的住区	用地规模（m²）	服务人口	备注
居委会	●		50	管辖范围内人口	可与其他建筑联建
小学	○		6000~8000		6~12个班
幼儿园、托儿所	●	●	600~900	2500~6000	2~4个班
灯光球场	●	○	600	所在住区人口	规模大者可兼为镇区服务
文化站（室）	●	○	200~400		可与绿地结合建设
卫生所、计生站	●	○	50		

注 ●表示必须配置，○表示酌情配置。

（2）社会民助型公共建筑。指可市场调节的第三产业中的服务业，即国有、集体、个体等多种经济成分根据市场的需要兴建的与本住区居民生活密切相关的服务业。如日用百货、集市贸易、食品店、粮店、综合修理店、小吃店、早点部、娱乐场所等服务性公共建筑。民助型公共建筑有以下特点：

1）社会民助型公共建筑与社会公益型公共建筑的区别在于，社会民助型公共建筑主要根据市场需要决定其是否存在，其项目、数量、规模具有相对的不稳定性，定位也较自由，社会公益型公共建筑承担一定的社会责任，由于受政府部门管理，稳定性相对强些。

2）社会民助型公共建筑中有些对环境有一定的干扰或影响，如农贸市场、娱乐场所等建筑，宜在住区内相对独立的地段设置。

4.2　住区公共服务设施的特点

（1）新农村住区公共服务设施配置与城市有着本质的差异。为了满足居民在精神生活和物质生活方面的多种需要，住区内必须配置相适应的公共服务设施。但由于新农村规模相对较小的特殊性，其住区的公共服务设施除了少数内容和项目外，在当前一般均以城镇为基础，在镇区范围内综合考虑、综合使用，并在城镇总体规划中进行合理布局。这与城市住区公共服务设施配置有着本质的区别。其主要原因如下：

1）新农村住区的规模一般较小，考虑到公共建筑本身的经营与管理的合理性和经济性，其住区内公共服务设施的项目、内容和数量非常有限，特别是组团规模以下的住区。

2）新农村的规模一般是几千人到几万人，城镇范围不大。居住用地一般也围绕城镇中心区分布，居民使用城镇一级的公共设施也十分方便，即公共服务设施使用上具有替代或交叉的特点。新农村公共服务设施由于它们的性质、所在位置，既可以为全镇服务，也可以为住区服务。住区配置的公共服务设施也同样如此，既为本住区服务，也为城镇其他住区服务。

3）在住区建设中，沿街地段一般均采用成街的布置方式，居民开设的各类服务设施既是为全镇甚至是更大范围服务的，也是直接为该住区服务的，难以从本质上加以区分。

（2）新农村住区公共服务设施配置与城市相比有着明显的特点。虽然当前新农村住区内的公共服务设施常常仅是小商店而已，但按照我国发展新农村战略方针的要求，新农村将成为乡村城镇化的必由之路。一般的新农村将发展到 2 万~5 万人，个别有条件的可以发展到 10 万人以上。到那时，新农村住区的规模及其公共服务设施的项目、内容和规模、功能要求必将发生重大变化，住区公建设施的配置结构将有可能类同于城市住区。但与城市相比，还是有其明显的特点，主要表现在以下几个方面：

1）由于规模和经济发展水平的影响，公共服务设施不可能有太大规模和分若干层次，因此，可以结合新农村公共建筑的特点，将行政管理、教育机构、文体科技、医疗保健、集贸设施和较大规模的商业金融设施与城镇级合并设置，综合使用。住区内可根据规模和需要配置社区服务中心。

2）城市住区公共服务设施的布局和项目内容对住区的布局结构、居民使用的方便程度的影响较大；而新农村住区对此影响较弱，与城镇公共设施中心区的位置关系却显得十分重要。因此，新农村居住用地一般都围绕城镇中心区设置。

3）新农村公共建筑的使用与城市相比有一定的区别，特别是在服务范围、对象、服务半径、人口规模和使用频率方面的差异更为明显。例如，城市住区内的托幼和小学校等设施，一般是仅为该住区使用，并满足各自的时空服务距离的要求，其服务范围、服务半径等比较明确；而新农村的托幼和小学校等设施不仅为住区和城镇居民使用，而且要面向城镇行政区域内的其他村民。

4）不同地区的新农村在风俗习惯、经济发展水平、自然条件等方面差异巨大，有很多特殊性，不能盲目模仿，必须符合当地居民的生活特征。

5）城镇居民对公共服务设施配置种类的需求与大城市不同，在"村镇住区急需公共建筑"调查项目内，以需求"文化娱乐"为最多，这说明新农村居民的业余文化、娱乐生活非常缺乏。虽然很多新农村都有影剧院、舞厅、电子游戏厅等与城市相同的文化娱乐场所，但是农村居民很少或根本不使用这样的设施。一方面是严重缺乏，另一方向是巨大浪费，这反映出新农村在设施配套中存在着盲目搬用城市公共设施的现象。因此，新农村住区的公共设施必须适合新农村，不能把它们等同于城市。

6）调查表明，新农村居民对"住区综合活动场地"的要求很高。调查结果显示出住区中要有相应的户外空间活动场所，以供游戏、锻炼身体、散步、交往。

4.3　住区公共服务设施配建项目指标体系

4.3.1　影响住区公共服务设施配套建筑规模大小的因素

实践与调查研究表明,影响新农村住区公共服务设施配套建设规模大小的主要因素如下：

（1）与所服务的人口规模相关。服务的人口规模越大，公共服务设施配置的规模也就越大。

（2）与距镇区或城市的距离相关。距城市、城镇越远，公共服务设施配置的规模相应也越大。

（3）与当地的产业结构及经济发展水平相关。第二、第三产业比重越大，经济发展水平越高，公共服务设施配置的规模就相应大一些。

（4）与当地的生活习惯、社会传统有关。

4.3.2 住区公共服务设施配套指标

《2000 年小康型城乡住宅科技产业工程村镇示范住区规划设计导则》指出：村镇示范住区公共服务设施配套指标以 1300～1500m²/千人计算。各级规模的住区最低指标应符合表 4-2 的规定。

表 4-2 公共服务设施项目规定

序号	项目名称	建筑面积控制指标	设 置 要 求
1	幼托机构	320～380m²/千人	儿童人数按各地标准，Ⅱ、Ⅲ级规模根据周围情况设置；Ⅰ级规模必须设置
2	小学校	340～370m²/千人	儿童人数按各地标准，具体根据情况设置
3	卫生站（室）	15～45m²	可与其他公共建筑合设
4	文化站	200～600m²	内容包括多功能厅、文化娱乐、图书室、老人活动用房等，其中老人活动用房占 1/3 以上
5	综合便民商店	100～500m²	内容包括小食品、小副食、日用杂品及粮油等
6	社区服务	50～300m²	可结合居委会安排
7	自行车、摩托车存车处	1.5 辆/户	一般每 300 户左右设一处
8	汽车场、库	0.5 辆/户	预留将来的发展用地
9	物业管理公司居委会	25～75m²/处	宜每 150~700 户设一处，每处建筑面积不低于 25m²
10	公厕	50 m²/处	设一处公厕，宜靠近公共活动中心安排

注 在序号 3～6 和 9 的最低指标选取中，Ⅰ级、Ⅱ级和Ⅲ级规模住区应依次分别选择高、中、次值。其中，Ⅰ级（住区级）控制规模为 800～1000 户、3000～6000 人，Ⅱ级（组群级）控制规模为 400～700 户、1500～2500 人，Ⅲ级（院落级）控制规模为 150～300 户、600～1000 人。

4.3.3 住区公共服务设施分级

因为新农村住区的规模相对较小，所以要综合考虑设施的使用、经营、管理等方面因素以及设施的经济效益、环境效益和社会效益，新农村住区的公共服务设施一般不分级设置。

4.4 住区公共服务设施的现状及问题

目前，新农村住区公共建筑存在的主要问题如下：

1. 与住区相配套的公共建筑项目和指标体系尚未确立

在市场经济体制下，用于满足新农村居民生活需求的住区公共建筑配置的项目和指标体系尚未确立，更缺乏量化指标的具体指导和控制；而任由"市场"去调节，则会造成宏观上的失控。

2. 公共建筑项目配置不当

由于大多数新农村建设主管部门对住区必须建设哪些公共建筑项目不明确，因而造成必不可少的某些公共建筑项目的缺失，给居民生活带来不便。而有的新农村住区则相反，不管自身人口规模和环境条件，公共服务设施配置的规模过大、数量和种类过多，其结果是利用率低，经济效益差，最后只得"改头换面"，另作他用。

3. 公共建筑的项目配置不符合新农村的特定要求

造成这一现象的最根本的原因是没有认识到新农村住区公共建筑的配置与城市住区公共建筑配置的不同点。城市住区由于有相当的人口规模，它的公共服务设施强调"配套"，设施有一定的规模和质量，利用率也高；新农村一个住区的规模十分有限，如果按"配套"去实施，那么公共服务设施的规模就很"微小"，无法"经营"，因此，需要从更大的范围和内涵去考虑。

4.5 住区公共服务设施的规划布局

住区公共建筑的配置，应因地制宜，结合不同新农村的具体情况，分别进行不同的配置。

4.5.1 基本原则

新农村住区的公共服务设施，应本着方便生活、合理配套的原则，做到有利于经营管理、方便使用和减少干扰，并应方便老人和残疾人使用。

4.5.2 住区公共服务设施的布局形式

新农村住区的公共服务设施在布局上可分为以下三类：

（1）由新农村通盘考虑的设施，如幼托机构、小学校、较大的商业服务设施等。

（2）基本由住户自己使用和管理的设施，如自行车、摩托车、小汽车的停放场所。这类设施主要道路交通系统的组织中统一布置。

（3）综合便民商店、文化站、卫生站（室）、物业管理、社区服务等设施项目。这类设施的布局是本节讨论的主要内容。

4.5.3 住区公共建筑项目的合理定位

1. 新建住区公建项目的四种定位方式

（1）在住区地域的几何中心成片集中布置。这种布置方式服务半径小，服务对象明确，设施内容和服务项目清楚，便于居民使用，利于住区内景观组织；对文化卫生、社区服务、物业管理等设施比较有利，但购物与出行路线不一致，再加上位于住区内部，不利于吸引过路顾客，一定程度上影响经营效果，对商业等设施的经营相当不利。在住区中心集中布置公共建筑的方式主要适用于远离新农村交通干线的住区，更有利于为本住区居民服务。

温州永中镇小康住区社区文化中心成片集中布置公共建筑，形成一条颇有水乡特色的水街，如图 4-1 所示。

淄博金茵住区公共服务设施布局分析如图 4-2 所示。淄博金茵住区将商业服务设施、老年公寓等设施结合设置在住区的主要入口处，使用方便；将物业管理、社区服务文化活动设施结合住区级绿地，布置在住区的中心，空间环境好。

闽侯青口住宅示范住区把幼托和住区服务中心等公共建筑与以水池为主体的中心绿地组织在一起布置在住区几何中心主干道的一侧，形成了住区主干道的景观中心，如图 4-3 所示。

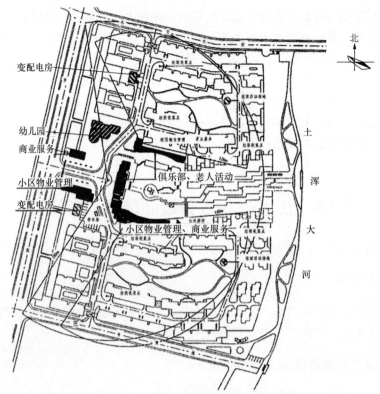

图 4-1　在住区几何中心成片集中布置公共建筑

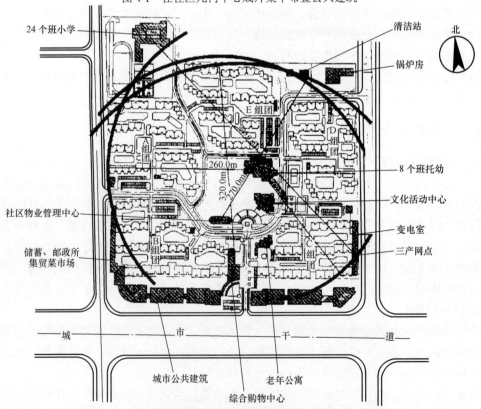

图 4-2　淄博金茵住区公共服务设施布局分析

图 4-3 闽侯青口住宅示范住区在中心绿地布置公共建筑

莆田市秀屿区海头村小康住区，把幼托和住区绿地组成住区干道一侧的主要步行系统的景观中心，如图 4-4 所示。

(a)

图 4-4 莆田市秀屿区海头村小康住区公共建筑布置图（一）

（a）规划总平面图

(b)

图 4-4　莆田市秀屿区海头村小康住区公共建筑布置图（二）

(b) 住区模型

泉州市泉港区锦祥安置住区将幼托、小学分列于主干道的两侧、住区中心位置，如图 4-5 所示。

图 4-5　把小学和幼托分列主干道两侧的泉州市泉港区锦祥安置住区

（2）沿住区主要道路带状布置。这种布置方式兼为本住区及相邻居民和过往顾客服务，经营效益较好，有利于街道景观组织和城镇面貌的形成，有利于公共服务设施在较大的区域范围内服务，是当前新农村住区建设中最为常见的布置方式，但住区内部分居民购物行程长，对交通也有干扰。沿住区主要道路带状布置公共建筑主要适合于新农村镇区主要街道两侧的住区，如图 4-6、图 4-7 所示。

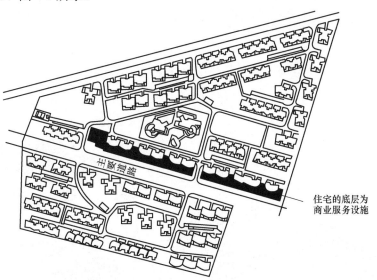

图 4-6　沿住区主要道路一侧布置公共建筑

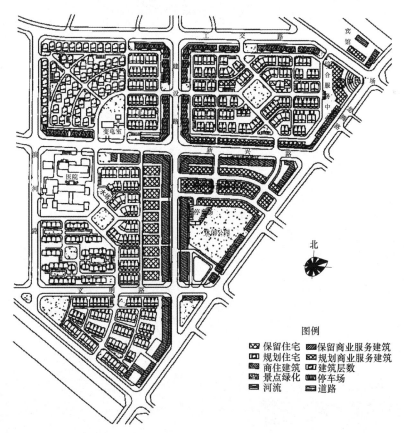

图 4-7　沿住区主要道路两侧布置公共建筑

　　龙岩市新罗区适中镇中和住区把为适应当地大型民俗活动的公共中心民俗街布置在住区的中心，把颇具特色的土楼组织在一起，形成极富文化内涵的中心广场，为节日的民俗活动和平日的商业服务提供了极富人性化的活动场所，如图 4-8 所示。

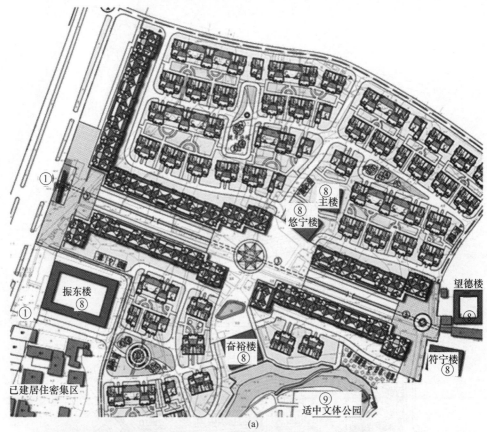

(a)

(b)

图 4-8　龙岩市新罗区适中镇中和住区民俗街

(a) 规划总平面；(b) 鸟瞰图

福建明溪余厝住区在紧邻的过境公路和县城主干道上布置了既为本住区服务又繁荣县城经济的各项公共服务设施，如图4-9所示。

图4-9　沿县城主干道布置公共建筑的福建明溪余厝住区

福建明溪西门住区沿住区两侧（已建商业服务建筑）分别在进入住区主干道一侧和过境公路一侧布置了公共的服务设施，如图4-10所示。

图4-10　沿过境公路边布置公共建筑的福建明溪西门住区

（3）在住区道路四周分散布置。这种布置方式兼顾本住区和其他居民使用方便，具有选择性强的特点，但布点较为分散，难以形成规模，主要适用于住区四周为镇区道路的住区，如图4-11所示。

（4）在住区主要出入口处布置。公共服务设施结合居民出行特征和住区周围的道路，设在住区的主要出入口处，此方式便于本住区居民上下班顺路使用，也兼为住区外的附近居民使用，经营效益好，便于交通组织，但偏于住区的一角，对规模较大的住区来说，居民到公共建筑中心远近不一，如图4-12、图4-13所示。

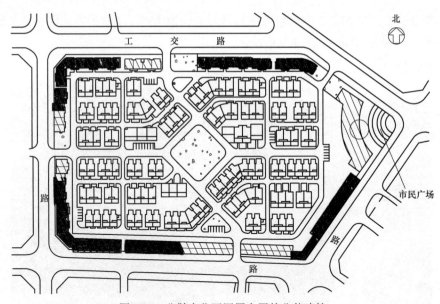

图 4-11 分散在住区四周布置的公共建筑

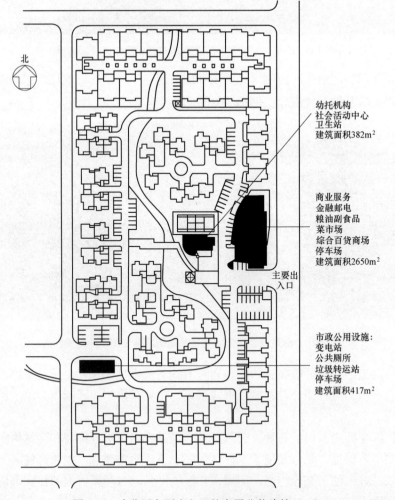

幼托机构
社会活动中心
卫生站
建筑面积382m²

商业服务
金融邮电
粮油副食品
菜市场
综合百货商场
停车场
建筑面积2650m²

市政公用设施:
变电站
公共厕所
垃圾转运站
停车场
建筑面积417m²

图 4-12 在住区主要出入口处布置公共建筑（一）

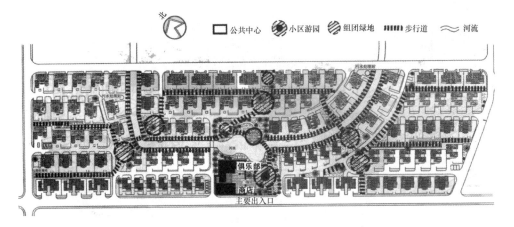

图4-13　在住区主要出入口处布置公共建筑（二）

福建惠安县螺城镇北关商住区把公共服务设施与城镇大型服务设施集中布置在城镇主干道的一侧的商住区主要入口处，如图4-14所示。

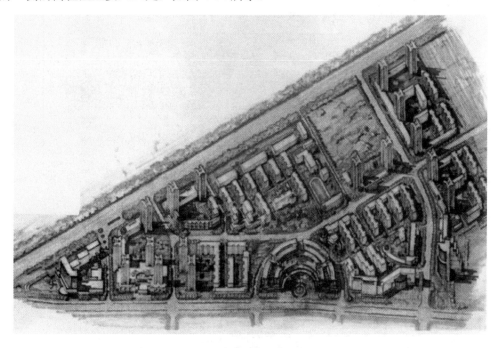

图4-14　在住区主入口布置大型服务设施的福建惠安县螺城镇北关商住区

伊拉克南部油田工程师住宅区在规划布局时，把伊斯兰教教堂置于住宅区的中心位置，教堂的东面布置与城市关系较为紧密的商业、医疗、文化活动建筑，教堂西面布置直接为住宅区内部服务的市政办公和中学。在两个住区之间的公共绿地上分散布置小学和幼托，在每个组团的中心绿地上布置小商店、变电站及供老年人、儿童、居民活动的场所，如图4-15所示。

厦门黄厝跨世纪农民新村把社区中心：小学、幼托集中布置在农宅区北面入口处，但却属于整个新村的中心，北面跨路是产业开发区，东、西、南三面为农宅区，既方便生产、生活，又为居民的休闲交往创造一个适中的活动空间，如图4-16所示。

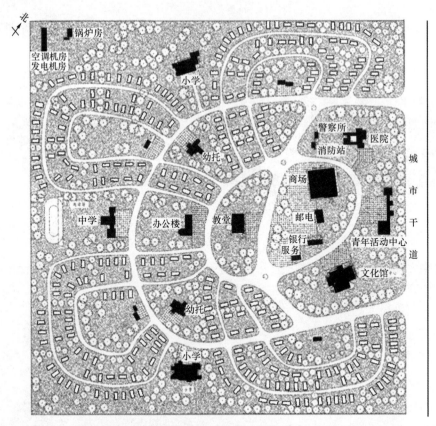

图 4-15 伊拉克南部油田工程师住宅区公共建筑分布图

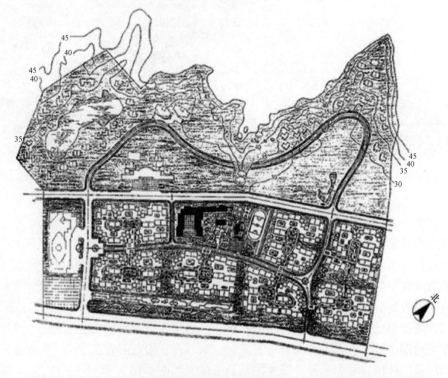

图 4-16 在新村中心布置公共建筑的厦门市思明区黄厝跨世纪农民新村规划设计

2. 旧区改建的公共建筑定位

住区若改建，可参照上述四种定位方式，对原有的公共建筑布局做适当调整，并进行部分的改建和扩建，布局手法要有适当的灵活性，以方便居民使用为原则。

4.5.4　公共建筑的几种布置形式

在住区公共建筑合理定位的基础上，应视住区的具体环境条件对公共建筑群作有序的安排。

1. 带状式步行街

带状式步行街如图4-17所示。这种布置形式经营效益好，有利于组织街景，购物时不受交通干扰。但较为集中，不便于就近零星购物，主要适合于商贸业发达、对周围地区有一定吸引力的住区。

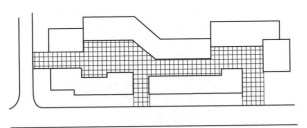

图4-17　带状式步行街

福建泰宁状元街是典型的新农村底商上住的商业街，经过精心设计，建成了一条古今时空一线牵的特色旅游观光一条街，如图4-18所示。

(a)

图4-18　福建泰宁状元街（一）

（a）状元街街景

(b)

图4-18 福建泰宁状元街（二）

（b）状元街夜景

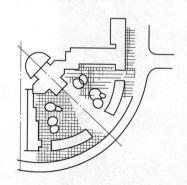

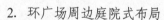

2. 环广场周边庭院式布局

环广场周边庭院式布局如图4-19所示。这种布局方式有利于功能组织、居民使用及经营管理，易形成良好的步行购物和游憩休息的环境，一般采用的较多。但因其占地较大，若广场偏于规模较大的住区的一角，则居民行走距离长短不一。适合于用地较宽裕，且广场位于新农村的住区中心。

3. 点群自由式布局

一般说来，这种布局灵活，可选择性强，经营效益好，但分散，难以形成一定的规模、格局和气氛。除特定的地理环境条件外，一般情况下不多采用。

图4-19 环广场周边庭院式布局

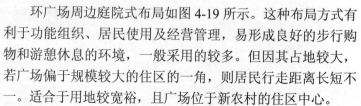

4.6　新农村住区公共服务设施规划布局案例

4.6.1　托儿所、幼儿园

托儿所、幼儿园属于普通民用建筑，可以单独设置，也可以联合设置。幼儿园一般以 6~9 个班为宜，托儿所在单独设置时一般不宜超过 5 个班。托儿所、幼儿园在布置中应考虑儿童活动的特点，并应满足下列要求。

（1）托儿所、幼儿园的服务半径以 500m 为宜，基地选址应避免交通干扰和各类污染。日照充足，通风良好，福建省莆田县灵川镇海头村小康住宅示范住区托儿所、幼儿园布置，如图 4-20 所示。

图 4-20　福建省莆田县灵川镇海头村小康住宅示范住区幼托布置图

（2）总平面布置应注意功能分区明确，各用房之间避免相互干扰，方便使用和管理，有利于交通疏散，如图 4-21 所示。

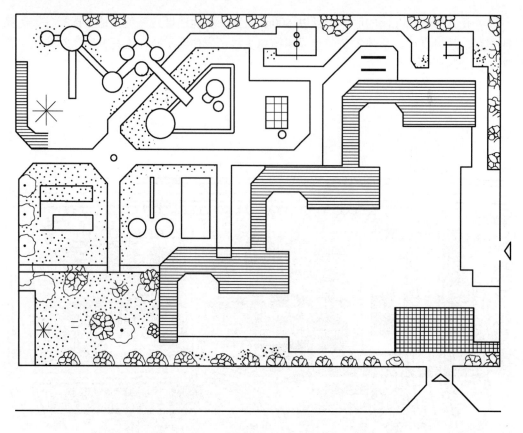

图 4-21　幼托建筑总平面图

（3）在场地布置时，除必须设置各班专门活动场地外，还应有全园共用的室外游戏场地，并应设集中绿化园地，绿化树种应严禁选用有毒或带刺植物。

（4）在后勤供应区设杂物院，并单独设置对外出入口，基地边界、游戏场地、绿化等用地的围护和遮拦设施应安全、美观、通透。

（5）每班的活动室、寝室、卫生间应为单独的使用单元，隔离室应与生活用房有适当距离，和儿童活动路线分开，并设置单独的出入口。托幼功能关系分析如图 4-22 所示。

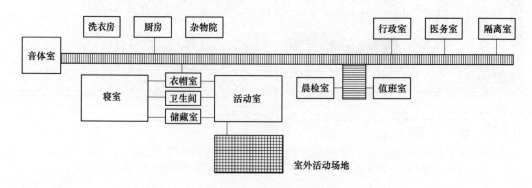

图 4-22　托幼功能关系分析图

幼儿园建筑单体设计实例如图 4-23 所示。

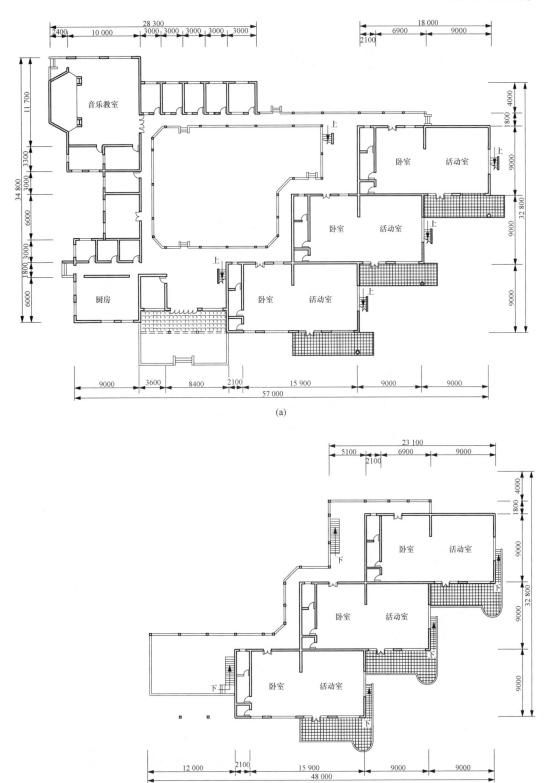

图 4-23 幼儿园建筑单体设计实例（一）（单位：mm）
（a）一层平面；（b）二层平面

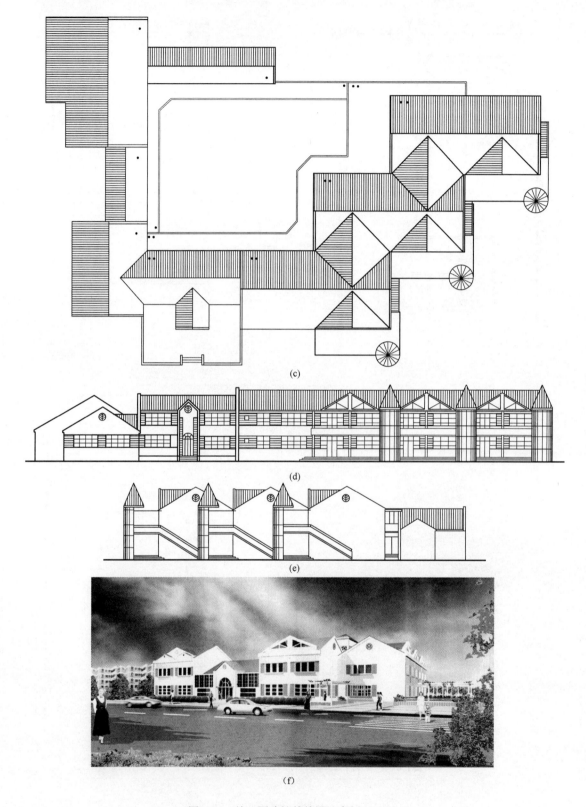

(c)

(d)

(e)

（f）

图 4-23 幼儿园建筑单体设计实例（二）

（c）屋顶平面；（d）正立面；（e）侧立面；（f）效果图

4.6.2　中小学校

中小学校的设计除了必须严格按照教委关于中小学校的达标要求及《中小学建筑设计规范》进行设计外，还应在对校园进行规划的前提下进行建设，新农村住区中小学校的规划必须把教学区、生活区和运动区进行合理的布局，以便为住区里的师生创造一个优美的教学环境。

1. 学校规模和面积定额

中小学校的规模，根据 6 年学制的要求，应依 6 个教室班的倍数来确定，小学以 6 个班、12 个班或 18 个班为宜，每班学生一般为 50 人，也可为 45 人。学校用地，小学为 15～30m²/学生，中学为 20～35 m²/学生。校舍建筑面积，小学为 2.5～3.5 m²/学生，中学为 3.5～5 m²/学生。

2. 学校地址的选择

学校地址的选择，应符合新农村总体规划要求。学校服务半径，小学一般为 500～1000m，中学一般为 1000～1500m。地势要求平坦，避免填挖大量土方；交通要求方便，学生上学、放学时尽可能不穿越公路和铁路；环境要求安静，卫生条件好，阳光充足，空气新鲜，要避开有害气体、污水及噪声的影响。

3. 普通教室的设计要点

普通教室是学校教学部分的主要用房。它在学校用房中的数量最多，而且要求较高。为此，在设计教室时要综合考虑以下几个方面的因素。

（1）教室的面积、形状及尺寸。教室容纳人数一般为 50 人左右。根据每人平均用地面积 1.1～1.2m² 计算，教室的使用面积为 50～60m²，小学可取下限，中学可取上限。教室的平面形状通常采用矩形，也可采用方形平面设计或多边形平面。教室的尺寸采用 6.6m×9.0m 及 6.6m×9.9m。教室净高一般为 3.1～3.4m。

（2）教室的采光与通风。教学楼一般采用双面采光，采光充足且光线均匀，还容易组织穿堂风。教室的门通常带亮子，每个教室设两樘门，其洞口宽一般为 1m。

（3）教室的视觉要求。为保证有良好的视听效果，教室的视距和视角有严格的规定，视距一般为 2.0～8.5m。即第一排课桌的后沿与黑板的距离大于 2m，最后一排课桌的后沿与黑板的距离应在 8.5m 以内。

（4）教室的黑板。黑板一般位于墙中，长度为 3～4m，高度为 1～1.1m，黑板下沿距讲台高度为 0.8～1.0m。讲台高度一般为 0.2～0.3m，宽度为 0.65～0.75m，长度不限，但应不影响教室门的开启。

4. 设计实例

（1）小学建筑设计方案（一）如图 4-24 所示。

（2）小学建筑设计方案（二）如图 4-25 所示。

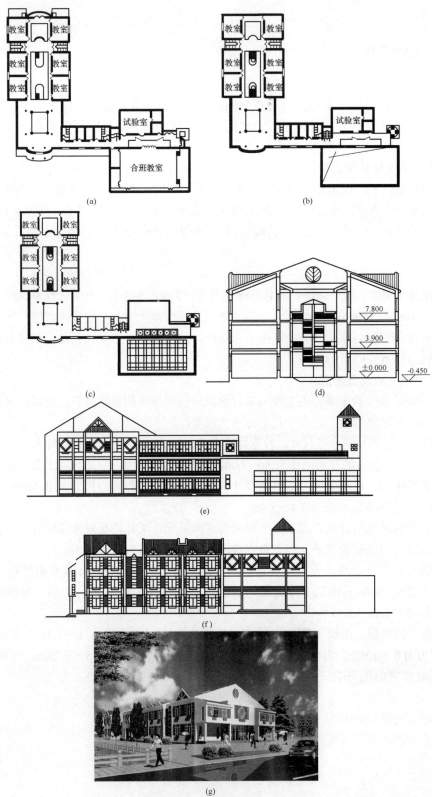

图 4-24　小学建筑设计方案

（a）一层平面；（b）二层平面；（c）三层平面；（d）教室剖面；（e）正立面；（f）侧立面；（g）效果图

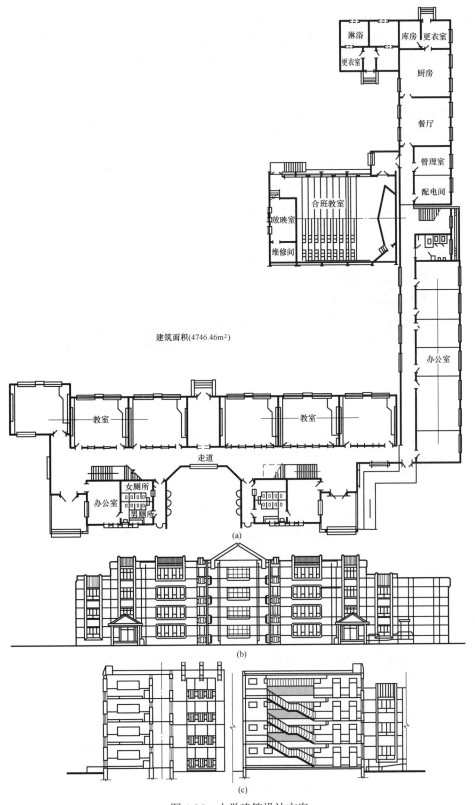

图 4-25 小学建筑设计方案
（a）一层平面；（b）立面图；（c）剖面图

（3）天津河北区小树林小学教学楼建筑设计案例❶

教学楼建筑约 1700m²。在地段为东西向，地形又狭长的情况下，将教学楼布置成两个独立的单元，并用廊子加以联系，既争取了教室最好的朝向，又丰富了室外空间，如图 4-26 所示。

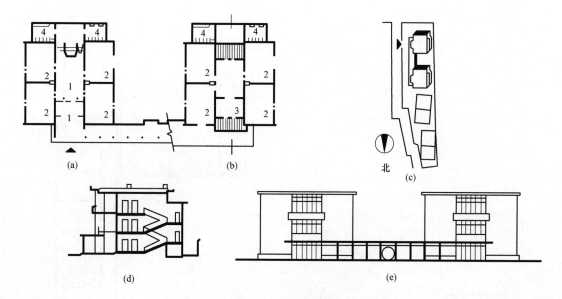

图 4-26　天津河北区小树林小学教学楼建筑设计

（a）首层平面图；（b）二层平面图；（c）总平面图；（d）剖面图；（e）立面图

1—门厅；2—教室；3—办公室；4—厕所

4.6.3　文化馆

文化馆是新农村开展精神文明建设、组织宣传教育和学习辅导、提供文化娱乐活动的场所，文化馆内部各部门的活动规律各有特点，在布局中应根据不同的特点，进行安排和布置，如图 4-27 所示。

（1）文化馆布置应满足下列要求：

1）文化馆的选址应在位置适中、交通便利、环境优美、便于群众活动的地段。

2）基地至少应设 2 个出入口，主要出入口紧邻主要交通干道时，应留有缓冲距离，对于人流量大且集散较为集中的用房应设有独立的对外出入口。

（2）文化馆基地内应设置自行车和机动车的停放场地，考虑设置画廊、橱窗等宣传设施。由于文化馆部分有闹有静，相互干扰较大，故分散式布置是较好的选择，应结合体形变化和室外休息场地、绿化、建筑小品等，形成优美的室外环境。

（3）文化馆既要注意本身各部分的动静分区，避免互相干扰，又要注意在噪声较大的观演厅、舞厅等用房对其他周围建筑的干扰，尤其是应距医院、敬老院、住宅、幼托等建筑要有一定的距离，并采取必要的防干扰措施，如图 4-28 所示。

（4）文化馆建筑设计实例如图 4-29 所示。

---

❶　摘自张文忠.公共建筑设计原理. 北京：中国建筑工业出版社，2001。

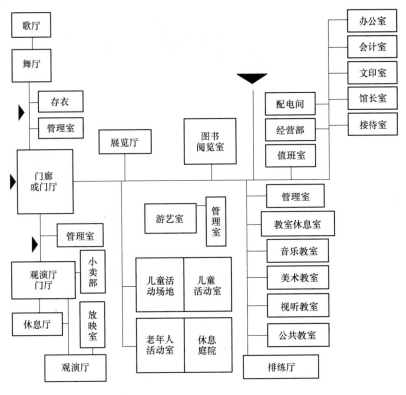

图 4-27 文化馆功能关系分析图

4.6.4 活动站

活动站建筑设计实例如图 4-30 所示。

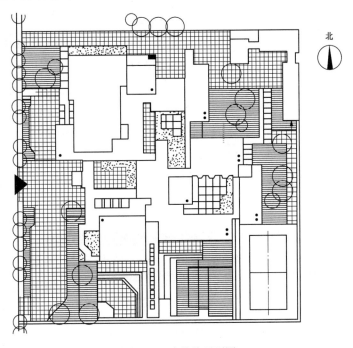

图 4-28 建筑总平面图

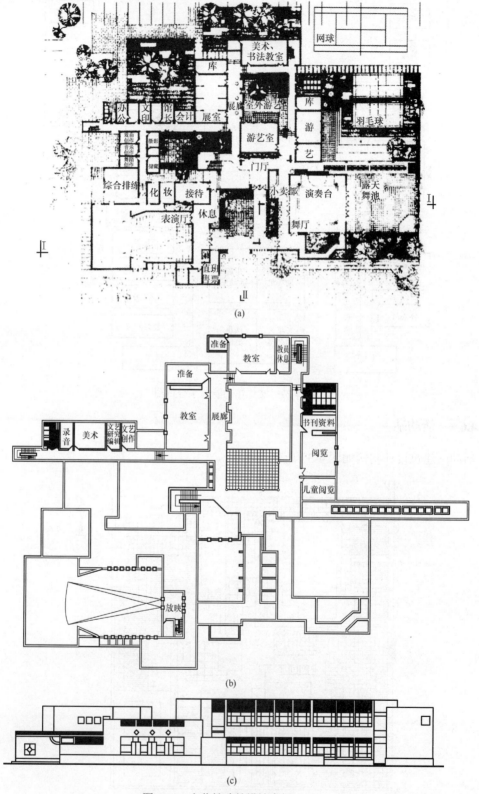

图 4-29　文化馆建筑设计实例（一）

（a）一层平面；（b）二层平面；（c）立面

(d)

图 4-29 文化馆建筑设计实例（二）

（d）效果图

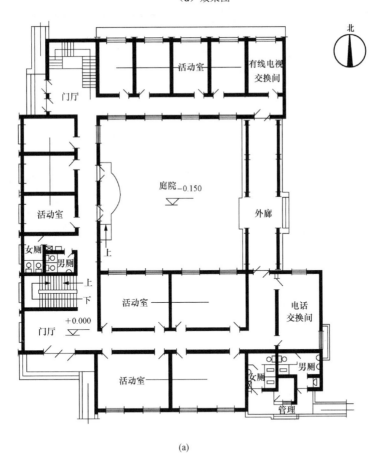

(a)

图 4-30 活动站建筑设计实例（一）

（a）平面图

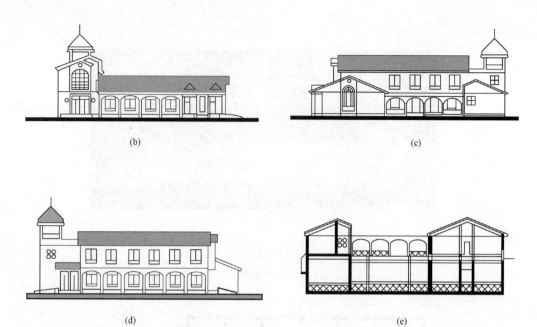

图 4-30　活动站建筑设计实例（二）

（b）南立面；（c）东立面；（d）西立面；（e）剖面

5 新农村住区的道路交通规划设计

新农村人口规模较少，小区的范围又相应较小，新农村住区的道路交通组织有着方便的就近从业和人际关系十分密切的特点，因此在较为简单的同时也就突出了以步行和非机动车（包括非机动和电动的自行车、三轮车）为主要交通方式的特点，因此新农村住区的交通规划应充分考虑这种特点并根据可持续发展进行道路交通组织。

新农村住区的道路布局是住区规划结构的骨架，应以住区的道路交通组织为基础。在为居民创造优美、舒适居住环境的基础上，提供便捷、安全的出行条件。

5.1 道路系统的规划布局原则

（1）新农村住区的道路系统应构架清楚、分级明确、宽度适宜，以满足住区内不同交通功能的要求，形成具有安全、安静的交通系统和居住环境，并充分体现新农村住区的特色风貌。

（2）根据住区的地形、气候、用地规模、规划组织结构类型、总体布局、住区周围交通条件、居民出行活动轨迹和交通设施的发展水平等因素，规划设计经济、出行便捷、结构清晰、宽度适宜的道路系统和断面形式。恰当选择住区主次出入口的位置，不可把住区出入口直接布置在过境公路上。

（3）住区的内外联系道路应通而不畅、安全便捷，要避免往返迂回和外部车辆及行人穿行，镇区主、次干道不应穿越住区（当出现穿越时，应采取确保交通安全的有效措施），避免与居住生活无关的车辆进入，也要避免穿越的路网格局。

（4）应满足居民日常出行需要和消防车、救护车的流向，考虑家用小汽车通行需要，合理安排或预留汽车等机动车停放场（库）地、自行车和摩托车的存放场所，保证通行安全和居住环境的宁静。

（5）住区的道路布置应满足创造良好的居住卫生环境要求，应有利于住宅的通风、日照。

（6）住区道路网应有利于各项设施的合理安排，满足地下工程管线的埋设要求；并为住宅建筑、公共绿地等的布置以及丰富道路景观和创造有特色的环境空间提供有利的条件。

（7）在地震烈度高于六度的地区，应考虑防灾、救灾要求，保证有通畅的疏散通道，保证消防、救护和工程救险车辆的出入。

5.2 道路系统的分级与功能

新农村住区道路系统由住区级道路、划分住宅小宅庭院的组群级道路、庭院内的宅前路及其他人行路三级构成。其功能如下：

（1）住区级道路。其是连接住区主要出入口的道路，人流和交通运输较为集中，是沟通的主要道路。道路断面以一块板为宜，可不专设人行道。在内外联系上要做到通而不畅，力戒外部车辆的穿行，但应保障对外联系安全、便捷。

（2）组群级道路。其是住区各组群之间相互沟通的道路。重点考虑消防车、救护车、居民家用小汽车、搬家车以及行人的通行。道路断面以一块板为宜，可不专设人行道。在道路对内联系上，要做到安全，快捷地将行人和车辆分散到组群内并能顺利地集中到干路上。

（3）宅前路。其是进入住宅楼或独院式各住户的道路，以人行为主，还应考虑少量家用小汽车、摩托车的进入。在道路对内联系中要做到能简捷地将行人输送到支路上和住宅中。

5.3 道路系统的基本形式

新农村住区道路系统的形式应根据地形、现状条件、周围交通情况等因素综合考虑，不要单纯追求形式与构图。住区内部道路的布置形式有内环式、环通式、尽端式、半环式、混合式等，如图 5-1 所示。在地形起伏较大的地区，为使道路与地形紧密结合，还有树枝形、环形、蛇形等。

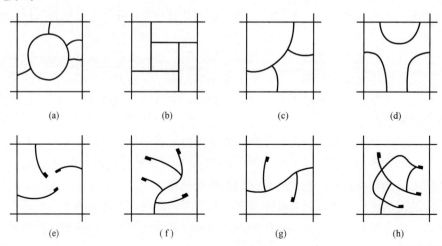

图 5-1 小城镇住区内部道路的布置形式

（a）内环式 1；（b）内环式 2；（c）环通式；（d）半环式；

（e）尽端式 1；（f）尽端式 2；（g）混合式 1；（h）混合式 2

环通式的道路布局是目前普遍采用的一种形式，环通式道路系统的特点是新农村住区内车行和人行通畅、住宅组群划分明确、便于设置环通的工程管网，但如果布置不当，则会导致过境交通穿越小区，居民易受过境交通的干扰，不利于安静和安全。尽端式道路系统的特点是可减少汽车穿越干扰，宜将机动车辆交通集中在几条尽端式道路上，步行系统连续，人行、车行分开，小区内部居住环境最为安静、安全，同时可以节省道路面积，节约投资；但对自行车交通不够方便。混合式道路系统是以上两种形式的混合，发挥环通式的优点，以弥补自行车交通的不便，保持尽端式安静、安全的优点。

5.4 道路系统的布局方式

5.4.1 车行道、人行道并行布置

1. 微高差布置

人行道与车行道的高差为 30cm 以下，如图 5-2 所示。这种布置方式行人上、下车较为方便，道路的纵坡比较平缓，但大雨时，地面迅速排除水有一定难度，这种方式主要适用于地势平坦的平原地区及水网地区。

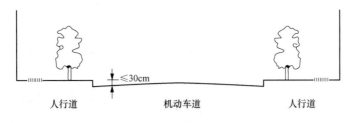

图 5-2   微高差布置示意图

2. 大高差布置

人行道与车行道的高差在 30cm 以上，隔适当距离或在合适的部位应设梯步将高低两行道联系起来，如图 5-3 所示。这种布置方式能够充分利用自然地形，减少土石方量，节省建设费用，且有利于地面排水，但行人上、下车不方便，道路曲度系数大，不易形成完整的住区道路网络，主要适用于山地、丘陵地的小区。

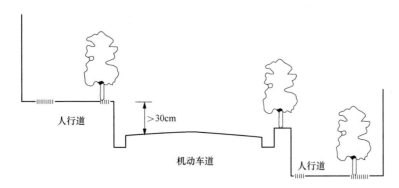

图 5-3   大高差布置示意图

3. 无专用人行道的人车混行路

这种布置方式已为各地住区普遍使用，是一种常见的交通组织形式，比较简便、经济，但不利于管线的敷设和检修，车流、人流多时不太安全，主要适用于人口规模小的住区的干路或人口规模较大的住区支路。

5.4.2 车行道、人行道独立布置

这种布置方式应尽量减少车行道和人行道的交叉，减少相互间的干扰，应以并行布置和

步行系统为主来组织道路交通系统，但在车辆较多的住区内，应按人车分流的原则进行布置。适合于人口规模比较大、经济状况较好的小城镇住区，如图 5-4 所示。

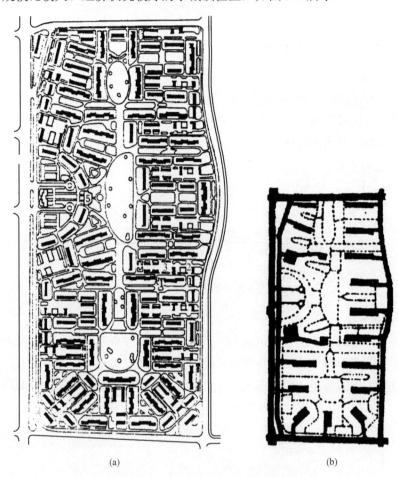

(a)　　　　　　　(b)

图 5-4　车行道、人行道独立布置

（a）总平面图；（b）道路分析图

1. 步行系统

由各住宅组群之间及其与公共建筑、公共绿地、活动场地之间的步行道构成，路线应简捷，无车辆行驶。步行系统较为安全、随意，便于人们购物、交往、娱乐、休闲等活动。

2. 车行系统

道路断面无人行道，不允许行人进入，车行道是专为机动车和非机动车通行的，且自成独立的路网系统。当有步行道跨越时，应采用信号装置或其他管制手段，以确保行人安全。

5.5　道路系统的设计要求

（1）住区道路的出入口。新农村住区内的主要道路，至少应有两个方向的出入口与外围道路相连。机动车道对外出入口的数量应控制，一般应不少于两个，但也不应太多。其出入口间距不应小于 150m，若沿街建筑物跨越道路或建筑物长度超过 150m 时，应设置不小于 4m×4m 的消防车道。人行出口间距不宜超过 80m，当建筑物长度超过 80m 时，应在底层加设人行通道。住区的出入口不应设在过境公路的一侧，应尽量避免在镇区主干道开设住区的出入口。

（2）住区级道路与对外交通干线相交时，其交角最好是 90°，且不宜小于 75°。

（3）小城镇住区内的尽端式道路的长度不宜大于 120m，并应在尽端设置不小于 12m×12m 的回车场地。

（4）当小区内用地坡度大于 8%时，应辅以梯步解决竖向交通，并宜在梯步旁附设自行车推车道。

（5）在多雪地区，应考虑堆积清扫道路积雪面积，小区内道路可酌情放宽。

（6）住区道路设计的控制指标。

1）新农村住区道路控制线间距及路面宽度见表 5-1。

表 5-1　　　　　　　　　新农村住区道路控制线间距及路面宽度

道路名称	建筑控制线之间的距离		路面宽度	备　注
	采暖区	非采暖区		
小区及道路	16～18m	14～16m	6～7m	（1）应满足各类工程管线埋没要求； （2）严寒积雪地区的道路路面应考虑防滑措施并应考虑堆放清扫道路积雪的面积、路面可适当放宽； （3）地震区道路宜做柔性路面
住宅组群级道路	12～13m	10～11m	3～4m	
宅前路及其他人行路	—	—	2～2.5m	

2）新农村住区内道路纵坡控制参数见表 5-2。

表 5-2　　　　　　　　　新农村住区内道路纵坡控制参数

道路类别	最小纵坡（%）	最大纵坡（%）	多雪严寒地区最大纵坡（%）
机动车道	0.3	8.0（$L \leq 200m$）	5.0（$L \leq 600m$）
非机动车道	0.3	3.0　$L \leq 50m$	2.0　$L \leq 100m$
步行道	0.5	8.0	4

注　L 为坡长。

3）新农村住区道路缘石半径控制指标见表 5-3。

表 5-3　　　　　　　　　新农村住区道路缘石半径控制指标

道路类型	缘石半径（m）
小区级道路	≥9
组群级道路	≥6
宅前道路	—

注　地形条件困难时，除陡坡处外，最小转弯半径可减少 1m。

4）新农村住区道路最小安全视距见表 5-4。

表5-4 新农村住区道路最小安全视距

视距类别	最小安全视距（m）
停车视距	15
会车视距	30
交叉口停车视距	20

5）新农村住区道路边缘及建筑物、构筑物最小距离控制指标见表5-5。

表5-5 新农村住区道路边缘及建筑物、构筑物最小距离控制指标

与建筑物、构筑物的关系		道 路 类 别	
		小区级道路（m）	组群级道路和宅前道路（m）
建筑物面向道路	无出入口	3	2
	有出入口	5	2.5
建筑物山墙面向道路		2	1.5
周围面向道路		1.5	1.5

注 建筑物为低层、多层。

6）新农村住区用地构成控制指标见表5-6。

表5-6 新农村住区用地构成控制指标 hm²

项目	居住小区		住宅组群		住宅庭院	
	Ⅰ级	Ⅱ级	Ⅰ级	Ⅱ级	Ⅰ级	Ⅱ级
住宅建筑用地	54～62	58～66	72～82	75～85	76～86	78～88
公共建筑用地	16～22	12～18	4～8	3～6	2～5	1.5～4
道路用地	10～16	10～13	2～6	2～5	1～3	1～2
公共绿地	8～13	7～12	3～4	2～3	2～3	1.5～2.5
总计用地	100	100	100	100	100	100

5.6 道路系统的线型设计

住区的道路线型设计应根据基址的地形地貌、交通安全、用地规模、气象条件、住宅的方位选择、道路的景观组织和基础设施的布置等综合考虑。

5.6.1 与基地形状结合的道路线型

福清龙田镇上一住区由于进入镇区干道穿越基地，北面用地北临溪流和进镇干道平行形成了狭长的居住用地，而南侧用地虽然南北进深较大，但又呈南窄北宽的倒梯形。为此，小区南侧用地采用半圆形的道路线型，使其与倒梯形密切配合，便于住宅布置，北面可在进镇干道上开设与此侧用地对应的两个出入口，使得进镇干道两侧小区组成既便于相对独立，又便于联系的道路系统，如图5-5所示。

5.6.2 与气象条件结合的道路线型

优秀传统建筑文化在基地选址上特别强调，我国地处北半球，住宅布局应选择坐北朝南，

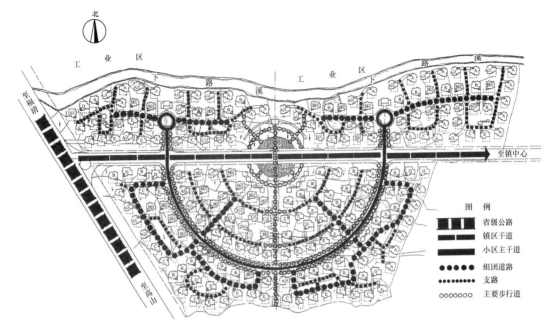

图 5-5　与基地形状结合的道路线型

依山面水，以便寻得"穴暖而万物萌生"的优雅之地。厦门黄厝跨世纪农民新村位于台湾海峡西岸的厦门岛东海岸，北面为著名风景区万石山，南临大海。小区主干道采用了西南向东略带弧形的线型，以回避冬季强烈的东北向寒风对基地的侵袭，同时又便于引进夏季的西南和南向的和风，如图 5-6 所示。

图 5-6　与气象条件结合的道路线型

5.6.3　与基地水系结合的道路线型

（1）浙江绍兴寺桥村居住小区有一条弯曲的小河从住区穿过，住区道路采用与小河弯曲平行的线型设计，使得住区的空间组织富于变化，如图5-7所示。

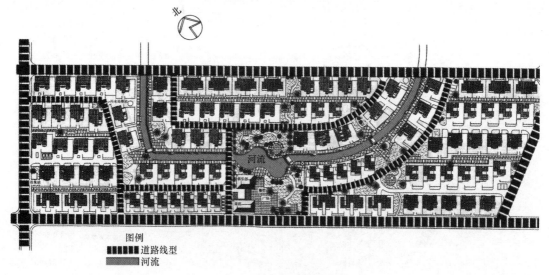

图5-7 与基地水系结合的道路线型（一）

（2）福建三明市岩前镇桂花潭住区，北面为城镇东西向干道，南侧被弧形的鱼塘溪和桂花潭沙滩所环抱，因势利导地采用了与沙滩平行的弧形道路，形成了颇具特色的空间景观，如图5-8所示。

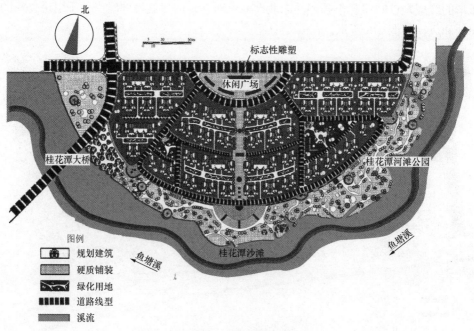

图5-8 与基地水系结合的道路线型（二）

（3）湖州市东白鱼潭住区主干道的线型与水系互为呼应，如图5-9所示。

5.6.4 与传统文化结合的道路线型

为了展现伊斯兰文化崇尚月牙和组织以教堂为核心的居住生活，在伊拉克南部油田工程师住宅区的道路交通系统的线型设计中，根据用地条件宽松、气候条件对住宅方位没有严格要求和希望能够营造浓荫覆盖的居住环境，选用 3 条不同宽度的道路组成了月牙形的环形主干道。20m 宽主干道使住宅区形成了 2 个与城市主干道连接的出入口；在其中间布置了联系住宅区公共建筑的 12m 宽中心环形干道，同时沟通了各住区与教堂、商业服务、文化活动、医院等的联系；用 15m 宽的月牙形干道把住宅区 2 个出入口的 20m 宽主干道延伸进入住宅区内部，形成连接各住区的内部月牙形主干道。以教堂为中心，在半个环形范围内向外放射的 8 条 6m 宽的次干道，不仅把 12m 宽的环形主干道和 15m 宽的月牙形主干道连接起来，还形成了每两条贯穿

道路　　　　河流

图 5-9　与基地水系结合的道路线型（三）

一个住区的主干道。使得整个住宅区的道路交通组织不仅构架清晰、分级明确、安全便捷，而且取得良好的道路景观效果，如图 5-10 所示。

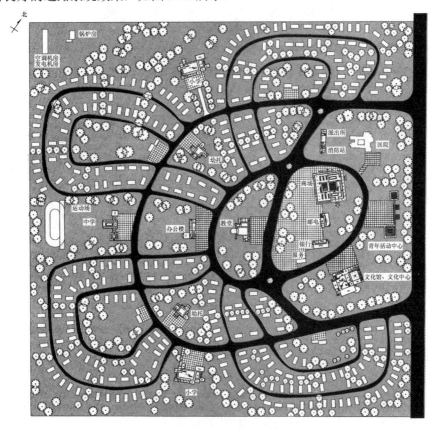

图 5-10　与传统文化结合的道路线型

5.6.5　与周围道路结合的道路线型

（1）浙江东阳横店镇小康住宅生态村采用 S 型的干道线型，使得全村的道路网很好地与周围极不规则的城镇干道密切配合，从而新村的建筑空间布局可以采用颇为活跃的点式布置方式，如图 5-11 所示。

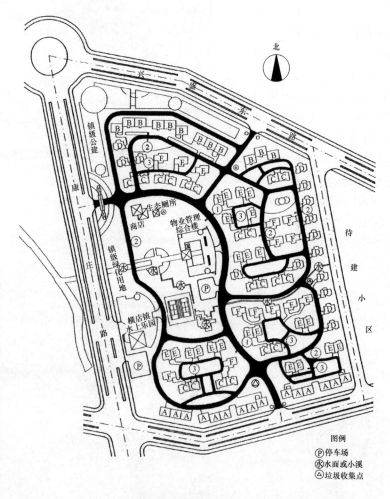

图 5-11　与周围道路结合的道路线型（一）

（2）福建东山杏陈镇庐祥居住小区处于两条镇区主干道之间的狭长地段，弯曲的小区主干道的南北两段与小区东侧的镇区主干道平行，中段与西侧的镇区主干道采用同样曲率的弧形，使得住宅空间布局融于环境中，如图 5-12 所示。

（3）Y 形城镇干道把福建永定县坎市镇南洋小区划分为三部分，小区内部干道组织各自自平行于城镇主干道的小区干道，使三者既有方便的联系，又能相对独立，为城镇提供了很多沿街的商业和公共设施，方便居民的生活，如图 5-13 所示。

（4）福建明溪西门住区处于过境公路和进入镇区主干道相夹的三角地带，小区主干道网分别由平行于城镇主干道的道路网组成，如图 5-14 所示。

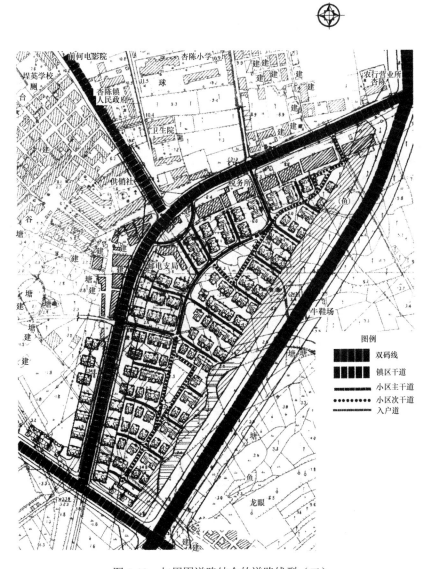

图 5-12 与周围道路结合的道路线型（二）

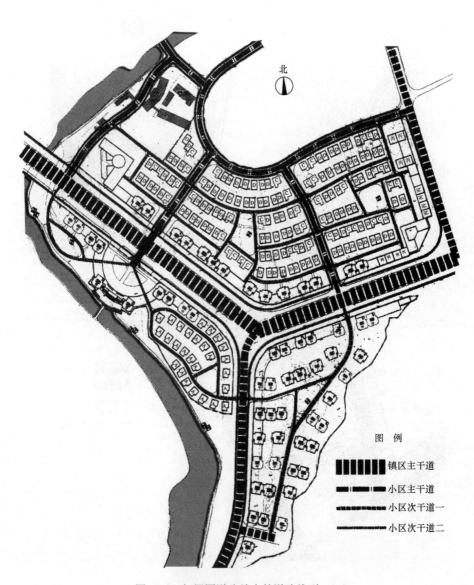

图 5-13 与周围道路结合的道路线型（三）

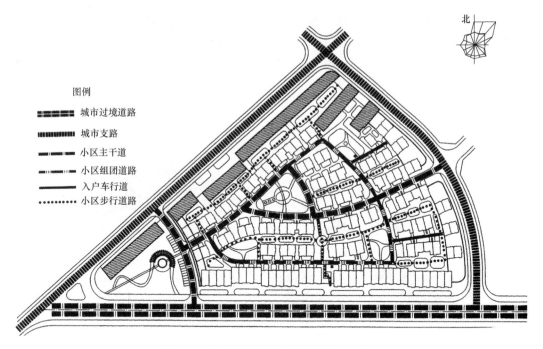

图 5-14　与周围道路结合的道路线型（四）

5.6.6　与山地地形结合的道路线型

（1）地处山地的龙岩市新罗区铁山镇华亿住区受山地地形中部较陡、不宜开发的条件限制，布置了顺应山坡等高线的弯曲道路线型的双层"Y"小区主干道，把住区划分为三个住宅组群，如图 5-15 所示。

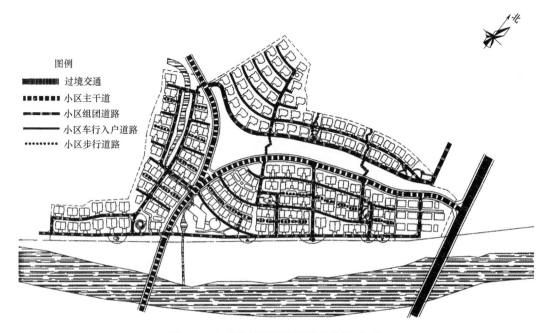

图 5-15　与山地地形结合的道路线型（一）

（2）福建上杭县步云乡马坊新村地处峡谷地带，由峡谷底的主干道和顺应等高线的弧形道路组成环形道路网，如图 5-16 所示。

（3）处在过境公路和山坡狭窄地形的福建沙县市青河镇青河住区，布置了顺应山形地势的道路弯曲线型，使得住宅群体与山形地势互为结合，如图 5-17 所示。

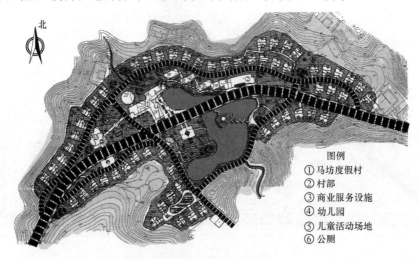

图例
① 马坊度假村
② 村部
③ 商业服务设施
④ 幼儿园
⑤ 儿童活动场地
⑥ 公厕

图 5-16　与山地地形结合的道路线型（二）

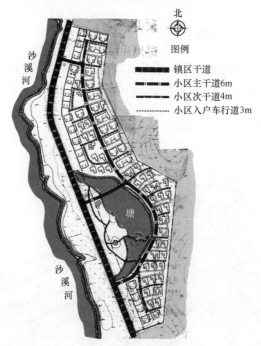

图例
━━ 镇区干道
━━ 小区主干道6m
━━ 小区次干道4m
┈┈ 小区入户车行道3m

图 5-17　与山地地形结合的道路线型（三）

6 新农村住区的绿化景观规划设计

经济的发展、社会的进步，居住环境的质量已引起人们的高度关注。住区的绿化景观应满足相关方面的规定，并充分利用墙面、屋顶、露台、阳台等扩大绿化覆盖，提高绿化质量。绿地的分布应结合住宅及其群体布置采用集中与分散相结合的方式，便于居民使用。集中绿地要为密切邻里关系、增进身心健康，并根据各地区的自然条件和民情风俗进行布置，要为老人安排休闲及交往的场所，要为儿童设置游戏活动场地。新农村住区的环境绿化应充分利用地形地貌，保护自然生态，创造综合效益好又各具特色的绿化系统。对处于新农村住区内能体现地方历史与文化的名胜古迹、古树、碑陵等人文景观，应采取积极的保护措施。在住区的公共活动地段和主要道路附近，应设置符合环保要求的公共厕所。对生活垃圾进行定点收集、封闭运输，以便进行统一消纳。此外，还应利用各具特色的建筑小品，创造美好的意境。

6.1 新农村住区绿地的组成和布局原则

6.1.1 组成

新农村住区的绿地系统由公共绿地、专用绿地、宅旁和庭院绿地、道路绿地等构成。其各类绿地所包含的内容如下：

（1）公共绿地。指住宅住区内居民公共使用的绿化用地。如住区公园、林荫道、居住组团内小块公共绿地等，这类绿化用地往往与住区内的青少年活动场地、老年人和成年人休息场地等结合布置。

（2）专用绿地。指住区内各类公共建筑和公用设施等的绿地。

（3）宅旁和庭院绿地。指住宅四周的绿化用地。

（4）道路绿地。指住区内各种道路的行道树等绿地。

6.1.2 住区绿地的标准

住区绿地的标准，是用公共绿地指标和绿地率来衡量的。住区的人均公共绿地指标应大于 $1.5m^2$/人；绿地率（住区用地范围内各类绿地的总和占住区用地的比率）的指标应不低于30%。

6.1.3 新农村住区绿化景观规划的布局原则

1. 新农村住区绿化景观规划设计的基本要求

（1）根据住区的功能组织和居民对绿地的使用要求，采取集中与分散、重点与一般，点、线、面相结合的原则，以形成完整统一的住区绿地系统，并与村镇总的绿地系统相协调。

（2）充分利用自然地形和现状条件，尽可能利用劣地、坡地、洼地进行绿化，以节约用地，对建设用地中原有的绿地、湖河水面等应加以保留和利用，节省建设投资。

（3）合理地选择和配置绿化树种，力求投资少，收益大，且便于管理，既能满足使用功能的要求，又能美化居住环境，改善住区的自然环境和小气候。

2. 住区绿化景观规划布局的基本方法

（1）点、线、面相结合如图 6-1 所示。

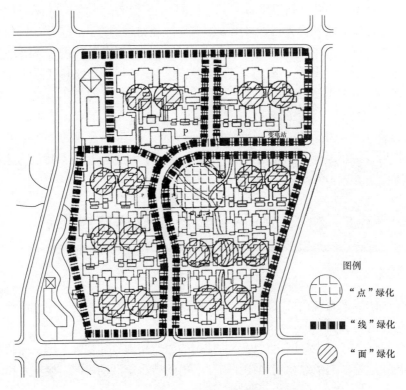

图 6-1　点、线、面相结合的绿化系统

以公共绿地为点，路旁绿化及沿河绿化带为线，住宅建筑的宅旁和宅院绿化为面，三者相结合，有机地分布在住区环境之中，形成完整的绿化系统。

（2）平面绿化与立体绿化相结合。立体绿化的视觉效果非常引人注目，在搞好平面绿化的同时，也应加强立体绿化，如对院墙、屋顶平台、阳台的绿化，棚架绿化以及篱笆与栅栏绿化等。立体绿化可选用爬藤类及垂挂植物。

（3）绿化与水体结合布置，营造亲水环境，如图 6-2 所示。

应尽量保留、整治、利用住区内的原有水系，包括河、渠、塘、池。应充分利用水源条件，在住区的河流、池塘边种植树木花草，修建小游园或绿化带；处理好岸形，岸边可设置让人接近水面的小路、台阶、平台，还可设花坛、座椅等设施；水中养鱼，水面可种植荷花。

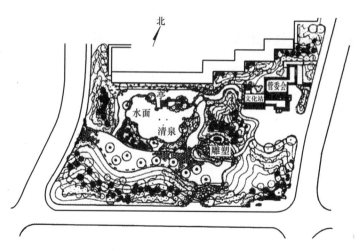

图 6-2 绿化与水体结合布置

（4）绿化与各种用途的室外空间场地、建筑及小品结合布置，结合建筑基座、墙面，可布置藤架、花坛等，丰富建筑立面，柔化硬质景观；将绿化与小品融合设计，如坐凳与树池结合，铺地砖间留出缝隙植草等，以丰富绿化形式，获得彼此融合的效果；利用花架、树下空间布置停车场地；利用植物间隙布置游戏空间等。

（5）观赏绿化与经济作物绿化相结合。新农村住区的绿化，特别是宅院和庭院绿化，除种植观赏性植物外，还可结合地方特色种植一些诸如药材、瓜果和蔬菜类的花卉和植物。

（6）绿地分级布置。住区内的绿地应根据居民生活需要，与住区规划组织结构对应分级设置，分为集中公共绿地、分散公共绿地、庭院绿地及宅旁绿地四级。绿地分级配置要求见表6-1。

表 6-1　　　　　　　　　　　　　　　绿地分级设置要求

分级	属性	绿地名称	设计要求	最小规模（m²）	最大步行距离（m²）	空间属性
一级	点	集中公共绿地	（1）配合总体，注重与道路绿化衔接； （2）位置适当，尽可能与住区公共中心结合布置； （3）利用地形，尽量利用和保留原有自然地形和植物； （4）布局紧凑，活动分区明确； （5）植物配植丰富、层次分明	≥750	≤300	公共
二级	点	分散公共绿地	（1）有开敞式或半开敞式； （2）每个组团应有一块较大的绿化空间； （3）以绿化低矮的灌木、绿篱、花草为主，点缀少量高大乔木	≥200	≤150	公共
	线	道路绿地	乔木、灌木或绿篱			
三级	面	庭院绿地	以绿化为主，重点考虑幼儿园、老人活动场所	≥50		半公共
四级		宅旁绿地和宅院绿地	（1）宅旁绿地以开敞式布局为主； （2）庭院绿地可为开敞式或封闭式； （3）注意划分出公共与私人空间领域； （4）院内可搭设棚架，布置水池、种植果树、蔬菜、芳香植物； （5）利用植物搭配、小品设计增强标志性和可识别性			半私密

6.1.4 新农村住区绿化景观的树种选择和植物配植原则

新农村住区绿化树种的选择和配置对绿化的功能、经济和美化环境等各方面作用的发挥、绿化规划意图的体现有着直接关系，在选择和配置植物时，原则上应考虑以下几点：

（1）住区绿化是大量而普遍的绿化，宜选择易管理、易生长、省修剪、少虫害和具有地方特色的优良树种，一般以乔木为主，也可考虑一些有经济价值的植物。在一些重点绿化地段，如住区的入口处或公共活动中心，可先种一些观赏性的乔木、灌木或少量花卉。

（2）要考虑不同的功能需要，如行道树宜选用遮阳力强的阔叶乔木，儿童游戏场和青少年活动场地忌用有毒或带刺植物，而体育运动场地则避免采用大量扬花、落果、落花的树木等。

（3）为了使住区的绿化面貌迅速形成，尤其是在新建的住区，可选用速生和慢生的树种相结合，以速生树种为主。

（4）住区绿化树种配置应考虑四季景色的变化，可采用乔木与灌木，常绿与落叶以及不同树姿和色彩变化的树种，搭配组合，以丰富住区的环境。

（5）住区各类绿化种植与建筑物、管线和构筑物的间距见表6-2。

表6-2　　　　　　　　　　种植树木与建筑物、构筑物、管线的间距

名称	最小间距（m）		名称	最小间距（m）	
	至乔木中心	至灌木中心		至乔木中心	至灌木中心
有窗建筑物外墙	3.0	1.5	给水管、闸	1.5	不限
无窗建筑屋外墙	2.0	1.5	污水管、雨水管	1.0	不限
道路侧面、挡土墙脚、陡坡	1.0	0.5	电力电缆	1.5	
人行道边	0.75	0.5	热力管	2.0	1.0
高2m以下围墙	1.0	0.75	弱电电缆沟、电力电信	2.0	
体育场地	3.0	3.0	杆、路灯电杆		
排水明沟边缘	1.0	0.5	消防龙头	1.2	1.2
测量水准点	2.0	1.0	煤气管	1.5	1.5

6.2 新农村住区公共绿地的绿化景观规划设计

6.2.1 新农村住区公共绿地的概念及功能

1. 公共绿地的概念

公共绿地是指满足规定的日照要求，适于安排游憩活动设施的供居民共享的游憩绿地。主要包括住区级、组群级或院落级公共绿地。

2. 新农村住区公共绿地的主要功能

（1）创造户外活动空间，为居民提供各种游憩活动所需的场地，其中包括交往场所、娱乐场地、健身场地、儿童及老年人活动场地等。

（2）创造优美的自然环境。通过对各种植物的合理搭配，创造出丰富的植物景观，不仅具有一定的生态作用而且还能使住区更加宜人、更加亲切。

（3）防灾减灾。住区公共绿地不仅可以成为抗灾救灾时的安全疏散和避难场地，还可以作为战时的隐蔽防护、用于吸附放射性有害物质等。

6.2.2 新农村住区公共绿地布置的基本形式

住区公共绿地的布置形式大体上可分为规则式、自然式和混合式 3 种。

（1）规则式。平面布局采用几何形式，有明显的中轴线，中轴线的前后左右对称或拟对称，地块主要划分成几何形体。植物、小品及广场等呈几何形有规律地分布在绿地中。规则式布置给人一种规整、庄重的感觉，但形式不够活泼，如图 6-3、图 6-4 所示。

图 6-3 规则式的中心公共绿地平面

（2）自然式。平面布局较灵活，道路布置曲折迂回，植物、小品等较为自由地布置在绿地中，同时结合自然的地形、水体等丰富景观空间。植物配植一般以孤植、丛植、群植、密林为主要形式。自然式的特点是自由活泼，易创造出自然别致的环境，如图 6-5 所示。

图 6-4　规则式的中心公共绿地

图 6-5　自然式的中心公共绿地

（3）混合式。混合式是规则式与自然式的交错组合，没有控制整体的主轴线或副轴线。一般情况下可以根据地形或功能的具体要求来灵活布置，最终既能与建筑相协调又能产生丰富的景观效果。主要特点是可在整体上产生韵律感和节奏感，如图 6-6 所示。

图 6-6　混合式的中心公共绿地

6.2.3　住区级公共绿地的绿化景观规划设计

住区级公共绿地是住区绿地系统的核心，具有重要的生态、景观和供居民游憩的功能。住区居民对公共绿地的需求是显而易见的，它可以为居民提供休息、观赏、交往及文娱活动的场地，是社区邻里交往的重要场所之一。

1. 住区级公共绿地在住区内的布局

一般情况下，新农村住区级公共绿地的位置主要有两种，一是布置在住区的内部，通常是在住区的中心地带，另一种布置在住区的外层位置。

（1）布置在住区内部的住区级公共绿地的主要特征。

1）绿地至住区各个方向的服务距离比较均匀，服务半径小，便于居民使用和绿地的功能效应、生态效应的发挥。

2）公共绿地四周由住宅组群所环绕，形成的空间环境比较安静和完整，因而受住区外界的人流、车流交通影响小，绿地的领域感和安全感较强。同时在住区整体空间上有疏有密，有虚有实，层次丰富，如图 6-7 所示。

（2）布置在住区地带的住区级公共绿地的主要特征。

1）绿地一般是结合住区出入口，沿街布置，如图 6-8 所示；或者是利用自然环境条件、现状条件，如河流、山坡、现有小树林等布置。

2）绿地沿街布置时利用率较高，特别是老人、小孩十分喜爱在那里游戏、交往、健身。因为是那里来来往往的人员多，到达方便，聚合性强，社会信息量多，内容广泛，并能看到住区外部的精彩生活。此外，绿地也可起到美化小城镇、丰富街道的景观空间和环境的作用。图 6-9 所示是公共绿地与公共活动中心相结合的清口镇住宅示范住区。

图 6-7 住区内部的住区级公共绿地

图 6-8 住区外围地带的住区级公共绿地

北

图 6-9　公共绿地与公共活动中心相结合的青口镇住宅示范住区

　　3）利用自然条件设置的住区级绿地，有特色和个性，环境条件好，比较安静，与人的亲水性、亲自然性的心理相适应。图 6-10 所示是南靖县园美住区利用原有集中绿地组织成住区公共中心绿地。

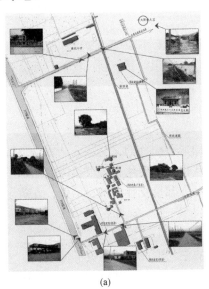

(a)

(b)

图 6-10　南靖县园美住区
（a）现状图；（b）规划总平面图

2.　住区级公共绿地的规划设计

（1）新农村住区级公共绿地的绿化景观设计必须要注意以下几方面的问题：

1）与住区总体布局相协调。小区级公共绿地不是孤立存在的，必须配合住区总体布局融入整个住区之中。要结合公共活动及休息空间，综合考虑，全面安排，同时也要做到与新农村的绿化系统衔接，特别是与道路绿化的衔接，这样非常有利于体现住区的整体空间效应。

2）位置适当。应首先考虑方便居民使用，同时最好与住区公共活动中心相结合（如图 6-9 所示），形成一个完整的居民生活中心，如果原有绿化较好，要充分利用其原有绿化。

3）规模合理。住区级公共绿地的用地面积应根据其功能要求来确定，采用集中与分散相结合的方式，一般住区级绿地面积宜占住区全部公共绿地面积的 1/2 左右。

《2000 年小康型城乡住宅科技产业工程村镇示范住区规划设计导则》规定，住区级公共绿地的最小规模为 750m^2；配置中心广场、草木水面、休息亭椅、老幼活动设施、停车场地，铺装地面等。

4）布局紧凑。应根据使用者不同年龄特点划分活动场地和确定活动内容，场地之间既要分隔，又要紧凑，将功能相近的活动布置在一起。

5）充分利用原自然环境。对于基地原有的自然地形、植物及水体等要予以保留并充分利用，设计应结合原有环境，创造丰富的景观效果。

小城镇原有的住区建设在住区级公共绿地方面是个"空白"（如图 6-10 所示），即公共绿地比较缺乏。20 世纪 90 年代开始实施的村镇小康住宅示范工程，住区级、组群级公共绿地的规划与建设开始得到重视，在一些开展村镇住区的试点和示范工程中已积累了一些经验，但尚需深入研究。城市住区从 20 世纪 90 年代以来，发展迅速。通过二十多年的摸索，特别是通过五批"城市住宅试点小区"和"小康住宅示范工程"的实施，在小区、组团、组群的环境建设方面积累了较为丰富的经验，新农村住区的建设从中可以得到一定的启示。

（2）新农村住区级公共绿地绿化景观建设实例分析。

为了更好地展现小区级公共绿地绿化景观建设的效果，特以厦门海沧区东方高尔夫国际社区的中心公共绿地为例进行分析，如图 6-11 所示。

6.2.4　组群级绿地的绿化景观规划设计

新农村住区组群绿地是结合住宅群的不同布局形态配置的又一级公共绿地。随着组团的布置方式和布局手法的变化，其大小、位置和形状也相应变化。组群级绿地面积不大，靠近住宅，主要为本组群的居民共同使用，是户外活动、邻里交往、健身锻炼、儿童游戏和老人聚集的良好场所。

1.　组群级绿地的特点

（1）面积不大，能较充分地利用建筑组团间的空间形成绿地，灵活性强。

（2）服务半径小，一般在 80～120m 之间，步行 1～2min 便可到达，是居民使用频率较高的绿地，为居民提供了一个安全、方便、舒适的游憩环境和社会交往场所。

（3）改善住宅组团的通风、光照条件，丰富了组团环境景观的面貌。

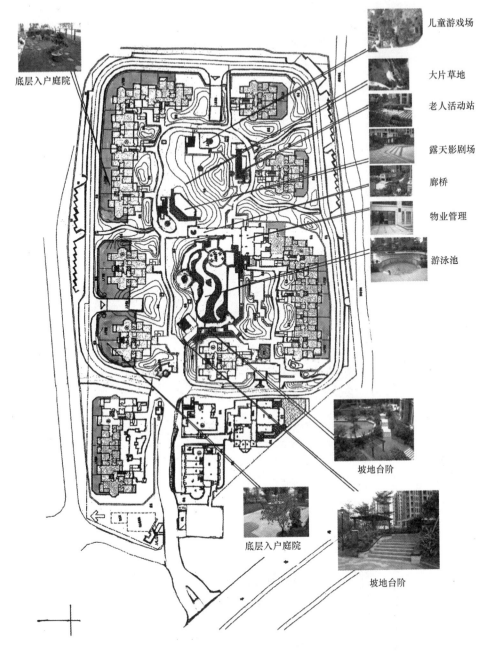

儿童游戏场

大片草地

老人活动站

露天影剧场

廊桥

物业管理

游泳池

底层入户庭院

坡地台阶

底层入户庭院

坡地台阶

图 6-11 厦门海沧区东方高尔夫国际社区中心绿地分析图

2. 组群级绿地的类型

根据新农村住宅组群级绿地在住宅群的位置，可将组群级绿地归纳为周边式住宅群的中间、行列式住宅的山墙之间、扩大的住宅间距之间、住宅群体的一侧、住宅群体之间、临街、结合自然条件 7 种布置方式。

（1）周边式住宅群的中间。住宅建筑采用周边式布置就能在其中间获得较大的院落。这类组群级绿地空间的围合度强，空间的封闭感和领域性强，能密切邻里关系，建筑围合的组群级公共绿地如图 6-12 所示。

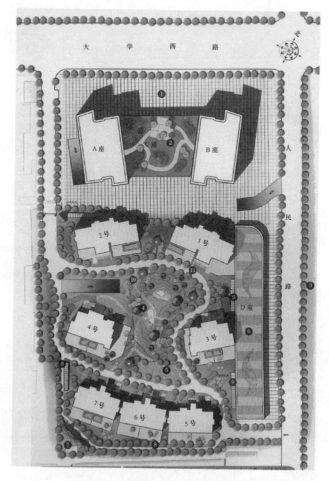

图 6-12 建筑围合的组群级公共绿地

（2）行列式住宅的山墙之间。将行列式住宅间山墙距离适当加大，就能形成这类绿地。其特点是，使用时受住户的视线干扰少，日照比较充足，如与道路配合得当，绿地的可达性强，使用效果好，如图 6-13 所示。

图 6-13 行列式住宅山墙间绿地

（3）扩大的住宅间距之间。在行列式布置的住宅群体中，适当扩大住宅之间的间距，可形成住宅组群级绿地。间距的大小一般应满足有不少于 1/3 的绿地面积在标准的建筑日照阴影线范围之外的要求。在北方的住区中常采用这种形式布置绿地。这类绿地存在的主要问题是住户对院落的视线干扰严重，使用效果受到影响。

（4）住宅组团的一侧。住宅组群结合地形等现状情况和空间组合的需要，将住宅组群绿地置于住宅组团的一侧。这样可充分利用土地，避免出现消极空间。如山东淄博金茵小区一住宅群的绿地如图 6-14 所示。

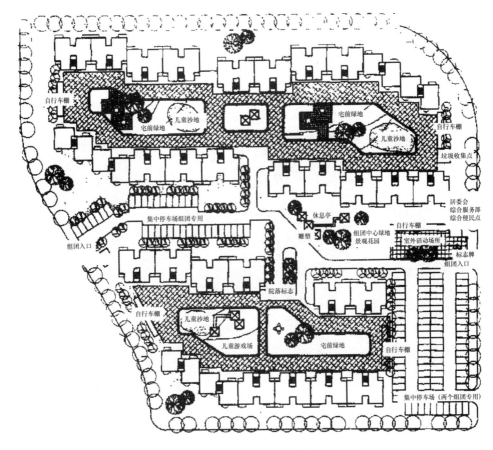

图 6-14　山东淄博金茵小区一住宅群的绿地

（5）住宅群体之间。将绿地置于两个或三个住宅组群之间，这种布置形式使原本较小的每个组群的绿地相对集中起来，从而取得较大的绿化面积，有利于安排活动项目、安放活动设施和布置场地，如图 6-15 所示。

（6）临街组团绿地。住宅组群级绿地设在临街部位，是一种绿化结合道路布置的形式。其特点是有利于改善道路沿线的空间组合和景观形象，同时绿地也向城镇开放，是城镇绿化系统组成部分。如安徽龙亢农场滨河村的绿地（如图 6-16 所示）。

（7）结合自然条件布置。当住区范围内有河、小山坡等自然条件时，其绿地可结合自然水体布置，互为因借，以取得较好的景观环境，如图 6-17 所示。

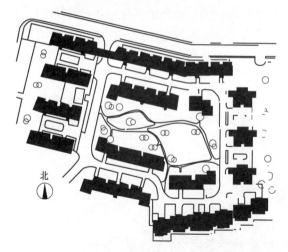

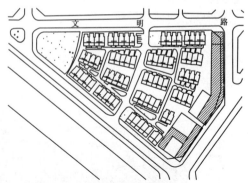

图 6-15 住宅群体之间的组团绿地　　　　　　图 6-16 安徽龙亢农场滨河村的绿地

图 6-17 结合自然水体布置的组团级绿地

3. 住宅组团间绿地与环境的关系

小城镇贴近自然，在新农村住区绿化景观的规划中，不仅必须努力把住区的公共绿地、组团绿地、宅旁绿地以及组团间的绿地共同组成一个统一的绿化景观系统，而且应该特别重视住区与周围自然环境相互呼应，使小城镇的住区完全融汇到自然环境中，互为映衬，相得益彰。这是城市住区严重缺乏的，也是新农村住区绿化景观建设的亮点，必须努力加以营造。厦门黄厝跨世纪农民新村的规划就是一个较为典型的范例，如图 6-18 所示。

（1）弘扬传统的空间序列，如图 6-18（a）所示。

在住宅组团的布置中，吸取了闽南建筑文化神韵中丰富多变的层次，采用毗联式多层与低层相结合，高密度院落式的布置形式。不仅为每套住宅都争取到东南或西南较好的朝向，还根据住区干道线型变化和环境特征，对住栋的长度和高度加以控制，以六种住宅类型组成错落有序，异态各异，既统一又有变化的七个住宅组团，并对不同组团饰

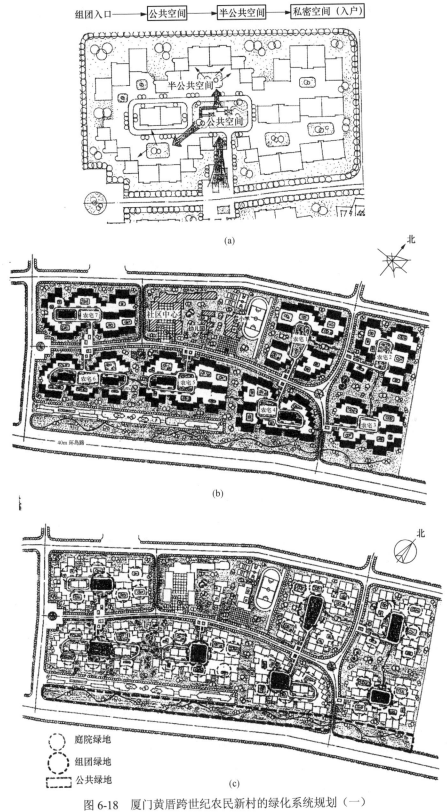

图 6-18　厦门黄厝跨世纪农民新村的绿化系统规划（一）

（a）弘扬传统的空间序列；（b）利用环境的组团布置；（c）组织景观的绿化系统

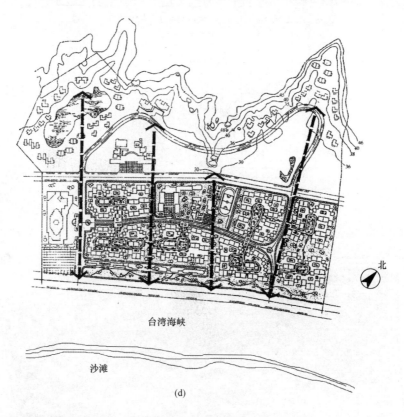

图 6-18　厦门黄厝跨世纪农民新村的绿化系统规划（二）

（d）融于自然的视觉走廊

以不同的色彩，从而提高了住宅组团的识别性。七个独具特色的组团与绿化系统的有机融合，使得无论从海边，还是在山上、沿环岛路或小区间道路都可以观赏到绿郁葱葱的树木，掩映着色彩艳丽、造型别致的楼宇所形成的自然风光，给人以富含闽南特色和浓厚生活气息的感受。

（2）利用环境的组团布置，如图 6-18（b）所示。

农宅区规划除了积极保护基地上的绿化原貌外，加宽了组团间的邻里绿带，极为自然地嵌入住宅组团，并与小区干道的林荫组成方格状的绿化网，同时着重布置了组团内的公共绿地和宅前绿地，从而形成别具特色的网点，结合绿化系统，使得绿化系统与住宅组团得到有机的融合。

（3）组织景观的绿化系统，如图 6-18（c）所示。

利用邻里绿带布置闽南独特的石亭、石桌椅等园林小品以及曲折变化的游廊、步行道、山石兰竹，不仅可为居民提供休闲和消夏纳凉、邻里交往的场所，使得农宅区与山海融为一体，并具浓郁的乡土气息。

（4）融于自然的视线走廊，如图 6-18（d）所示。

组团间的邻里绿带和道路布置相结合，形成四条景观视线走廊，加强了山与海的关系，使山石与海礁、林木与沙滩、连绵起伏的群山与白浪涛涛的大海相映成趣。把整个住区融汇周围的环境中。

4. 住宅组群级绿地的规划设计

（1）小城镇住宅组群级绿地景观设计必须注意以下几个方面的问题。

1）要满足户外活动及邻里间交往的需要。住宅组群级绿地贴近住户，方便居民使用。因为主要活动人群是老人、孩子及携带儿童的家长，所以在进行景观设计时要根据不同的年龄层次安排活动项目和设施，重点针对老年人及儿童活动，设置老年人休息场地和儿童游戏场，整体创造一个舒适宜人的景观环境。

2）利用植物、建筑小品合理组织空间，选择合适的灌木、常绿和落叶乔木树种，地面除硬地外都应铺草种花，以美化环境。根据群组的规模、布置形式、空间特征，配置绿化；以不同的树木花草，强化组群的特征；铺设一定面积的硬质地面，设置富有特色的儿童游戏设施；布置花坛等环境小品，使不同组群具有各自的特色。

3）住区内各组群的绿地和环境应注意整体的统一和协调，在宏观构思、立意的基础上，采用系列、对比、母题法等手段，增强住区组群绿化环境的整体性，并各有特色。

4）由于组群绿地用地面积不大，投资少，因此，一般不宜建许多园林建筑小品。

（2）新农村住区借鉴城市住区取得的一些经验。

1）利用不同的树种强化组团特色，并配置相应的设施和环境小品。

深圳万科四季花城居住区借鉴欧洲小镇街区式邻里的居住形态与空间结构，将整个区域划分为数个社区组团，每个组团以不同植物为主题特色进行景观设计，不仅使各个组团特色鲜明，还增强了整个居住区的诗情画意，如图6-19～图6-26所示。

图6-19 海棠苑鸟瞰图

图6-20 海棠苑庭院绿化

图6-21 米兰苑花园入口

图6-22 米兰苑庭院

图 6-23 牡丹苑私家花园入口

图 6-24 牡丹苑庭院

图 6-25 紫薇苑入口

图 6-26 紫薇苑庭院

2）利用绿化和环境小品强化组群绿地特点，并配置相应的设施和绿化，组成不同的环境。

6.3 新农村住区宅旁绿地和绿化景观规划设计

宅旁绿地是住宅内部空间的延续，是组群绿地的补充和扩展。它虽不像公共绿地那样具有较强的娱乐、游赏功能，但却与居民日常生活起居息息相关。结合绿地可开展各种家务、儿童嬉戏、老人聊天下棋、邻里联谊交往等生活行为。宅旁绿地景观环境的营造能够促进邻里交往，使人际关系密切，这种绿地形式具有浓厚的传统生活气息，使现代住宅楼单元的封闭隔离感得到一定程度的缓解。宅旁绿地在住区中分布最广，是住区绿地中的重要组成部分，它与居民的住屋直接相邻，是住区"点、线、面"绿化体系中的面，对居住环境的影响最明显。

6.3.1 宅旁绿地的类型

根据宅旁绿地的不同领域属性和空间的使用情况，可分为基本空间绿地和聚居空间绿地两个部分，如图 6-27 所示。

聚居空间绿地是指居民经常到达和使用的宅旁绿地。宅旁的聚居空间绿地对住户来说使用频率最高，是每天出入的必经之地。因此其环境绿化的设计就显得尤其重要。环境布置在生态性、景观性等基础上，应满足绿地的实用性，具有较强的实际使用功能。

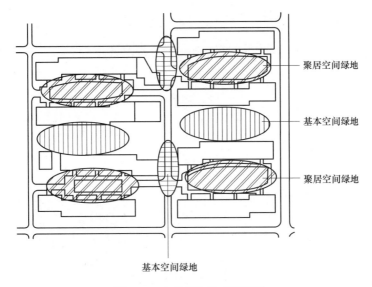

图 6-27　宅旁绿地构成示意图

基本空间绿地是指保证住宅正常使用而必须留出的、居民一般不易到达的宅旁绿地。在宅旁的基本空间绿地规划中，应重视其环境的生态性、景观性及经济性的功能作用。

6.3.2　宅旁绿地的空间构成

根据不同领域属性及其使用情况，宅旁绿地可分为三部分，包括近宅空间、庭院空间、余留空间，如图 6-28 所示。

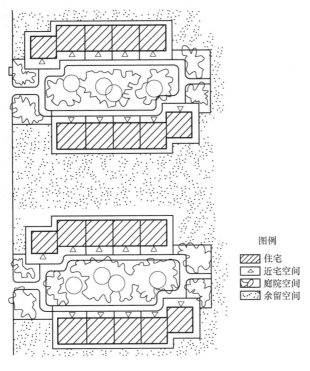

图 6-28　宅旁绿地空间构成

近宅空间有两部分：一部分为底层住宅小院和楼层住户阳台、屋顶花园等；另一部分为单元门前用地，包括单元入口、入户小路、散水等。前者为用户领域，后者属单元领域，如图 6-29、图 6-30 所示。

图 6-29　单元入口绿化

图 6-30　近宅的入口空间

庭院空间包括庭院绿化、各活动场地及宅旁小路等，属宅群或楼栋领域。

余留空间是上述两项用地领域外的边角余地，大多是住宅群体组合中领域模糊的消极空间。所谓消极空间，又称负空间，主要指没有被利用或归属不明的空间。一般无人问津，常常杂草丛生，藏污纳垢、又恨少在视线的监视之内，成为不安全因素，对居住环境产生消极的作用。

1. 近宅空间环境

近宅空间对住户来说是使用频率最高的过渡性小空间，是每天出入的必经之地，同楼居民常常在此不期而遇，幼儿把这里看成家门，最为留恋，老人也爱在这里照看孩子。在这里可取信件、拿牛奶、等候、纳凉、逗留，还可停放自行车、婴儿车、轮椅等。在这不起眼的小小空间里体现住宅楼内人们活动的公共性和社会性，它不仅具有适用性和邻里交往意义，并具有识别和防卫作用。规划设计要在这里多加笔墨，适当扩大使用面积、作一定围合处理，如作绿篱、短墙、花坛、坐椅、铺地等，自然适应居民日常行为，使这里成为主要由本单元使用的单元领域空间。至于底层住户小院、楼层住户阳台、屋顶花园等属住户私有，除提供建筑及竖向条件外、具体布置可由住户自行安排，也可提供参考方案，如图 6-31 所示。

图 6-31　近宅的底层住户小院空间绿化

2. 庭院空间环境

宅旁庭院空间组织主要是结合各种生活活动场地进行绿化配置，并注意各种环境功能设施的应用与美化。其中应以植物为主，使拥塞的住宅群加入尽可能多的绿色因素，使有限的庭院空间产生最大的绿化效应。各种室外活动场地是庭院空间的重要组成部分，与绿化配合，丰富绿地内容，相得益彰。

（1）动区与静区。动区主要指游戏、活动场地；静区则为休息、交往等区域。动区中的成人活动如早操、练太极拳等，动而不闹，可与静区贴邻合一；儿童游戏则动而吵闹、可在宅端山墙空地、单元入口附近或成人视线所及的中心地带设置。

（2）向阳区与背阳区。儿童游戏、老人休息、衣物晾晒以及小型活动场地，一般都应置于向阳区。背阳区一般不宜布置活动场地，但在南国炎夏，则是消暑纳凉的好去处。

（3）显露区与隐蔽区。住宅临窗外侧、底层杂物间、垃圾箱等部位，都应隐蔽处理，以免影响观瞻并满足私密性要求。单元入口、主要观赏点、标志物等则应充分显露，以利识别和观赏。

　　一般来说，庭院绿地主要供庭院四周住户使用。为了安静，不宜设置运动场、青少年活动场等对居民干扰大的场地，3～6周岁幼儿的游戏场则是其主要内容。幼儿好动，但独立活动能力差，游戏时常需家长伴随。掘土、拍球、骑童车等是常见的游戏活动，儿童游戏场内可设置沙坑、铺砌地、草坪、桌椅等，场地面积一般为 150～450m^2。此外，老人休息场地应放一些木椅石凳；晾晒场地需铺设硬地，有适当绿化围合。场地之间宜用砌铺小路连接起来，这样，既方便了居民，又使绿地丰富多彩，如图 6-32～图 6-35 所示。

图 6-32　景观层次丰富、满足功能需求的宅间绿地

图 6-33　规则式的宅间绿地

图 6-34　自然式的宅间绿地

图 6-35　混合式宅间绿地

3. 余留空间环境

　　宅旁绿地中一些边角地带、宅间与空间的连接与过渡地带，如山墙间、小路交叉口、住宅背对背之间、住宅与围墙之间等空间，均需做出精心安排。住宅山墙之间的宅旁绿地布置如图 6-36 所示。居住区规划设计要尽量避免消极空间的出现，在不可避免的情况下要设法化消极空间为积极空间，主要是发掘其潜力并加以利用。注入恰当的积极因素能使外部消极空间立即活跃起来，如将背对背的住宅底层作为儿童、老人活动室；在底层设车库、居委会管理服务机构；在住宅和围墙或住宅和道路之间设置停车场；沿道路和住宅山墙内之间设垃圾集中转运点。近内部庭院的住宅山墙设儿童游戏场、少年活动场；靠近道路的零星地设置小型分散的市政公用设施，如配电站、调压站等，但应注意将其融入绿地空间中。

图 6-36　住宅山墙之间的宅旁绿地布置

6.3.3　宅旁绿地的特点

1. 功能的复合性

宅旁绿地与居民的各种日常生活联系密切，居民在这里开展各种活动，老人、儿童与青少年在这里休息，邻里间在此交流、晾晒衣物、堆放杂物等。宅间绿地结合居民家务活动，合理组织晾晒、存车等必需的设施，有益于提高居住环境的实用与美观，避免绿地与居住环境质量的下降、绿地与设施的被破坏，从而直接影响居住区与城市的景观如图 6-37、图 6-38所示。

图 6-37　宅旁休憩设施　　　　　　　图 6-38　宅旁布置的儿童活动场地

宅间庭院绿地也是改善生态环境，为居民直接提供清新空气和优美、舒适住居条件的重要因素，可防风、防晒、降尘、减噪，改善小气候，调节温湿度及杀菌等。

2. 领域的差异性

领域性是宅旁绿地的占有与被使用的特性。领域性强弱取决于使用者的占有程度和使用时间的长短。宅间绿地大体可分为以下三种形态：

（1）私人领域。一般在底层，将宅前宅后用绿篱、花墙、栏杆等围隔成私有绿地，领域界限清楚，使用时间较长，可改善底层居民的生活条件。由一户专用，防卫功能较强。

（2）集体领域。宅旁小路外侧的绿地，多为住宅楼各住户集体所有，无专用性，使用时间不连续，也允许其他住宅楼的居民使用，但不允许私人长期占用或设置固定物。一般多层单元式住宅将建筑前后的绿地完整地布置，组成公共活动的绿化空间。

（3）公共领域指各级居住活动的中心地带，居民可自由进出，都有使用权，但是使用者常变更，具有短暂性。

不同的领域形态，使居民的领域意识不同，离家门越近的绿地，其领域意识越强；反之，其领域意识越弱，公共领域性则增强。要使绿地管理得好，在设计上则要加强领域意识，使居民明确行为规范，建立居住的正常生活秩序。

3. 植物的季相性

宅旁绿地以绿化为主，绿地率达90%～95%。树木花草具有较强的季节性，一年四季，不同植物有不同的季相，春华秋实，气象万千。大自然的晴云、雪雨、柔风、月影，与植物的生物学特性组成生机盎然的景象，使庭院绿地具有浓厚的时空特点，充满生命力。随着社会生活的进步、物质生活水平的提高，居民对自然景观的要求与日俱增，应充分发挥观赏植物的形体美、色彩美、线条美，采用各种观花、观果、观叶等乔灌木、藤木、宿根花卉与草本植物材料，使居民感受到强烈的季节变化，如图6-39～图6-41所示。

图6-39　弯曲的园路与长势茂盛而色彩丰富的地被形成良好的宅旁绿地景观

图 6-40　层次丰富的种植，结合坐凳和　　　　图 6-41　宅旁绿地景观效果很好的植物种植
　　　　　　活动场地形成很好的宅旁绿地

4. 空间的多元性

随着住宅建筑的多层化向空间发展，绿化也向立体、空中发展，如台阶式、平台式和连廊式住宅建筑的绿地。绿地的形式越来越丰富多彩，大大增强了宅旁绿地的空间特性，如图6-42所示。

图 6-42　宅旁绿地的形式丰富多样，宅间绿化结合屋顶绿化

5. 环境的制约性

住宅庭院绿地的面积、形体、空间性质受地形、住宅间距、住宅组群形式等因素的制约。当住宅以行列式布局时，绿地为线型空间；当住宅为周边式布置时，绿地为围合空间；当住宅为散点布置时，绿地为松散空间；当住宅为自由式布置时，庭院绿地为舒展空间；当住宅为混合式布置时，绿地为多样化空间，如图 6-43 所示。

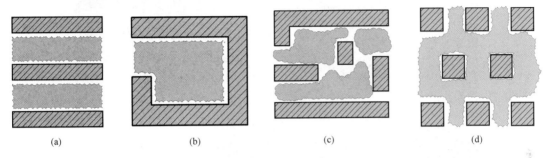

图 6-43　宅旁绿地空间组成形式
（a）行列式；（b）围合式；（c）自由式；（d）散点式

6.3.4　宅旁绿地的设计原则

（1）应结合住宅的类型及平面的特点、群体建筑组合形式、宅前宅后道路布局等因素进行设计，创造宅旁的庭院绿地景观，区分公共与私人空间领域。

（2）应体现住宅标准化与环境多样化的统一，依据不同的群体布局和环境条件，因地制宜地进行规划设计。植物的配置应考虑地区的土壤和气候条件、居民的爱好以及景观的变化。同时应尽力创造特色，使居民具有认同感和归属感。

（3）注重空间的尺度，选择合适的植物，使其形态、大小、高低、色彩等与建筑及环境相协调。绿化应与建筑空间相互依存，协调统一。同时，绿化应有利于改善小气候环境，如树木在夏天具有遮阴作用、冬天又不影响住户的日照等。

6.3.5　宅旁绿地的组织形态

宅旁绿地组织形态的基本类型有草坪型、花园型、树林型、庭院型、园艺型、混合型六种，规划设计中不论采用何种形式，功能性、观赏性、生态性的兼顾是宅旁绿地设计的原则。

（1）草坪型。以草坪绿化为主，在草坪边缘配置一些乔木、灌木和花卉，如图 6-44 所示。其特点是空间开阔，通透性高，景观效果好。常用于独院式、联立式或多层住区。它的养护管理要求比较高，在住区绿地中容易受到破坏，种后两三年可能荒芜，绿化效果不是很理想，因此也很不经济。

（2）花园型。在宅间以篱笆或栏杆围成一定范围，布置花草树木和园林设施。色彩层次较为丰富。在相邻住宅楼之间，可以遮挡视线，有一定的私密性，为居民提供游憩场地，如图 6-45 所示。花园型绿地可布置成规则式或自然式，有时形成封闭式花园，有时形成开放式花园。

图 6-44 草坪型宅旁绿地

图 6-45 花园型宅旁绿地

（3）树林型。以高大乔木为主，一般选择快生与慢生、常绿与落叶以及不同色彩、不同树形的树种，以避免单调。此类型的特点是简单、粗放，多为开放式绿地，它对调节住区小气候环境有明显的作用。紧靠住宅南侧的树木应采用落叶树，避免影响住户冬季的日照要求。一般可在宅旁的基本空间内结合草地设置，也可以结合住区内的水景布置，如图6-46 所示。

图 6-46 树林型宅旁绿地

（4）庭院型。空间有一定围合度。在一般绿化的基础上，适当配置园林小品，如花架、山石等环境设施，恰当布置花草树木，形成层次丰富、亲切宜人的环境。该类型一般可在宅旁的聚集空间内结合活动场地设置，如图 6-47 所示。

图 6-47 庭院型宅旁绿地

（5）园艺型。根据当地的土壤、气候、居民的喜好等情况，种植果树、蔬菜等，在绿化、美化的基础上兼有实用性，并能享受田园乐趣。一般可在宅旁的基本空间或聚集空间内设置。

（6）混合型。以上五种形式的综合。

6.3.6　宅旁绿地的规划设计

宅旁绿地规划设计的主要内容是进行环境布置，包括组织好宅旁的空间环境，协调与外部的空间关系；合理配置乔木、灌木、草地，恰当设置铺地、花坛、座椅等设施小品；根据实际情况也可以布置少量游戏设施，如沙坑等，使宅旁绿地具有较好的居住环境，满足居民日常生活的需要。

6.4　新农村住区道路的绿化景观规划设计

6.4.1　新农村住区道路功能的复合设计

1. 住区道路的符合功能

新农村住区道路作为一种通道系统，不仅是住区结构的主脉，维持并保证住区的能量、信息、物质、社会生活等正常运转，同时还是住区形象和景观的展现带。创造具有良好自然景观、人文景观和道路景观的住区可以提高生活气息，增进邻里交往，营造充满活力和富有生活情趣的居住空间，从而实现绿色交通、生态交通，形成健康、良好的居住生态环境，正逐渐成为新农村住区规划的重要目标之一。

传统的聚落都善于充分利用道路发挥邻里密切交往的作用，使得"大街小巷"都充满颇富活力的生活气息。家庭结构的日益小型化和人口的日趋老龄化以及人们对养生的渴求，户外活动便成为人们的普遍追求。

作为邻里交往的空间，在新农村住区中除了公共绿地和宅旁绿地外，住区的道路便是人们最为广泛的交往空间。因此，借助道路进行人文景观建设，发挥道路、人文和景观的复合功能比较容易形成文化气氛的场地，也是提高住区环境质量的重要内容之一。

2. 住区道路体系的人性化设计

物质生活的提高，社会的进步，使得人与人、人与社会之间的交流更加频繁，人们对居住环境质量的要求也越来越高。因此，对新农村住区公共活动空间和步行交通的要求在质和量上都更加迫切。这也将成为衡量一个新农村住区文明质量的标志之一。

新农村住区的道路交通体系，除考虑机动车的行驶之外，更应重视人们的出行，注意生活的人性化。尤其是对残疾人、儿童、老年人要格外关怀，这是现代文明的重要标志，因此要充分体现步行者优先的原则。在人车共存的情况下，对车辆进行一定的限制（如速度限制、通行区域、通行时间、通行方向和路线线型限制等），从而保障步行者的优先权；在某些地段禁止小汽车通行，从而限制住区内的通行量，并努力实现人车分离。

（1）充分考虑到行人的无障碍设计，在住宅入口、中心绿地、公共活动场所等凡是有高差的地方设置残疾人坡道，且在人行道设置盲道。

（2）将道路的线性设计成有一定弧度的弯曲，强制车辆降低车速，也使外来车辆因线路曲折不愿进入从而达到控制车流的目的。

（3）在道路的边缘或中间左右交错种植树木，产生不愿进入的氛围，以减少不必要车辆的驶入。

（4）将道路交叉处的路面部分抬高或降低，使车辆驶过时产生震动感，给驾驶者以警示。

（5）在住区入口或道路交叉口设置明显的限速、禁转等交通标志。

（6）注意住区交通与镇域镇际公共交通的衔接。

3．住区交通体系的可持续性规划设计

在进行住区道路交通建设时，应重视对住区生态环境的保护和资源的合理开发利用，注意对交通需求的管理和对交通行为的约束，以便在满足近期需求的同时，又能满足住区持续发展的整体需要。

可持续发展理念在新农村住区交通体系中的具体应用就是强调交通规划在一开始就要对规划区域进行环境评估，识别环境区域的敏感性，了解进行基础设施建设可能产生的后果，综合协调住区土地使用、交通运输、生态环境与社会文化等因素，减少对空气、水源的污染，限制非再生资源的消费，有效保护新农村独特的地形地貌与景观资源，强化人的行为方式与生态准则的相融性。

住区交通体系的可持续发展同时也离不开住区及其所在城镇的可持续发展。住区交通规划应与城镇紧凑的土地规划布局相适应，力求以最安全、经济的方式保障居民出行的机动性，同时利用土地可达性的改变使居住、文化、商业等活动重新分布组合，以适应城市与住区经济、社会长远的可持续发展要求。

6.4.2 住区道路环境景观规划设计

新农村环境景观是营造新农村特色风貌的重要组成部分，是提高新农村可识别性的标志之一。新农村住区环境景观也应努力展现新农村的特色风貌。

1．住区道路环境景观规划原则

（1）道路空间形态必须以人为本，注意生活环境的人性化，符合居民生活的习俗、行为轨迹和管理模式，体现方便性、地域性和艺术性。

（2）为居民交往、休闲和游乐提供更多方便、更好环境。

（3）高效利用土地，完善生态建设，改善住区空间环境。

（4）立足于区域差异，体现自己的地域特色与文化传统。

（5）注重自然景观、人文景观和道路景观的融合。

2．住区道路环境景观构成和设计要求

（1）构成要素。住区道路环境景观的构成要素可以分为两类：一类是物质的构成（即人、车、建筑、绿化、水体、庭院、设施、小品等实体要素）；另一类是精神文化的构成（即历史、文脉、特色等）。住区道路环境景观设计应把两者融为一体，统一考虑。

（2）设计要求。

1）现代化新农村住区应有完善的交通管理和交通安全设施（包括交通标志、标线、信号及相关构件、路墩、消防设备）才能保障交通安全，同时兼备环境景观功能。

2）无障碍设施道路的交通应包括车辆交通和行人的交通。住区的道路交通功能在保证车辆正常运行的同时，也应保证行人的安全出行。住区的环境设施必须为出行提供方便。其中包括建设无障碍设施。

3）住区道路铺装（包括车行道、人行道、桥面铺装，也包括人行道上树池、树篦等）的设计。不仅要为人的出行提供便利、保证安全、提高功效和地面利用率，而且还应起到丰富居民生活、美化住区环境的辅助作用。

4）桥梁是住区重要的交通要素。桥梁景观是小城镇（特别是江南水乡新农村）住区道路环境景观的一个靓点。因此，桥梁应有精巧而优美的造型、合理完美的结构、艺术的桥面装饰及栏杆。

5）绿化景观植物不仅具有净化空气、吸收噪声、调节人们心理和精神的生态作用，更是住区道路绿色景观构成中最引人注目的要素。

6）照明景观灯（包括路灯以及绿地、公共设施的照明）不再是单纯的照明工具，而是集照明装饰功能为一体，并且是创造、点缀、丰富住区环境空间文化内涵的重要元素。

7）道路景观必须以沿线建筑景观、绿化景观和人文景观为依托，共同形成完整的、富有地方文化底蕴的住区道路景观。

8）建筑小品（包括书刊亭、电话亭、垃圾箱、雕塑、水景、邮筒、自动售货机、座椅、自行车架等）是提供便利服务的公益性设施，同时也是提高人们生活质量和丰富道路景观的载体。

3. 住区道路环境景观的多样化

随着新农村住区建设的规模化和综合化，住区已成为村镇的一个缩影，是新农村居民生活的展现和历史文化的传承。层次各异的居民，不尽相同的景观需求，必将导致居住景观需求的多样性。不同的出行方式对景观的要求也不同。在车行交通中人们关注的景观主要集中于道路大体量的街景和两旁的建筑，而在步行交通和休闲中，人们关注的景观更集中于庭院绿地和小品设施等。

4. 住区道路环境景观规划设计优化

（1）道路线形设计与自然景观环境融为一体。

1）道路线形体现道路美。新农村住区道路线形应与自然环境相协调，与地形、地貌相配合，并应与自然环境景观融为一体。有时为了街景变化，可设微小的转弯，以给人留下多种不同的印象。在道路走向上，可采用微小的偏移分割成不同场所，把要突出的景观引入视线范围。

2）新农村滨山住区道路的线形应主要考虑与地形景观的协调，采用吻合地形的匀顺曲线和低缓的纵坡组合成三向协调的立体线形，对减少地形的剧烈切割，以及融合自然环境具有较好的效果。

3）新农村滨水住区道路的线形应根据地形、地质、水文等条件确定。沿岸应布置适宜的台地，避免滑坍、碎落和冲击锥等地质灾害。道路线形应沿着自然岸线走向布置，形成与自然景观协调统一的优美线型。

住区道路的弯曲线型应便于人们最大限度地观察周围环境，同时也是一种通过道路设计，控制行车速度，确保住区交通安全的有效办法。

（2）道路绿化应生态与艺术相结合。

1）遵循道路绿化的生态和艺术性相结合的原则，创造植物群落的整体美。通过乔灌花、乔灌草的结合，分隔竖向的空间，实现植物的多层次配置。在优先选用当地的树种时，根据本地区气候、栽植地的小气候和地下环境条件选择适于在本地生长的其他树木，以利于树木的正常生长发育，抗御自然灾害，保持较稳定的绿化成果。同时运用统一、调和、均衡和韵律艺术原则，通过艺术的构图原理充分体现植物个体及群体的形式美。

2）突出住区道路的特色。植物的季节变化与临路住宅建筑产生动与静的统一，它既丰富了建筑物的轮廓线，又遮挡了有碍观瞻的景象。在新农村住区道路绿化设计中，应将植物材料通过变化和统一、平衡和协调、韵律和节奏等手法进行搭配种植，使其产生良好的生态景观环境。选择富有特色的树种，使其能和周围的环境相结合，展现道路的特色。

3）突出住区道路的视觉线形感受。新农村住区道路绿化主要功能是遮荫、滤尘、减弱噪声、改善住区道路沿线的环境质量和美化环境。在满足不同人群出行的动态活动中，观赏道路两旁的景观，产生多种多样的不同视觉特点。为此，在规划设计道路绿化时，应充分考虑行车的速度和行人的视觉特点，将道路线形作为视觉线形设计的对象，不断提高视觉质量。

4）突出住区停车空间与绿化空间的有机结合。利用绿化吸附粉尘和废气、隔离和吸收噪声，减少停车空间因车辆集中而造成对周围环境污染的扩散；自然优美的园林绿化还可改变停车场（库）缺乏自然气息的单调、呆板和枯燥，美化停车库的视觉环境；发挥环境绿化的遮阳、降温效果，改善小气候。对面积较小的露天停车场，可沿周边种植树冠较大乔木以及常青绿篱，既具围合感又达到遮阳效果；对面积较大的停车场，可利用停车位之间的间隔带，种植高大乔木，植株行距及间距相当于车库的柱网布置，以便于车辆进出和停放；在停车间或停车场周边设种植池。露天停车场与园林绿化的有机结合，可形成"花园式停车场"。

（3）良好建筑环境设计。道路旁的建筑物是住区道路空间中最重要的围合元素，它的性质、体量、形式、轮廓线及外表材料与色彩，都直接影响住区道路空间的形象和气质。历史文化名镇所具有传统地方特色的道路，其美学价值在很大程度上是由其富有地方特色和民族文化的建筑群和住区组群所形成。

良好住区道路建筑环境应具有如下特点：

1）良好的尺度和比例；

2）建筑造型、立面形式多样，空间富于变化，并具有因地制宜的灵活性和特色；

3）色彩丰富，搭配和谐有序，构图富有创意和特色，与环境和谐；

4）充分体现地方建筑风格和传统民居特色。

（4）设置空间富于变化。道路根据各路段交通量不同或地形条件限制，可能出现宽度的变化，存在着空间的变化，这时，可用作错车空间。在特殊情况下，也还可用作停车空间，有时也还是行人休息逗留的场所。

（5）利用分隔形成领域感。作为住区内的生活性道路，可以通过分离手法来为居民形成生活空间的领域感。在传统历史文化名镇中常采用过街楼、拱门、牌坊作为道路空间分隔的标志建筑。

（6）设置必要的道路设施。住区道路通常有步行者在活动，此种活动常有随意性和观赏性。住区道路上设置的公用设施（如坐椅、花坛、候车亭及路灯、交通标志、信号设备等），应选择宜人的色彩和尺度，增强美感和愉悦感，以满足步行者随意性休闲和观赏的需要。

6.4.3 住区级道路的绿地景观设计

住区级道路和绿化景观按分车绿带、行道树绿带和路测绿带三种绿带形式进行设计。

1. 分车绿带

（1）景观构图原则。为了保证行车安全，分车绿带的景观构图以不影响司机的视线通透为原则。因此，分车绿带应是封闭的；绿带上的植物的高度（包括植床高度）不得高于路面0.7m，一般种植低矮的灌木、绿篱、花卉、草坪等。在人行横道和道路出入口处断开的分车绿带，断开处的视距三角形内植物的配置方式应采用通透式。中央分车绿带应密植常绿植物，这样不仅可以降低相反方向车流之间的相互干扰，还可避免夜间行车时对向车流之间车灯的眩目照射。如果在分车绿带上栽植乔木，一般选用分支点高的乔木，而且分支角度要小，不能选用分支角度大于90°或垂枝形的树种。所选乔木留取的主干高度控制在2～3.5m之间，不能低于2m。而且乔木的株距应大于相邻两乔木成龄树冠直径之和。分车绿带内基本不设计地形，如果需要也只能是很小的微地形，起伏高度不能超过路面0.7m。山石、建筑小品、雕塑等都不宜过于宽大。

（2）植物选择。分车绿带的环境条件较差，表现在以下几个方面：

1）土壤中建筑垃圾多，易板结，土层薄，不利于植物根系的生长和吸收；

2）有害气体和烟尘、灰尘等空气污染物，一方面直接危害植物，另一方面降低了光照强度，影响植物的光合作用，降低植物的抗逆性；

3）因为夏季路面温度和辐射热高，空气干燥，所以分车绿带的植物应选择抗逆性强、适应道路环境条件、生态效益好的乡土植物。乡土植物的优势在于，抗逆性强，能适应当地的自然环境。但为了丰富道路景观，也应适当进行引种驯化。

分车绿带绿化管理影响交通，应选择管理省工的低矮植物，如紫叶小檗、麦冬等；或选萌芽力强、耐修剪的植物，如小叶女贞、海桐、木槿等。同时需要控制分车绿带上植物的高度来保证视线通透。分车绿带地面的坡向、坡度应符合排水要求，并与城市排水系统相结合，防止绿带内积水和水土流失。

（3）植物配置。

1）分车绿带的植物配置应以花卉、灌木与草坪、地被植物相结合的方式，不裸露土壤，从而避免尘土飞扬。要适地适树，考虑植物间伴生的生态习性。不适宜绿化的土壤要进行改良。

2）确定园林景观路和主干路分车绿带的景观特色。

3）同一路段的分车绿带要有统一的景观风格，不同路段的绿化形式要有所变化。

4）同一路段各条分车绿带在植物配置上应遵循多样统一，既要在整体风格上协调统一，又要在各种植物组合、空间层次、色彩搭配和季相上有所变化。

2. 行道树绿带

行道树绿带是设置在人行道与车行道之间以种植行道树为主的绿带。其宽度一般不宜小于1.5m，由道路的性质、类型及其对绿地的功能要求等综合因素来决定。

行道树绿带的主要功能是为行人和非机动车遮荫。如果绿带较宽则可采用乔灌草相结合的配置方式，丰富景观效果。行道树应该选择主干挺直、枝下较高且遮荫效果好的乔木。同时，行道树的树种应尽量与城镇干道绿化树种相区别，以体现自身特色及住区亲切温馨不同于街道嘈杂开放的特性。其绿化形式应与宅旁小花园的绿化布局密切配合，以形成相互关联的整体。行道树绿带的种植方式主要有树带式和树池式。

树带式是指在人行道与车行道之间留出一条大于1.5m宽的种植带，根据种植带的宽度相应地种植乔木、灌木、绿篱及地被等，在树带中铺草或种植地被植物，不要有裸露的土壤。这种方式有利于树木生长，增加绿量，改善道路生态环境和丰富住区景观。在适当的距离和位置留出一定量的铺装通道，便于行人往来。

在交通量比较大、行人多而街道狭窄的道路上采用树池式种植的方式。应注意树池营养面积小，不利于松土、施肥等管理工作，从而不利于树木生长。树池之间的行道树绿带最好采用透气性好的路面材料铺装，如混凝土草皮砖路面、透水透气性彩色混凝土路面、透水性沥青铺地等，以利渗水通气，保证行道树生长和行人行走。

行道树定植株距，应以其树种壮年期冠幅为准，最小种植株距应不小于 4m。株行距的确定还要考虑树种的生长速度。行道树绿带在种植设计上要做到以下几点：

（1）在弯道上或道路交叉口，行道树绿带上应种植低矮的灌木，灌木的高度为 0.9～1.3m，乔木树冠不得进入视距三角形范围内，以免遮挡驾驶员视线，影响行车安全。

（2）在同一街道采用同一树种、同一株距对称栽植，既可起到遮荫、减噪等防护功能，又可使街景整齐雄伟，体现整体美。

（3）在一板二带式道路上，路面较窄时，应注意两侧行道树树冠不要在车行道上衔接，以免造成飘尘、废气等不易扩散的情况，并应注意树种选择和修剪，适当留出"天窗"，使污染物扩散、稀释。

（4）交通型道路的行道树绿带的布置形式多采用对称式，而生活性街道应与两侧建筑进行有机的结合布置。道路横断面中心线两侧，绿带宽度相同；植物配置和树种、株距等均相同。道路横断面为不规则形式或道路两侧行道树绿带宽度不等时，采用道路一侧种植行道树，而另一侧布设照明杆线和地下管线。

3. 路侧绿带

路侧绿带是在道路侧方，布设在人行道边缘至道路红线之间的绿带。绿化结构为乔—灌—草的形式，常绿与落叶搭配的复层结构，能形成多层次的人工植物群落景观。人行道边缘宜选用观花、观果景观效果较强的灌木或宿根花卉植成花境，借以丰富道路景观。在树种选择上主要考虑生态价值较高、观赏价值较高及养护管理容易的树种。

（1）选择生态价值较高的树种。

1）选择吸收有害气体能力强的树种。汽车尾气是城市大气污染的主要来源之一，而植物好比"空气净化器"，可吸收有害气体，如加拿大杨树、臭椿树、榆树等。在住区中住区级道路是车辆过往较频繁的道路，更要侧重选择这样的树种，降低空气污染的程度。

2）选择滞尘能力强的树种。据测，在有绿化的街道上，距地面1.5m 高处空气的含尘量比没有绿化的街道上含尘量低 56.7%。树木能够滞尘，是由于其叶片上的毛被以及分泌的黏性油脂，所以枝叶越茂密、叶表越粗糙的树种滞尘能力越强，如旱柳树、榆树、加拿大杨树等。

3）选择杀菌能力强的树种。除公共场所外，街道的空气含菌量最高，而且车流和人流量越大，含菌量就越高。园林植物好比"卫生防疫消毒站"，能减少空气中的细菌数量。松树林、樟树林、柏树林的减菌能力较强，主要与它们分泌出的挥发性物质有关。这类植物除在医院、疗养院周围栽种外，道路两侧也应大量使用。

4）选择减噪能力强的树种。除了排放有害气体、行驶带来尘土，汽车还会产生噪声污染。园林植物具有明显的降噪作用，冠幅大、枝叶稠密、茎叶表面粗糙不平、分枝点距地面低的树种减噪能力较强，如旱柳、桧柏、刺槐、油松等，枝叶浓密的绿篱减噪效果也十分显著。

（2）选择观赏价值较高的树种。

1）因为选择观花和花期不同的树种。花团锦簇的景象使人流连忘返，所以路边应尽量多选择一些观花树种。乔木有刺槐、山杏等，灌木有连翘、木槿等。另外，要选择花期不同的树种，做到三季有花，如北方地区早春开花的迎春、桃花、榆叶梅等；晚春开花的蔷薇、玫瑰、棣棠等；夏季开花的合欢、香花槐等；夏末秋初开花的木槿、紫薇和糯米条等。

2）选择彩叶及有特殊观赏价值的树种。彩叶树种是叶片在春季、秋季或在整个生长季节甚至常年呈现异样色彩的树种。如红色枝的红瑞木，金黄色枝的黄金柳，白色树干的白桦。这些有特殊观赏价值的树种，在道路两侧成片栽植，会成为色彩单一的冬季里的独特景观。

（3）选择养护管理容易的树种。由于道路环境复杂，所以要选择养护容易的树种。包括抗寒能力强，不需做冬季防寒的树种；抗病虫害能力强，不需经常打药的树种；落叶期较集中，清理落叶容易的树种；抗旱能力强，不需经常浇水的树种等。还要注意一些外来树种，即使引种驯化成功，也不能立刻大量用于道路绿化，以免不必要的损失。

6.4.4 组群（团）级道路绿化

组群（团）级道路是联系各住宅组群（团）之间的道路，是组织和联系住区各种绿地的纽带，对住区的绿化面貌有很大作用。组群（团）级绿化的目的在于丰富道路的线性变化，提高组团住宅的可识别性。组群级道路主要以人行为主，常是居民的散步之地，树木的配置活泼多样，应根据建筑的布置、道路走向以及所处的位置和周围的环境加以考虑。树种的选择应该以小乔木和花灌木为主，特别是一些开花繁密或者有叶色变化的树种。种植形式采用多断面式，使每条路都有各自的特点，增强道路的识别性。组团道路两侧的绿化与住宅建筑的关系较密切，但在种植时应注意在有窗的情况下，乔木与窗的距离在 5m以上，灌木 3m 以上。同时，应该了解建筑物地下管线埋设情况，适当采用浅根性或须根较发达的植物。

6.4.5 宅前小路的绿化

宅前小路是联系各住宅入口的道路，一般 2m 左右，主要供人行走。住宅宅前的绿化是用来分割道路与住宅之间的用地，通过道路绿化明确各种近宅空间的归属感和界限，并满足宅前绿化、美化的要求。

宅前小路的绿化树种选择以观赏性强的花灌木为主。进行绿化布置时，路边缘植物要适当后退 0.5～1m，以便必要时急救车和搬运车驶进住宅。其次，靠近住宅小路的绿化，不能影响室内采光和通风。如果小路离住宅在 2m 以内，应以种植低矮的花灌木或整型修剪植物为主，如图 6-48 所示。对于行列式住宅，其宅前小路的种植绿化应该在树种选择和配置方式上多样化，以形成不同景观，增强识别性。

图 6-48　宅前小路与住宅间的绿化

6.5　新农村住区环境设施的规划布局

　　新农村住区环境设施主要是指新农村住区外部空间中供人们使用、为居民服务的各类设施。环境设施的完善与否体现着新农村居民生活质量的高低，完善的环境设施不仅给人们带来生活上的便利，而且还给人们带来美的享受。

　　从新农村住区建设的角度看，环境设施的品位和质量一方面取决于宏观环境（新农村住区规划、住宅设计和绿化景观设计等），另一方面也取决于接近人体的细部设计。新农村住区的环境设施若能与新农村住区规划设计珠联璧合，与新农村的自然环境相互辉映，将对新农村住区风貌的形成、对新农村居民生活环境质量的提高起到积极的作用。

6.5.1　新农村住区环境设施的分类及作用

　　1. 新农村住区环境设施的分类

　　新农村住区环境设施融实用功能与装饰艺术于一体，它的表现形式是多种多样的，应用范围也非常广泛，涉及了多种造型艺术形式，一般来说可以分为以下六大类：

　　（1）建筑设施。包括休息亭、廊、书报亭、钟塔、售货亭、商品陈列窗、出入口、宣传廊、围墙等。

　　（2）装饰设施。包括雕塑、水池、喷水池、叠石、花坛、花盆、壁画等。

　　（3）公用设施。包括路牌、废物箱、垃圾集收设施、路障、标志牌、广告牌、邮筒、公共厕所、自动电话亭、交通岗亭、自行车棚、消防龙头、公共交通候车棚、灯柱等。

　　（4）游憩设施。包括戏水池、游戏器械、沙坑、座椅、坐凳、桌子等。

　　（5）工程设施。包括斜坡和护坡、台阶、挡土墙、道路缘石、雨水口、管线支架等。

　　（6）铺地。包括车行道、步行道、停车场、休息广场等的铺地。

　　2. 新农村住区环境设施的作用

　　在人们生存的环境中，精致的微观环境与人更贴近。它的尺度精巧适宜，因而也就更具有吸引力。环境对人的吸引力也就是环境的人性化。它潜移默化地陶冶着人们的情操，影响着人们的行为。

新农村住区的环境与大城市不同，它更接近大自然，也少有大城市住房的拥挤、环境的嘈杂和空气的污染。新农村的居民愿意在清爽的室外空间从事各种活动，包括邻里交往和进行户外娱乐休闲等。街道绿地中的一座花架和公共绿地树荫下的几组坐凳，都会使新农村住区环境增添亲切感和人情味，一些构思和设置十分巧妙的雕塑也在新农村住区环境中起到活跃气氛和美化生活的作用。一般来说环境设施有以下三种作用：

（1）功能作用。环境设施的首要作用就是满足人们日常生活的使用，新农村住区路边的座椅、乘凉的廊子和花架（如图6-49所示）、健身设施（如图6-50所示）等都有一定的使用功能，充分体现了环境设施的功能作用。

图6-49　花架　　　　　　　　　　　　　　图6-50　健身设施

（2）美化环境作用。美好的环境能使人们在繁忙的工作和学习之余得到充分的休息，使心情得到最大的放松。在人们疲乏，需要找个安逸的地方休息的时候，大家都希望找一个干净舒适，周围有大树、青草，能闻到花香，能听到鸟啼，能看到碧水的舒适环境。环境设施像文坛的诗，欢快活泼，它们精巧的设计和点缀可以让人们体会到"以人为本"设计的匠意所在，可以为新农村住区环境增添无穷的情趣。图6-51所示是福清市阳光锦城庭院中心花园的阳光球雕塑、图6-52所示是厦门海沧东方高尔夫国际社区公共绿地的休息棚。

图6-51　福清市阳光锦城庭院　　　　　图6-52　厦门海沧东方高尔夫国际社区
　　　　中心花园的阳光球雕塑　　　　　　　　　公共绿地的休息棚

（3）环保作用。新农村住区的设施质量，直接关系到住区的整体环境，也关系到环境保护以及资源的可持续利用。在我国北方的广大地区，水的缺乏一直是限制地方经济以及新农村发展的重要因素之一。虽然北方的广大新农村非常缺水，加上大面积的广场、人行道等路面铺装没有使用渗水性建筑材料，只能眼巴巴地看着贵如油的水流走。如果新农村的步行道铺地能够做成半渗水路面，并在砖与砖之间种植青草，那么不但可以提高路面的渗水性能，还可以有效地改善住区的环境质量。住区的步行道铺设了石子，既美观又有利于降水的回渗，如图6-53、图6-54所示。

图6-53　某住区的步行石子路

图6-54　石子路面更适宜驻扎住区的步行路

6.5.2　新农村住区环境设施规划设计的基本要求和原则

1. 规划设计的基本要求

（1）应与住区的整体环境协调统一。住区环境设施应与建筑群体，绿化种植等密切配合，综合考虑，要符合住区环境设计的整体要求以及总的设计构思。

（2）住区环境设施的设计要考虑实用性、艺术性、趣味性、地方性和大量性。所谓实用性就是要满足使用的要求；艺术性就是要达到美观的要求；趣味性是指要有生活的情趣，特别是一些儿童游戏器械应适应儿童的心理；地方性是指环境设施的造型、色彩和图案要富有地方特色和民族传统；至于大量性，就是要适应住区环境设施大量性生产建造的特点。

2. 规划设计的基本原则

（1）经济适用。新农村住区的环境设施设计不能脱离小城镇自身的特点，应当扬长避短，发挥优势，保持经济实用的特点；尽量采用当地的建筑材料和施工方法，提倡挖掘本地区的文化和工艺进行设计，既节省开支，又能体现地域文化特征，如图6-55、图6-56所示。

图6-55　绿茵覆顶的凉亭

图6-56　以当地草本植物覆顶的凉亭

（2）尺度宜人。新农村住区与大中城市最大的区别就体现在空间尺度上，空间尺度控制是否合理直接关系着新农村住区的"体量"。如果不根据具体情况盲目建设，向大城市看齐，显然是不合适的。个别新农村住区刻意模仿大城市，环境设施力求气派，建筑设施和雕塑尺度巨大，没有充分考虑人的尺度和行为习惯，给人的感觉很不协调。小城镇的生活节奏较大城市要慢一些，新农村住区人们生活，休闲的气氛更浓一些，因此新农村住区的环境设施要符合小城镇的整体气质，环境设施的尺度更应亲切宜人，从体量到节点细部设计，都要符合小城镇居民的行为习惯。

（3）展现地域特色。环境设施的设计贵在因地制宜，环境设施的风格应当具有地域特色。欧洲风格的铁制长椅、意大利风格的柱廊虽然给人气派的感觉，但是却失掉了我国小城镇本来的特色。环境设施特色设计应立足于区域差异，我国地域差异明显，自然环境、区位条件、经济发展水平、文化背景、民风民俗等各方面的差异，为各地小城镇环境设施特色的设计提供了广阔的素材，特色的设计应立足于差异，只可借鉴，切勿单纯地抄袭、模仿、套用。新农村住区环境设施设计要有求异思维，体现自己的地域特色与文化传统。

在以石雕之乡著名于世的福建惠安在很多住区的环境设施中都普遍地采用石茶座（如图6-57所示）、石园灯（如图6-58所示）、原石花盆（如图6-59所示）等，充分展现其独特的风貌。

图 6-57　石茶座图

（4）体现时代气息。传统的文化是有生命的，是随着时代的发展而发展的。新农村住区环境设施的设计应挖掘历史和文化传统方面的深层次内涵，重视历史文脉的传承、延续，体现和发扬有生命的传统文化，但也应有创新，不能仅仅从历史中寻找一些符号应用到设计之中。现代风格的新农村住区环境设施设计要简洁、活泼，能体现时代气息。要将传统文化与设计理念、现代工艺和材料融合在一起，使之具有时代感。美是人们摆脱粗陋的物质需要以后产生的一种高层次的精神需要。新技术、新材料更能增加环境的时代气息，如彩色钢板雕塑、铝合金、玻璃幕、不锈钢等，图6-51所示的阳光球就是采用轻质不锈钢龙骨，外包阳光板制成的。

（5）注重人性化。材料的选择要注重人性化，如座椅以石材等坚固耐用材料为宜。金属座椅适宜常年气候温和的地方，金属座椅在北方广场冬冷夏烫，不宜选用。在北方的冬天，积雪会使地面打滑，因此新农村住区公共绿地、园路的铺地就不宜使用磨光石材等表面光滑的材料。福建惠安中新花园在石雕里装设扩音器，做成会唱歌的螺雕，颇具人性化，福建惠安中新花园的螺雕音响如图 6-60 所示。

6-58　石园灯

图 6-59　原石花盆

图 6-60　福建惠安中新花园的螺雕音响

6.5.3　功能类环境设施

1. 信息设施

信息设施的作用主要是通过某些设施传递某种信息，在新农村住区主要用作导引的标识设施，指引人们更加便捷地找到目标。它们可以指示和说明地理位置，提示住宅以及地段的区位等。组团入口标志如图 6-61 所示，交通指示牌如图 6-62 所示。

图 6-61　组团入口标志

图 6-62　交通指示牌

2. 卫生设施

卫生设施主要指垃圾箱、烟灰皿等。虽然卫生设施装的都是污物，但设计合理的卫生设施应能尽量遮蔽污物和气味，还要通过艺术处理使得它们不会影响景致，甚至成为一种点缀。

（1）垃圾箱。"藏污纳垢"的垃圾箱经过精心的设计和妥善的管理也能像雕塑和艺术品一样给人以美的感受。如将垃圾箱设计成根雕的样式，不但没有影响整体景观效果，而且还是一种景致的点缀。图 6-63 所示是各种类型的垃圾箱，图 6-64 所示是各种造型的垃圾箱。

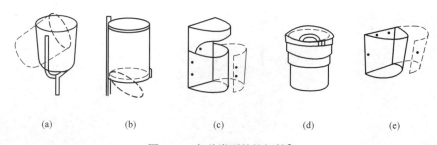

图 6-63　各种类型的垃圾箱❶
（a）旋转式；（b）抽底式；（c）开门式；（d）套筒式；（e）悬挂式

图 6-64　各种造型的垃圾箱
（a）自然木纹垃圾箱；（b）简洁造型垃圾箱；（c）金属垃圾桶；
（d）分类回收垃圾箱；（e）自然树根造型垃圾箱图

（2）烟灰皿。烟灰皿指的是设置于住区公共绿地和某些公共活动场所，与休息坐椅比较靠近、专门收集烟灰的设施。它的高度、材质等相似于垃圾箱。现在许多的烟灰皿设计是搭配垃圾箱设施的，通常是附属于垃圾箱上部的一个小容器。虽然吸烟有害健康，但我国小城镇烟民数量庞大，烟灰皿还是不可缺少的卫生设施。有了数量充足，设计合理的烟灰皿，就

---

❶ 摘自胡长龙•园林景观手绘表现技法. 北京：机械工业出版社，2010。

可以帮助人们改善随地扔烟头的坏习惯，不但有利于美化环境，减少污染，还可以降低火灾的发生率，如图 6-65 所示。

3. 娱乐服务设施

娱乐服务设施是和新农村住区居民关系最为密切的，如街边健身器材、儿童游乐设施、公共座椅、自行车停车架等。其特点是占地少、体量小、分布广、数量多，这些设施应制作精致、造型有个性、色彩鲜明、便于识别。小城镇的娱乐服务设施的设计应当注意以下几点。

（1）应与新农村住区整体风格统一。娱乐服务设施的设置关系到方方面面许多学科，这些设施应当在新农村住区发展整体思路的指引和小城镇规划的宏观控制下统一设置，以达到与小城镇整体风格相互统一。如北京市房山区的长沟镇，既有青山环抱，又有泉水流淌，自然环境优美。该镇的发展方向是休闲旅游业以及林果业、畜牧业。在该镇的住区内公共设施如座椅、垃圾箱等统一为自然园林风格。

（2）应注意总体布局的合理性和个体的实用性。娱乐服务设施首先应该具备方便安全、可靠的实用性，安装地点应该充分考虑住区居民的生活规律，使人易于寻找，可到达性好，图 6-66 所示是厦门海沧区东方高尔夫国际社区的儿童游戏场，图 6-67 所示是厦门海沧区高尔夫国际社区的老人活动场。

图 6-65　烟灰皿

图 6-66　厦门海沧区东方高尔夫国际社区的儿童游戏场

图 6-67　厦门海沧区高尔夫国际社区的老人活动场

（3）应注意便于更新和移动。在当今这个资源紧缺，提倡资源重复利用与环境保护的世界，各类环境设施的可持续性要求也越来越高。一般来说，采用当地的材料是比较节约能源的，并且

图 6-68　经济实惠的石制坐凳

用当地的材料也容易形成自身的地域特色。设施的使用寿命不会像坚固的建筑物那样长，因此在设计时应当注重材料的使用年限并考虑将来移动的可能性。图 6-68 所示是经济实惠的石制坐凳。

4. 照明设施

随着经济的发展，夜景照明方法和使用范围越来越受到重视。

新农村住区的照明设施大体上可以分为两大类：第一类是道路安全照明；第二类是装饰照明。第一类主要是要提供足够的照度，便于行人和车辆在夜晚通行，此种设施主要是在道路周围以及广场地面等人流密集的地方。灯具的照度和间距要符合相关规定，以确保行人以及车辆的安全。第二类的作用主要是美化夜晚的环境，丰富人们的夜晚生活，提高居住环境的艺术风貌。道路安全照明和装饰照明两者并不是完全割裂的，两者应该相互统一，功能相互渗透。现代的装饰照明除了独立的灯柱、灯箱外，还和建筑的外立面、围墙、雕塑、花坛、喷泉、标识牌、地面以及踏步等因素结合起来考虑，增加了装饰效果，如图 6-69～图 6-72 所示。

图 6-69　古典造型的路灯

图 6-70　形态古朴的草坪灯

图 6-71　造型别致的路灯

图 6-72　日本某山城小镇路灯

（1）道路安全照明。路灯可以在为行人和车辆提供足够照明的同时本身也成为构成城镇景观的要素，设计精致美观的灯具在白天也是装点大街小巷的重要因素，某些镇路旁的灯具，充满了装饰色彩。

（2）装饰照明。装饰照明在新农村住区夜景中已经成为越来越重要的内容。它用于重要沿街建筑立面、桥梁、商业广告住区的园林树丛等设施中，其主要功能是衬托景物、装点环境、渲染气氛。装饰照明首先应当与交通安全照明统一考虑，减少不必要的浪费。装饰照明本身因为接近人群，应当考虑安全性，如设置的高度、造型、材料以及安装位置都应当经过细心的推敲和合理的设计。

现代的生活方式以及工作方式的改变使得人们在晚上不只是待在家里。新农村住区现代化的设施发展较快，许多新农村住区的公共活动场地都有精心设计，有的还配备了音乐广场。喷泉加以五颜六色的灯光，使夜晚也能给人以美的享受。夏天，居民们漫步于周围，享受着喷泉带来的凉爽，使住区居民的夜生活更为丰富。沿街建筑本身也开始用照明来美化其形象，加以夜景灯光设计不但可以美化外观，而且还能起到一定的标志作用，使晚上行走的路人也能方便地找到目标，如图6-73、图6-74所示。福建省泰宁县状元街（商住型）的夜景照明工程设计也颇有特色，如图6-75、图6-76所示。

图6-73　广场夜景照明

图6-74　广场雕塑夜景

图6-75　状元街的夜景照明（一）

图6-76　状元街的夜景照明（二）

5. 交通设施

交通设施包括道路设施和附属设施两大类。

道路设施的基本内容包括路面、路肩、路缘石、边沟、绿化隔离带、步行道铺地、挡土墙等。道路的附属设施包括各种信号灯、交通标志牌、交通警察岗楼、收费站、各种防护设施（如防护栏）、自行车停放设施、汽车停车计费表等。

道路交通类的设施由于关系到交通的畅通和人的生命安全，就更应该注意功能的合理性和可靠性。设施位置也应当充分考虑汽车交通的特点和行车路线，避免对交通路线造成妨碍。道路的排水坡度和路旁边的排水沟除了美观以外应当充分计算排水量，避免在遇到大暴雨时产生因为设计不合理而导致的积水。

　　新农村住区的步行景观道路，由于人流交往密切，对景观的作用更为突出，这些道路的景观因素非常重要，美化环境，愉悦人们心情的作用也更为突出。

　　景观道路的设计处处体现着融入环境、贴近自然的理念，从材质到色彩都应很好地与环境融为一体。景观路的地面多为天然毛石或河卵石，这样的传统铺路方法很好地保持了自然的风貌，而且利于对自然降水的回渗，也具有环保作用。

　　如某住区的滨水道路的设计，材质采用方形毛石，色彩呈米黄色，毛石缝里镶嵌绿草，与路旁的草地自然过渡，很好地保护了环境，如图 6-77 所示。江南某住区的绿地中的小路用了仿天然木桩，显得自然而且富有情趣。一些住区的公共绿地和小路用当地的天然石材、河卵石、木材铺设，且都留有种植缝，这样的景观路美观而且渗水性好。在新农村住区的步行路中，应大力提倡这种既环保又美观的道路铺装设计，如图 6-78～图 6-82 所示。

图 6-77　滨水道路

图 6-78　仿木桩小路

图 6-79　嵌草石板路

图 6-80　石板小路

图 6-81　石材小径

图 6-82　天然材质的石板路和木桥

　　6. 无障碍设施

　　关怀弱势人群是现代化文明的重要标志。近年来，我国弱势人群的权益也受到越来越多的重视。老弱病残者也应当像正常人一样，享有丰富生活的权利。尤其是住区内体现在住宅和室外环境上就是要充分考虑到各种人群（尤其是行动不便的老年人和残疾人）使用建筑以及各种设施的便利性。在正常人方便使用建筑设施的同时也要设计专门的无障碍设施便于各种人群通行。室外无障碍设施非常多，可以说任何考虑到老弱病残者以及各种人群通行和使用方便的设施设计都属于这方面的工作，如图 6-83 所示。国外某新农村住区人行道路口处的无障碍设计，人行道上的台阶打开了一个缺口，变成了坡道，便于上台阶困难的行人通行，如图 6-84 所示。图 6-85 所示是住宅入门的无障碍坡道。

图 6-83　无障碍铺地及台阶处扶手

图 6-84　人行道路口处的无障碍设计

(a)

(b)

图 6-85　住宅入门的无障碍坡道

（a）坡道侧面；（b）坡道正面

6.5.4 艺术景观类环境设施

艺术景观类设施是美化城镇环境，使人们的生活环境更加优美、更加丰富多彩的装饰品。一般来说，它没有严格的功能要求，其设计的余地也最大，但是要符合新农村住区的整体设计风格，与道路的交通流线没有矛盾。艺术景观类设施品种多样，而且常穿插于其他类别的设施当中，或者其他类别的设施包含一定的艺术景观成分。比较常见的有雕塑、水景、花池等。

新农村住区的艺术景观设施应当更加重视当地的地域文化、气候特点，挖掘民间的艺术形式，而不要片面地追求时尚。如何使艺术景观设施延续和发扬历史、文化传统；传承文化的地域性、多样性是值得深思熟虑的。

1. 雕塑

当今装点新农村住区的雕塑主要有写实风格和抽象风格两大类。写实的雕塑，如图 6-86、图 6-87 所示，通过塑造与真实人物非常相似的造型来达到纪念意义，如四川省都江堰的李冰父子塑像。这类雕塑应特别注意形象和比例，不能不顾环境随便订制或购买一个了事。不经仔细推敲和设计的雕塑作品不仅不能给环境带来美感，反而会破坏环境。与写实风格相反，抽象雕塑用虚拟、夸张、隐喻等设计手法表达设计意图，好的抽象雕塑作品往往引起人们无限的遐思。抽象雕塑精美的地方不再是复杂的雕刻，而是更突出雕塑材料本身的精致和工艺的精巧。

图 6-86　美国某镇写实雕

图 6-87　有纪念意义的写实雕塑

国外某住区的滨水雕塑，用抽象的线条塑造出人的造型，丰富了原本单调的滨水景观，如图 6-88 所示。许多其他类的设施，如图 6-89 中的座椅，也加入了雕塑的艺术成分。

我国新农村住区景观设计中，传统的山石小品是造景的重要元素，由若干块造型优美的石来表现自然山水的意境，如图 6-90 所示。在山石小品的审美中，古人倡导选石要本着"瘦、透、漏、皱"的原则，意境讲究"虽由人作，宛自天成"。为此，提倡山石设施从选石、造型到摆放位置都应仔细推敲，精心设计，避免缺乏设计、造型呆滞、尺度失调的假山石对新农村住区景观的破坏。

图 6-88　抽象雕塑

图 6-89　有抽象雕塑风格的坐椅

图 6-90　山石设施

2. 园艺设施

园艺设施主要指花坛一类的种植容器，既可以栽种植物，又可以限定空间和小路，并赋予新农村住区一种特别宜人的景观特性。设计时应注意，不能把花坛布置在缺少阳光的地方，也不能任意散置。一般来说，最好把它们作为路上行人视线的焦点，成组、成团、成行地布置，如沿建筑物外墙、沿栏杆等，或单独组成一个连贯的图案，如图 6-91～图 6-94 所示。

图 6-91　沿住宅建筑布置花坛

图 6-92　日本某住区沿路布置的花坛

图 6-93　花坛与住宅建筑物风格一致

图 6-94　限定小路的花坛

3. 水景

水景是活跃城镇气氛，调节微气候和舒缓情绪的有利工具。在我国北方，目前许多小城镇普遍存在缺水现象，加上环境恶化，水质污染，生活生产用水相当紧张，因此新农村住区室外环境艺术设计水景要谨慎，应尽量节约用水，若有条件可利用中水形成水景观。水景的表达方式很多，变化多样，诸如喷泉、水池、瀑布、叠水、水渠、人工湖泊等，使用得好能使环境充满生机，如图 6-95～图 6-101 所示。

图 6-95　日本的传统水景观　　　图 6-96　配合小广场的水景　　图 6-97　配合小广场的水景

图 6-98　杭州某住区的水景　　　　　　图 6-99　人工水池中的叠水

图 6-100　公共活动场地上的喷泉　　　图 6-101　公共活动场地上结合绿化的水池

6.5.5　新农村住区环境设施的规划布局

1. 建筑设施

休息亭、廊大多结合住区的公共绿地布置，也可布置在儿童游戏场地内，用以遮阳和休息；书报亭、售货亭和商品陈列橱窗等往往结合公共服务中心布置；钟塔可以结合公共服务中心设置，也可布置在公共绿地或人行休息广场；出入口指住区和住宅组团的主要出入口，可结合围墙做成各种形式的门洞或用过街楼、雨篷及其他设施如雕塑、喷水池、花台等组成入口广场。图 6-102 所示为住区入口的水景。

图 6-102　住区入口的水景

2. 装饰设施

装饰设施主要起美化住区环境的作用，一般重点布置在公共绿地和公共活动中心等人流比较集中的显要地段。装饰设施除了活泼和丰富住区景观外，还应追求形式美和艺术感染力，可成为住区的主要标志。

3. 公用设施

公共设施规划和设计在满足使用要求的前提下，其色彩和造型都应精心考虑，否则将会有损环境景观。如垃圾箱、公共厕所等设施，它们与居民的生活密切相关，既要方便群众，但又不能设置过多。照明灯具是公共设施中为数较多的一项，根据不同的功能要求有道路、公共活动场地和庭园等照明灯具之分，其造型、高度和规划布置应视不同的功能和艺术等要求而异。公共标志是现代小城镇中不可缺少的内容，在住区中也有不少公共标志，如标志牌、路名牌、门牌号码等，它给人们带来方便的同时，又给住区增添美的装饰。道路路障是合理组织交通的一种辅助手段，凡不希望机动车进入的道路、出入口、步行街等，均可设置路障，路障不应妨碍居民和自行车、儿童车通行，在形式上可用路墩、栏木、路面做高差等各种形式，设计造型应力求美观大方，如图 6-103 所示。

（a）　　　　　　　　　　　　　　　　（b）

图 6-103　出入口的路障设计
（a）造型 1；（b）造型 2

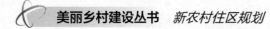

4. 游憩设施

游憩设施主要供居民的日常游憩活动之用，一般结合公共绿地、广场等布置。桌、椅、凳等游憩设施又称室外家具，是游憩设施中的一项主要内容。一般结合儿童、成年或老年人活动休息场布置，也可布置在人行休息广场和林荫道内，这些室外家具除了一般常见形式外，还可模拟动植物等的形象，也可设计成组合式的或结合花台、挡土墙等其他设施设计。

5. 铺地

住区内道路和广场所占的用地占有相当的比例，因此这些道路和广场的铺地材料和铺砌方式在很大程度上影响住区的面貌。地面铺地设计是小城镇环境设计的重要组成部分。铺地的材料、色彩和铺砌的方式要根据不同的功能要求选择经济、耐用、色彩和质感美观的材料，为了便于大量生产和施工往往采用预制块进行灵活拼装。

7
新农村生态住区的规划设计

    住区是新农村的有机组成部分,是道路或自然界限所围和的具有一定规模的生活聚居地,为居民提供生活居住空间和各类服务设施,以满足居民日常物质和精神生活的需求。随着新农村建设进程的加快,目前我国新农村住区在标准、数量、规模、建设体制等方面,都取得了很大的成绩。但也存在着居住条件落后、小区功能不完善、公共服务设施配套水平低、基础设施残缺不全、居住质量和环境质量差等多方面的问题与不足。在我国,新农村建设的重要意义之一在于改善居民生活质量和居住条件。因此,住区规划与设计是新农村规划建设中的一项重要内容。

7.1 生态住区概述

7.1.1 生态住区概念与内涵

1. 生态住区概念

    人类生态住区概念是在联合国教科文组织发起的"人与生物圈(MAB)计划"的研究过程中提出的,这一崭新的概念和发展模式一经提出,就受到全球的广泛关注,其内涵也得到不断发展。

    美国生态学家 R.Register 认为生态住区是紧凑、充满活力、节能并与自然和谐共存的聚居地。

    沈清基教授认为:生态住区是以生态学及城市生态学的基本原理为指导,规划、建设、运营、管理人的城市人类居住地。它是人类社会发展到一定阶段的产物,也是现代文明在发达城市中的象征。生态住区由城市人类与生存环境两大部分组成,其中生存环境由以下四方面组成:

    (1)大气、水、土地等自然环境。

    (2)除人类外的动物、植物、微生物组成的生物环境。

    (3)人类技术(建筑、道路等)所形成的物质环境。

    (4)人类经济和社会活动所形成的经济、社会、文化环境。

    颜京松和王如松教授认为:任何住宅和居住小区都是自然和人结合的生态住宅和生态住区,只不过有些小区生态关系比较合理、人与自然关系比较和谐,有些生态关系不合理、不和谐,或人与自然关系恶化而已。他们从可持续发展的战略角度将生态住区定义为生态住区是人类经过历史选择之后所追求的一种住宅和住区模式。它是"按生态学原理规划、设计、建设和管理的具有较完整的生态代谢过程和生态服务功能,人与自然协调、互惠互利,可持续发展的人居环境"。

综上所述，生态住区是以可持续发展的理念为指导，尊重自然、社会、经济协调发展的客观规律，遵循生态经济学的基本原理，立足于环境保护和节约资源两大主题，依靠现代科学技术，应用生态环保、建筑、区域发展、信息、生物、资源利用等专业知识及系统工程方法，在一定的时间、空间尺度内建立起的社会、经济、自然可持续发展，物质、能量、信息高效利用和良性循环，人与自然和谐共处的人类聚居区。

2. 生态住区的内涵

生态住区是在一定地域空间内人与自然和谐、持续发展的人类住区，是人类住区（城乡）发展的高级阶段和高级形式，是人类面临生态危机时提出的一种居住对策，是实现住区可持续发展的途径，也是生态文明时代的产物，是与生态文明时代相适应的人类社会生活新的空间组织形式。

从地理空间上看，生态住区强调了聚居是人类生活场所在本质上的同一性；从社会文化角度看，生态住区建立了以生态文明为特征的新的结构和运行机制，建立生态经济体系和生态文化体系，实现物质生产和社会生活的"生态化"，以及教育、科技、文化、道德、法律、制度的"生态化"，建立自觉的保护环境、促进人类自身发展的机制，倡导具有生命意义和人性的生活方式，创造公正、平等、安全的住区环境；从人—自然系统角度看，生态住区不仅促进人类自身的健康发展，成为人类的精神家园，同时也重视自然的发展，生态住区作为能"供养"人与自然的新的人居环境，在这里人与自然相互适应、协同进化，共生、共存、共荣，体现了人与自然不可分离的统一性，从而达到更高层次的人—自然系统的整体和谐。因此，建设生态住区不仅是出于保护环境、防治污染的目的，单纯追求自然环境的优美，还融合了社会、经济、技术和文化生态等方面的内容，强调在人—自然系统整体协调的基础上，考虑人类空间和经济活动的模式，发挥各种功能，以满足人们的物质和精神需求。

7.1.2 生态住区的理论

1. 基于我国传统建筑文化的生态住区理论

生态住区的思想最早产生于我国的优秀传统建筑文化。优秀传统建筑文化认为对人类影响最大的莫过于居住环境。良好的居住环境不仅有利于人类的身体健康，对人类的智力发育也具有重大影响。优秀传统建筑文化中蕴含着丰富、朴素的生态学内容，"大地为母、天人合一"的思想是其最基本的哲学内涵，关注人与环境的关系，提倡人的一切活动都要顺应自然的发展，是一种整体、有机循环的人地思想。其追求的目标是人类和自然环境的平衡与和谐，这也是中华民族崇尚自然的最高境界。

优秀传统建筑文化是历代先民在几千年的择居实践中发展起来的关于居住环境选择的独特文化，主张"人之居处，宜以大地山河为主"，也就是说，人要以自然为本，人类只有选择合适的自然环境，才有利于自身的生存和发展。优秀传统建筑文化把所有的自然条件如山、水、土地、风向、气候等作为人类居住地系统的重要组成部分，将地形、地貌等地理形态和人工设置相结合，给聚居地一个限定的范围空间，这个空间内能量流动与物质循环自然而顺畅，这既是对天人合一思想的理解，也是对大自然的崇拜和敬畏，引导人们去探索理想人居环境的模式和技术。

2. 基于生态学的生态住区理论

生态学最初是由德国生物学家赫克尔于 1869 年提出的，赫克尔把生态学定义为研究有机体及其环境之间相互关系的科学。他指出："我们可以把生态学理解为关于有机体与周围外部世界的关系的一般科学，外部世界是广义的生存条件。"生态学认为，自然界的任何一部分区域都是一个有机的统一体，即生态系统。生态系统是"一定空间内生物和非生物成分通过物质的循环、能量的流动和信息的交换互相作用、相互依存所构成的生态学功能单元"。

20 世纪以来出现的生态学高潮极大地推动了人们环境意识的提高和生态研究的发展，人与自然的关系问题在工业化的背景下得到重新认识和反思。20 世纪 30 年代美国建筑师高勒提出"少费而多用"，即对有限的物质资源进行最充分和最合理的设计和利用，以此来满足不断增长的人口的生存需要，符合生态学的循环利用原则。20 世纪 60 年代，美籍意大利建筑师保罗·索勒瑞把生态学和建筑学合并，提出了生态建筑学的新理念。1976 年，施耐德发起成立了建筑生物与生态学会，强调使用天然的建筑材料，利用自然通风、采光和取暖，倡导一种有利于人类健康和生态效益的建筑艺术。

1972 年斯德哥尔摩联合国人类环境会议成为生态住区（生态城市）理论发展的重要里程碑，会议发表了"人类环境宣言"，其中明确提出"人类的定居和城市化工作必须加以规划，以避免对环境的不良影响，并为大家取得社会、经济和环境三方面的最大利益。"这部宣言对生态住区的发展起到了巨大的推动作用。

3. 基于可持续发展思想的生态住区理论

可持续发展思想是生态住区理论与实践蓬勃发展的思想基础。20 世纪 80 年代，J·拉乌洛克的《盖娅：地球生命的新视点》一书，将地球及其生命系统描述成古希腊的大地女神——盖娅，把地球和各种生命系统都视为具备生命特征的实体，人类只是其中的有机组成部分，而不是自然的统治者，人类和所有生命都处于和谐之中。1992 年，里约热内卢召开的联合国环境与发展大会，把可持续发展思想写进了会议所有文件，也取得了世界各国政府、学术界的共识，一场生态革命随之而来。此后的一系列会议和著作列出了"可持续建筑设计细则"，提出了"设计成果来自环境、生态开支应列为评价标准、公众参与应为自然增辉"等设计原则和方法。1996 年来自欧洲 11 个国家的 30 位建筑师，共同签署了《在建筑和城市规划中应用太阳能的欧洲宪章》，指明了建筑师在可持续发展社会中应承担的社会责任。1999 年第 20 届世界建筑师大会通过的《北京宪章》，全面阐述了与"21 世纪建筑"有关的社会、经济和环境协调发展的重大原则和关键问题，指出"可持续发展是以新的观念对待 21 世纪建筑学的发展，这将带来又一个新的建筑运动……"，标志着 21 世纪人类将由"黑色文明"过渡到"绿色文明"。

7.1.3 生态住区的基本类型与特征

1. 生态住区的基本类型

生态住区是与特定的城市地域空间、社会文化联系在一起的。不同地域、不同社会历史背景下的生态住区具有不同的特色和个性，体现多样化的地域、历史文脉，因此生态住区不是单一的发展模式与类型，而是充分体现各地域自然、社会、经济、文化、历史特征的个性化空间。生态住区大致可以分为以下几种类型：

（1）生态艺术类。主要提倡以艺术为本源，最大限度地开发生态住区的艺术功能，将生态住区当成艺术品去创造和营建，使其无论从外部还是从内部看起来都是一件艺术品。

（2）生态智能类。主要是以突出各种生态智能为特征，最大限度地发挥住宅和住区的智能性，凡对人类居住能够提供智能服务的可能装置，都在适当的部分置入，使居住者可以凭想象和简单的操作就可以达到一种特殊的享受。

（3）生态宗教类。主要是以氏族图腾为精神与宗教结合的住宅类产物。

（4）部分生态类。是在受限制的条件下的一种局部或部分尝试，或是将房间的一部分装饰成具有生态要求的部分生态住区。

（5）生态荒庭类。是指生态住区实现人与自然的完美统一，一方面从形式上回归自然，进入一种原始自然状态中；另一方面又在利用现代科技文化的成果，使人们可以在居所里一边快乐地品尝咖啡的美味，一边用计算机进行广泛的网上交流，为人们造就一种别有趣味的天地。

2. 生态住区的基本特征

生态住区区别于其他住区的特质主要表现在生态住区的功能目标上。生态住区的规划建设目标可以概括成舒适、健康、高效、和谐。舒适和健康指的是生态住区要满足人对舒适度和健康的要求，例如，适宜的温度、湿度以保证人体舒适，充足的日照、良好的通风以保证杀菌消毒并具有高品质的新鲜空气；高效指的是生态住区要尽可能最大限度地高效利用资源与能源，尤其是不可再生的资源与能源，达到节能、节水、节地的目的；和谐指的是要充分体现人与建筑、自然环境以及社会文化的融合与协调。换句话说，生态住区的规划建设就是要充分体现住区的生态性，从整体上看，住区的生态性主要表现在以下三个方面：

（1）整体性。生态住区是兼顾不同时间、空间的人类住区，合理配置资源，不是单单追求环境优美或自身的繁荣，而是兼顾社会、经济和环境三者的整体效益，协调发展，住区生态化也不是某一方面的生态化，而是小区整体上的生态化，实现整体上的生态文明。生态住区不仅重视经济发展与生态环境协调，更注重人类生活品质的提高；不因眼前的利益而以"掠夺"其他地区的方式促进自身暂时的繁荣，保证发展的健康、持续、协调，使发展有更强的适应性，即强调人类与自然系统在一定时空整体协调的新秩序下寻求发展。

（2）多样性。多样性是生物圈特有的生态现象。生态住区的多样性不仅包括生物多样性，还包括文化多样性、景观多样性、功能多样性、空间多样性、建筑多样性、交通多样性、选择多样性等更广泛的内容，这些多样性同时也反映了生态住区生活民主化、多元化、丰富性的特点，不同信仰、不同种族、不同阶层的人能共同和谐地生活在一起。

（3）和谐性。生态住区的和谐性反映在人—自然统一的各种组合，如人与自然、人与其他物种、人与社会、社会各群体、人的精神等方面，其中自然与人类共生，人类回归自然、贴近自然，自然融于生态城市是最主要的方面。生态住区融入自然、文化、历史社会环境，兼容包蓄，营造出满足人类自身进化需求的环境，充满人情味，文化气息浓郁，生活多样化，人的天性得到充分表现与发挥，文化成为生态城市最重要的功能。生态住区不是一个用自然绿色点缀的人居环境，而是富有生机与活力，是关心人、陶冶人的"爱之器官"，自然与文化相互适应，共同实现文化与自然的协调，"诗意地栖息在大地上"的和谐性是生态住区的核心内容。

7.2　新农村生态住区规划

7.2.1　新农村生态住区规划的总体原则

1. 生态可持续原则

可持续发展是解决当前自然、社会、经济领域诸多矛盾和问题的根本方法与总体原则。当前人类住区的种种危机是人—自然的发展问题，因此只有从人—自然整体的角度，去研究产生这些问题的深层原因，才能真正地创造出适宜人居的居住环境。生态住区规划的本质在于通过对空间资源的配置，来调控人—自然系统价值（自然环境价值、社会价值、经济价值）的再分配，进而实现人—自然的可持续发展。生态可持续原则包括自然生态可持续原则、社会生态可持续原则、经济生态可持续原则、复合生态可持续原则。

（1）自然生态可持续原则。生态住区是在自然的基础上建造起来的，这一本质要求人类活动保持在自然环境所允许的承载能力之内，生态住区的建设必须遵循自然的基本规律，维护自然环境基本要素的再生能力、自净能力和结构稳定性、功能持续性，并且尽可能将原有价值的自然生态要素保留下来。所以，生态住区的规划设计要结合自然，适应与改造并重，并对开发建设可能引起的自然机制不能正常发挥作用的，进行必要的同步恢复和补偿，使之趋向新的平衡，最大限度地减缓开发建设活动对自然的压力，减少对自然环境的消极影响。

（2）社会生态可持续原则。生态住区规划不仅仅是工程建设问题，还应包括社会的整体利益，不仅应立足于物质发展规划，着力改善和提高人们物质生活质量，还要着眼于社会发展规划，满足人对各种精神文化方面的需求；注重自然与历史遗迹、民间非物质文化遗产以及历史文脉的保护与继承。

（3）经济生态可持续原则。生态规划设计应促进经济发展，同时也应注重经济发展的质量和持续性，体现效率的原则。因此，在生态住区设计中应提倡提高资源利用效率以及再生和综合利用水平、减少废物的设计思想，促进生态型经济的形成，并提出相应的对策或工程、工艺措施。

（4）复合生态可持续原则。生态住区的社会、经济、自然和系统是相符相成、共同构成的有机整体。生态住区规划设计必须将三者有机结合起来，统筹兼顾、综合考虑，不偏向任何一方面，利用三方面的互补性，平衡协调相互之间的冲突和矛盾，使整体效益达到最高。因此，生态住区的规划既要利于自然，又要造福于人类，不能只考虑短期的经济效益，而忽视人的实际生活需要和可能对生存环境造成的胁迫与影响，社会、经济、生态目标要提到同等重要的地位来考虑，可以根据实际情况进行修改调整。协调发展是这一原则的核心。

2. 因地制宜原则

中国地域辽阔，气候差异很大，地形、地貌和土质也不一样，建筑形式不尽相同。同时，各地居民长期以来形成的生活习惯和文化风俗也不一样。例如：西北干旱少雨，人们就采取穴居式窑洞居住，窑洞多朝南设计，施工简易，不占土地，节省材料，防火防寒，冬暖夏凉。西南潮湿多雨，虫兽很多，人们就采取干栏式竹楼居住，竹楼空气流通，凉爽防潮，大多修建在依山傍水之处。此外，草原的牧民采用蒙古包为住宅，便于随水草而迁徙。贵州山区和大理人民用山石砌房，这些建筑形式都是根据当时当地的具体条件而创立的。因此，新农村生态住区的规划建设必须坚持因地制宜原则，即根据环境的客观性，充分考虑当地的自然环境和居民的生活习惯。

3. 以人为本原则

生态住区的规划设计是为居民营造良好的居住环境，必须注重和树立人与自然和谐及可持续发展的理念。由于社会需求的多元化和人民经济收入水平的差异，以及文化程度、职业等的不同，对住房与环境的选择也有所不同。特别是随着社会的发展，人们收入增加，对住房与环境的要求也相应提高。因此，生态住区的规划与设计必须坚持以人为本原则，充分满足不同层次居民的需求。

4. 社区共享、公众参与原则

生态住区规划设计应充分考虑全体居民对住区的财富的公平共享，包括共享设施、共享服务、共享景象、公众参与。共享要求生态住区规划设计在设施的选择上应注意类型、项目、标准与消费费用的大众化，设施的布局应注意均衡性与选择性，在服务方式上应注意整体性与到位程度，以直接面向住区的服务对象。公众参与是住区全体居民共同参与社区事务的保证机制和重要过程，包括住区公民参与社区管理与决策、住区后续发展与信息交流。生态住区的规划布局应充分满足公众参与的要求。

7.2.2 新农村生态住区的设计观念

生态住区无论是从结构方面还是功能及其他诸多方面与传统住区均有质的不同，要求其从设计、建设一直到使用、废弃的整个生命周期内对环境都是无害的。这就离不开创造性的规划设计，也是一项复杂的需要多学科共同参与的系统工程。因而必须转变住区规划设计观念与方法，在新的生态价值观指导下，创立着眼于生态的规划设计理论与方法体系。与传统设计观相比，生态设计观以人与自然和谐为价值取向，目的是创造和谐发展的人居环境，以达到人工环境与自然环境的协调与平衡。同时生态整体规划设计对新的人居环境的创造不仅表现在物质形体上，更重要的是体现在社会文化环境的形成与创造上。传统设计观与生态设计观的比较见表7-1。

表 7-1　　　　　　　　　　　　传统设计观与生态设计观的比较

比较因素	传统设计观	生态设计观
对自然生态秩序的态度	以狭义的人为中心，意欲以人定胜天的思想征服或破坏自然，人成为凌驾于自然之上的万能统治者	把人当作宇宙的一份子，与地球上的任何一种生物一样，把自己融入大自然中
对资源的态度	没有或很少考虑到有效的资源再生利用及对生态环境的影响	要求设计人员在构思及设计阶段必须考虑降低能耗、资源重复利用和保护生态环境
设计依据	依据建筑的功能、性能及成本要求来设计	依据环境效益和生态效益指标与建筑空间功能、性能及成本要求进行设计
设计目的	以人的需求为主要目的，达到建筑本身的舒适与愉悦	为人的需求和环境而设计，其终极目的是改善人类居住与生活环境，创造环境、经济、社会的综合效益，满足可持续发展的要求
施工技术或工艺	在施工和使用的过程中很少考虑材料的回收利用	在施工和使用的过程中采用可拆卸、易回收、不产生毒副作用的材料并保证产生最少废弃物

生态住区规划设计的观念不是全盘否定或者抛弃现代住区规划与设计观念，而是批判地继承，并引入新的思想和手段，注入新的观点和内容。这种生态规划观念是在对传统住区建设与规划观念反思与总结的基础上，以生态价值观为出发点，体现一种"平衡"或者"协调"的规划思想。它把人与自然建筑看作一个整体，协调经济发展、社会进步、环境保护之间的关系，促进人类生存空间向更有序稳定的方向发展，实现人与自然社会和谐共生。

生态规划设计既不是以减少人类利益来保护自然消极被动地限制人类行为，也不是以人类利益为根本前提的狭隘人类中心主义，而是一种主动创造新生活，实现人与自然公平协调发展，促进代际公平与可持续发展的思路，是生态住区规划设计的最高目标。

7.2.3 新农村生态住区规划与设计的内容

生态住区与传统住区相比，在满足居民基本活动需求的同时，不仅追求住区环境与周边自然环境的融合，更加注重人的生活质量和素质的提高，强调住区综合功能的开发与协调。新农村生态住区的规划与设计必须遵循社会、经济、资源、环境可持续发展的原则，以城镇总体规划和生态功能区划为框架，结合当地历史文化因素，充分考虑当地居民的生活习惯和方式，着重对生态住区的区位选址、环境要素（水、气、声、光、能、景观）、生态文化体系等进行规划与设计。

1. 选址规划

（1）新农村生态住区选址影响因素。新农村生态住区的选址比较复杂，要充分考虑整体的环境因素，不仅要考虑住区范围内的环境，也要考虑周围的环境状况；不仅要避免外界环境的不良影响，同时也不对外界环境造成破坏；不仅要在整个住区内达到生态平衡和生态自然循环的效果，而且可以通过住区内可持续的生态系统和生态循环对周围环境起到积极的影响，从而将生态区域的范围扩大，使住区内的生态系统得到进一步优化与发展。

新农村生态住区选址的环境影响因素主要包括以下几个方面：

1）良好的自然环境。良好的自然环境是建设生态住区的基础。自古以来，人们就在不断寻找和改善自身周边的居住环境，不仅是为了满足生活的需要，还是为了陶冶情操，满足精神文化发展的需要。良好的植被、清新的空气、洁净的水源、安静的环境都是生态住区追求的基本要求。

2）地形与地质。地形与地质不仅对住区的安全具有重要影响，与人类的身体健康也有着密切的关系。新农村生态住区要选择适于各项工程建设所需的地形和地质条件的用地，避免不良条件的危害，如在丘陵地区易于发生的山洪、滑坡、泥石流等灾害。同时，所选地址应有良好的日照及通风条件，并且合理设置朝向。例如，冬冷夏热地区，住宅居室应避免朝西，除争取冬季日照外，还要着重防止夏季西晒和有利于通风；而北方寒冷地区，住宅居室应避免朝北，保证冬季获得必要的日照。

3）城镇的生态功能区划。生态功能分区根据不同地区的自然条件、主要的生态系统类型，按相应的指标体系进行城镇生态系统的不同服务功能分区及敏感性分区，将区域划分为不同的功能系统或功能区，如生物多样性保护区、水源涵养区、工业生产区、农业生产区、城镇建设区等。不同的功能区环境敏感性不同，对生态环境的要求也不一样。生态住区选址应符合城镇的生态功能区划，避免周围环境对住区的负面影响，以及住区对周边环境的影响。例如，生态住区不宜建设在城镇的下风位，避免工业废气、废水污染；和城镇中心商务区保持合适的距离，避免噪声等污染；不占用农田耕地、不侵占生态多样性保护区、水源涵养区及林地等。

4）用地规模与形态。生态住区建设用地面积的大小必须符合规划用地要求，并且为规划期内及之后的发展留有空地；用地形态宜集中紧凑布置，适宜的用地形状有利于生态住区的空间与功能布局。同时，用地选择应注意保护文物和古迹，尤其在历史文化名城，用地的规模与形态应符合文物古迹的保护要求。

5）周边的城镇基础设施。良好、便利的周边城镇基础设施是生态住区的基本要求。生态住区规划用地应考虑与现有城区的功能结构关系，尽量利用现有的城镇基础设施，以节约新建设施的投资，缩短开发周期，避免因此带来的不经济性。例如：是否有便捷的交通网络、是否有满足生态住区居民要求的给排水和电力设施、是否有完善的公众服务实施等。

（2）传统建筑文化在新农村生态住区选址中的应用。我国传统建筑文化对人类居住、生存环境地选址和处理具有一套独特的理论体系，其关于村落、城镇、住宅的选址模式有着明显的共性，都是背有靠山、前有流水、左右有砂山护卫，构成一种相对围合空间单元。传统建筑文化对于住区的选址原则包括以下 5 项。

1）立足整体、适中合宜。传统建筑文化认为环境是一个整体系统，以人为中心，包括天地万物。环境中的每一个子系统都是相互联系、相互制约、相互依存、相互独立、相互转化的要素。立足整体的原则即要宏观把握协调各子系统之间的关系，优化系统结构，寻求最佳组合。适中合宜原则即恰到好处，不偏不倚，不大不小，不高不低，尽可能优化，接近至善至美。此外，适中合宜的原则还要突出中心，强调布局整齐，附加设施要紧紧围绕轴心布置。

2）观形察势、顺乘生气。清代的《阳宅十书》中指出："人之居处宜以大山河为主，其来脉气最大，关系人祸最为切要。"传统建筑文化注重山形地势，强调把小环境放入大环境中考察。从大环境观察小环境，即可发现小环境所受到的外界制约和影响，如水源、气候、物产、地质等。只有大环境完美，住区所处的小环境才能完美。

3）因地制宜、调谐自然。因地制宜原则即根据环境的客观性，采取切实有效的方法，使人与建筑适宜于自然，回归自然，返璞归真，天人合一，这也是传统建筑文化的真谛所在。调谐自然原则即通过对环境的合理改造，使住区布局更合理，更有益于居民的身心健康和经济的发展，创造出优化的生存条件。

4）依山傍水、负阴抱阳。传统建筑文化认为，山体是大地的骨架，水域是万物生机之源泉，没有水，人就不能生存。依山的形势包括 2 种类型，一种是"土包屋"，即三面群山环绕，奥中有旷，南面敞开，房屋隐于万树丛中；另一种是"屋包山"，即成片的房屋覆盖着山坡，从山脚一直到山腰，背枕山坡，拾级而上，气宇轩昂。由于我国的地理位置和气候类型，负阴抱阳在我国而言，即坐北朝南。依据这一选址原则建设的住区，得山川之灵气，受日月之光华。

5）地质检验、水质分析。传统建筑文化认为，地址决定人的体质。现代科学也证实了这一点，土壤中所含的微量元素、潮湿或腐烂的地质、地球的磁场、有害的长振波以及辐射线等均会对人体产生影响。不同地域的水分中也含有不同的微量元素及化合物质，有的有利，有的有害。因此，在住区的选址过程中，对于地质和水质的检验和分析不可或缺，注意趋利避害。

城镇相对于密集的城市来说，周边自然环境具有更大的开放性。因此，在城镇生态住区的选址规划中，应结合我国传统建筑文化，发挥其在选择良好居住环境中的作用。

2. 环境要素规划与设计

生态住区环境要素的规划主要包括水、气、声、光、能源和景观环境等。

（1）水环境系统。生态住区的水环境系统，是指在保障住区内居民日常生活用水的前提下，采用各种适用技术、先进技术与集成技术，达到节水目标，改善住区水环境，使住区水系统经济稳定运行且高度集成的水环境系统。包括用水规划、给排水系统、污水处理与回收、雨水利用、绿化和景观用水、节水器具和设施等。

1）用水规划。结合城镇的总体水资源和水环境规划，合理规划住区水环境，有效利用水资源，改善住区水环境和生态环境。

2）给排水系统。保证以足够的水量和水压向所有的用户不间断地供应符合卫生条件的饮用水、消防用水和其他生活用水；及时将住区的污水和雨水排放收集到指定的场所。

3）污水处理与回收利用。保护住区周围的水环境，实现污水处理的资源化和无害化，改善住区生态环境。

4）雨水利用。收集雨水用以在一定范围内补充住区用水，完善住区屋顶和地表径流规划，避免雨水淹渍、冲刷给环境带来的破坏。

5）绿化和景观用水。保障住区绿化、景观用水，改善住区用水分配，提高景观用水水质和效率。

6）节水器具和设施。执行节水措施，使用节水器具和设施节约用水。

（2）大气环境系统。生态住区的大气环境系统是指住区内居民所处的大气环境，它由室内空气环境系统和室外空气环境系统组成。

室内空气环境系统主要依靠住宅的生态化设计来实现。重点考虑良好的通风系统，一个良好的通风系统能够很快地排出使用设备所产生的室内空气污染物，同时补充一定的室外空气，并能尽量均匀地输送到各个房间，给住户带来舒适感。在设计过程中应多考虑自动通风系统，注意平面布局和门窗洞口的布置，依靠室外自然风和室内简易设施，尽量利用风压进行自然通风排湿。自然通风最大的优点在于有利于改善建筑内部的空气质量，除在室外污染非常严重以至于空气质量不能达到健康要求的时候，应该尽可能地使用自然通风来给室内提供新鲜空气；自然通风的另一个优点在于能够降低对空调系统的依赖，从而节约空调能耗。当代建筑中最常见的设计模式是充分利用自然通风系统，同时配置机械通风和空调系统。

室外空气环境主要依靠合理选择住区区位和地形、合理布局住区内建筑设施和绿化来实现。区位和地形的选择应避免周边大气污染源对住区的影响；合理安排建筑布局、建筑形体和洞口设置，可以改善通风效果；住区绿化具有良好的调节气温和增加空气湿度的效果，同时防尘滞尘，吸收部分大气污染物，改善大气环境质量。

（3）声环境系统。随着社会的发展，住区声环境已经成为现代人追求的人居环境品质的重要内容之一。一方面，噪声源数量日益增加，噪声源分布范围和时间更广泛，例如，车辆噪声，尤其是干道两侧的噪声，对居民产生严重影响；另一方面，随着经济收入文化水平的提高，人们对声环境品质要求更高。

新农村生态住区开发前期在项目选址及场地设计中，应对周边噪声源进行测试分析，尽量使住区远离噪声源。当住区规划设计不能满足声环境要求时，应采用人工措施减少外部噪声对居民的影响；当住区受到功能分区不合理、道路噪声等干扰时，应通过合理设计住区建筑布局和采用减噪、降噪措施相结合的方式，营造一个安静的声环境。如将卧室尽量设在背离噪声源的一侧，将卫生间、厨房、阳台等靠近声源，采用合理的建筑布局形式减弱噪声传播等。

（4）光环境系统。生态住区的光环境系统是指住区内天然采光系统与人工照明系统。

在天然采光系统设计方面，应通过合理设置建筑朝向以及建筑群落布局，保障居民享有尽可能充分的日照和采光，以满足卫生健康需求。同时，充分利用天然光源合理进行住宅内的人工照明设计，节约能源，提高住宅光环境质量，为居住者提供一个满足生理、心理卫生健康要求的居住环境。在采光系统的设计中，还应注重室外景观的可观赏性，在保证住宅一定比例的房间应能够自然采光的同时，不应使住宅格局阻碍对室外景观的观赏视线。

太阳光是一种巨大的、安全的、清洁的天然光源，把天然光引入室内照明可以起到节约能源和保护环境的作用，同时还可以创造出舒适的光照环境，有益于身心健康。在利用太阳光进行采光的同时，还要避免产生光污染。

在照明设计方面，应重点考虑绿色照明技术的应用。绿色照明技术主要包含三个方面的内容，即照明器材的清洁生产、绿色照明、照明器材废弃物的污染防治。住区的公共照明系统应使用高效节能灯器具，如 LED 灯等，并向住区居民推广和使用。

（5）能源系统。生态住区的能源系统是用于保障住区内居民日常生活所需的各种能源结构的总称。主要包括常规能源系统（如电能、天然气、煤气等）和绿色能源系统（如太阳能、风能、地热能等）。生态住区的能源系统规划重点应放在建筑节能、常规能源系统优化与绿色能源和开发利用三个方面。

建筑节能是通过科学合理的建筑热工设计，运用建筑技术手段来改善住房的居住环境，使建筑冬暖夏凉，减少对机械设备的使用，从而达到节能降耗、减少环境污染的目的。

在生态住区中，应逐步降低常规能源的使用比例，结合当地特点和优势，不断开发诸如太阳能、生物能、地热能等绿色能源的使用，优化能源结构，提高各种能源的使用效率，避免造成能源浪费。

（6）景观环境。生态住区的景观环境包括原有住区范围内以及周围的自然景观，当地已建成区可能给予陪衬与烘托的人文景观，通过住区的绿地、植物等软质景物和建筑小品、运动场地、水池、灯饰、道路以及住宅建筑等硬质景物构成的群体景观。

景观环境应与周围环境相协调，体现自然与人工环境的融合。景观环境规划应在满足生态住区使用要求的情况下，尽量保留原有的生态环境，并对不良环境进行治理和改善。如对生态住区规划所在地的山、水（河流、池塘）、植被等进行充分保留和恢复，保持其生态功能的完整性和原真性生活状态。

景观环境规划与设计应坚持实用与开放的原则，所有的环境设施和景观应在认真研究居民日常生活要求的基础上设计建设，力求使用方便，并向居民免费开放，提高景观环境设施的利用率。如绿地建设，草坪应选择耐践踏品种，人们适度地在草地上行走、躺卧和嬉戏并不会造成草地的死亡。

3．新农村生态住区生态文化体系规划与建设

城镇生态住区生态文化体系包括文化设施建设和传统文化与历史文脉的继承与保护。

（1）文化设施建设。文化设施建设应注重对现有城镇设施的规划和利用，新建和修缮原本缺少或功能不完善的设施。在住区规划选址时，应充分考虑所选区域的城镇文化设施的完备性与可利用性。近年来，欧美国家在谈论生态住区时，经常提出"完备社区"的概念。所谓"完备社区"，即指尽可能将工作、居住与购物娱乐结合成一体的社区。这样可以极大地方便居住者，并且有利于减少居民出行，缓解城市（镇）交通压力，从而大大降低居民的能源消耗，节约资源，有利于城市（镇）的可持续发展。文化设施如下：

1）管理服务中心。市政管理、环保控制中心、物业管理公司、就业指导站、人才交流中心、公共咨询服务站等。

2）社区科技文化服务中心。教育培训设施、社区阅览室、文化宣教中心、体育健身中心、老年活动中心、书店等。

3）医疗保健中心。社区医院、卫生防疫站、急救中心、敬老院等。

4）综合服务中心。银行、百货公司、集贸市场、社区超市、旅馆、酒店、中西药房等。

5）市政交通公用服务。住区道路、停车场库、出租车站、公交换乘站等。

（2）传统文化和历史文脉的继承与保护。我国地域辽阔，历史悠久。各地居民长期养成的生活习惯不尽相同，历史积淀下来的传统文化和历史文脉也都体现了鲜明的地方特色。随着我国城镇化建设加快，城镇用地规模不断扩大，社会经济不断发展，再加上外来思潮的不断冲击，城镇建设往往采取简单、盲目照抄、千篇一律的建设模式，对各地传统文化和历史文脉的继承和保护提出了严峻的挑战。生态住区内涵体现的不仅仅是人与自然的融合，还包括当代文明与历史文化的融合。因此，加强生态住区周边的自然与人文遗迹、历史文脉和非物质文化遗产的继承与保护是新农村生态住区规划与建设必不可少的一项工作。在规划设计前期，应对所选区域的历史文化、风俗习惯、人文脉络、民间手工（艺术）或非物质文化遗产等进行充分调研，重视其历史文化价值，明确保护原则和措施。从社会经济角度来说，历史文化本身具有很好的社会经济价值，如果被很好地保护和利用，将能产生巨大的经济利益和社会利益，随着社会的发展，其价值将不断增长，对于提升城镇的形象与品位，塑造城镇浓郁的地方特色具有重要意义。

7.3 新农村住区的环境保护和节能防灾

7.3.1 环境保护

合理选用雨水排放和生活污水处理方式，实施雨水、污水分流，生活污水和养殖业污水

应处理达标排放，不得暴露或污染农村生活环境。结合农村环境连片整治，深化"农村家园清洁行动"，推行垃圾分拣、分类收集，做到环境净化、路无浮土。进行无害化卫生户厕建设或整治。按需求建设水冲式公厕，梳理、规范农村各种缆线。

1. 环境卫生

（1）城乡一体化原则。按照"户分类、村收集、镇中转、县处理"四级联动的城乡垃圾处理一体化管理原则，进行环境卫生整治。鼓励"以城带乡、纳管优先"，城镇生活污水管网尽可能向周边农村延伸，优先考虑"纳管"集中处理。

（2）综合利用、设施共享原则。积极回收可利用的废弃物；提倡垃圾、污水处理设施的共建、共享。

（3）重点和专项整治原则。对生态环境较脆弱和环境卫生要求较高的农村，应重点进行整治。针对有时效性、临时产生的垃圾进行专项整治。

（4）完善机制、设施配套原则。建立日常保洁的乡规民约、责任包干、督促检查、考核评比、经费保障等长效机制。配套生活垃圾清扫、收集、运输等设施设备。

（5）群众参与、自我完善原则。积极整合社会力量和资源，发动群众，引导群众出资或投工、投劳，增强群众参与的责任感和主人翁意识。

2. 垃圾收集与处理

（1）生活垃圾处理。建立生活垃圾收集—清运配套设施。提倡直接清运，尽量减少垃圾落地，防止蚊蝇滋生，带来二次污染。

1）管理措施。将农村垃圾纳入镇级以上处置系统集中处理。建立和完善农村垃圾处置长效管理和运作机制，加强垃圾清扫、收集、运输的日常管理。聘请农村保洁员，加强日常保洁和环境卫生监督工作，规范垃圾存放点（容器）和转运站，规范运输设备，实现定点存放、统一收集、定时清运、集中处置。完善农村垃圾处理收费制度，保障环卫经费的支出。

2）处理措施。

a. 垃圾分类。农村生活垃圾分以下四类：

a）有机垃圾，主要包括瓜果蔬菜、残羹剩菜等易腐坏的废弃物；

b）无机垃圾，主要包括煤渣、建筑垃圾等无回收价值的废弃物；

c）可回收垃圾，主要包括塑料、纸张、瓶罐等可二次利用的物品；

d）有害垃圾，指对人体健康或环境造成现实或潜在危害的废弃物，主要包括杀虫剂、除草剂、废油漆桶、过期农药等有毒有害物。各种垃圾的分类如图7-1所示。

b. 垃圾收集。根据农村规模和卫生要求配置一定数量的垃圾筒、垃圾屋、垃圾收集点，实行定时上门或定点收集生活垃圾。垃圾收集的几种用具如图7-2所示。

人口密集、垃圾产量较多的农村可采用垃圾箱屋、垃圾转运站收集垃圾。

c. 垃圾清运。根据农村人口、清运路程和农村经济情况，配置一定数量、规模的垃圾转运工具。几种垃圾清运工具如图7-3所示。

d. 垃圾综合处理。提倡采用综合处理方式，生活垃圾经过初步分拣后，因地制宜地采用卫生填埋、堆肥、焚烧的方式进行综合处置。几种垃圾综合处理方法如图7-4所示。

图 7-1 各种垃圾的分类

（a）有机垃圾，易腐烂，可堆肥；（b）可回收垃圾，可二次利用；

（c）无机垃圾，不腐；（d）有害垃圾，对环境和人健康有危害

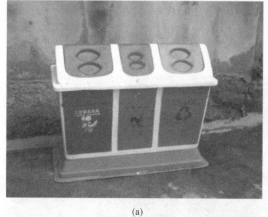

(a)

(b)

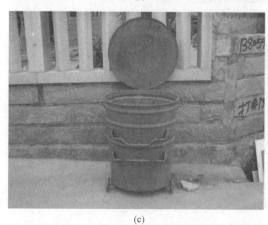

(c)

(d)

(e)

(f)

图7-2　垃圾收集的几种用具

（a）分类收集垃圾桶；（b）分类收集垃圾箱；（c）铁皮垃圾桶，用于较多用户垃圾收集；

（d）垃圾屋，用于大量用户收集；（e）垃圾箱屋，用于存放垃圾箱；

（f）压缩式垃圾转运站，与垃圾运输车配套使用

(a)　　　　　　　　　　　　　　　(b)

(c)　　　　　　　　　　　　　　　(d)

图 7-3　几种垃圾清运工具

（a）手推垃圾车，用于定点垃圾清运；（b）人力垃圾车，用于日常垃圾清运；（c）人力三轮垃圾车，
用于较远日常垃圾清运；（d）电力垃圾车，用于较远、较大规模垃圾清运

(a)　　　　　　　　　　　　　　　(b)

(c)　　　　　　　　　　　　　　　(d)

图 7-4　几种垃圾综合处理方法

（a）垃圾焖烧炉；（b）垃圾焚烧发电厂；（c）垃圾填埋场；（d）垃圾堆肥处理

以下模式可供选择：

a）回收利用＋焚烧处理模式。

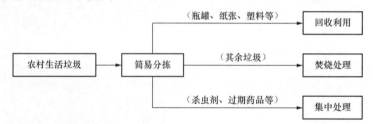

b）回收利用＋堆肥农用模式。

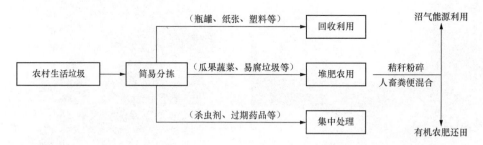

c）回收利用＋堆肥农用＋卫生填埋模式。

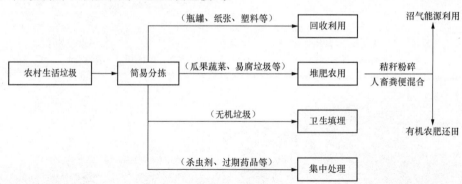

d）交通不便的山区、海岛生活垃圾可采用农家堆肥、厌氧堆肥还田的处置方式，两种堆肥方法如图 7-5 所示。

图 7-5　两种堆肥方法
（a）简易堆肥；（b）厌氧堆肥还田

（2）粪便处理，三种粪便处理方法如图 7-6 所示。

1）提倡水冲厕，对露天旱厕进行改造。如图 7-6（a）、图 7-6（b）所示。

2）建设有污水处理设施、实行管道化排放的，排入污水处理设施进行处理。如图 7-6（c）、图 7-6（d）所示。

3）未建设有污水处理设施的，排入沼气池或化粪池处理，定期进行清掏后的粪渣作为农用。如图 7-6（e）、图 7-6（f）所示。

图 7-6   三种粪便处理方法

（a）改造前的旱厕；（b）改造后的水冲厕；（c）一体化污水处理设施；

（d）人工湿地；（e）三格化粪池；（f）沼气池

（3）禽畜粪便处理。逐步减少村内散户养殖，鼓励建设生态养殖场和养殖小区，通过发展沼气、生产有机肥和无害化畜禽粪便还田等综合利用方式，形成生态养殖—沼气—有机肥料—种植的循环经济模式，如图 7-7 所示。

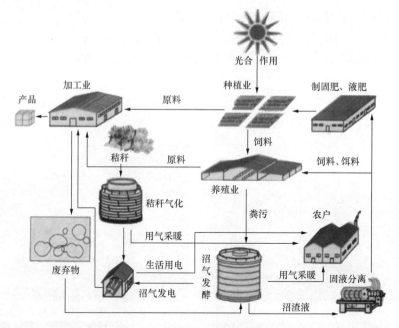

图 7-7　循环经济模式流程图

1）散户养殖的禽畜粪便排入沼气池或化粪池一并处理，如图 7-8 所示。

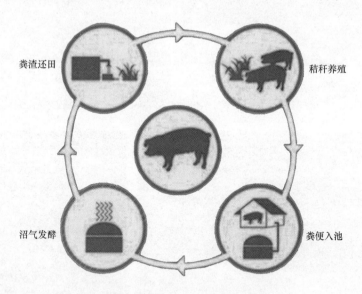

图 7-8　散户养殖、禽畜粪便处理

2）规模化养殖的禽畜粪便采用无害化集中处理技术，包括发酵技术、农作物专用肥配方技术、干燥造粒技术、有机复合肥施用等技术，如图 7-9 所示。

（4）农业垃圾处理。农业生产过程中产生的固体废物。主要来自植物种植业、农用塑料残膜等，如秸秆、棚膜、地膜等。

提倡秸秆综合利用，堆腐还田、饲料化、沼气发酵。

提倡选用厚度不小于 0.008mm，耐老化、低毒性或无毒性、可降解的树脂农膜；"一膜两用、多用",提高地膜利用率。

（a） （b）

图 7-9 规模化养殖、禽畜粪便处理
（a）规模化养殖；（b）禽畜粪便处理

1）秸秆堆腐还田如图 7-10 所示。

图 7-10 秸秆堆腐还田

2）农用薄膜如图 7-11 所示。

（a） （b）

图 7-11 一膜多用
（a）地膜覆盖；（b）大棚覆盖

（5）河道垃圾处理。定期对河道、渠道等水上垃圾进行打捞、清淤，保证水系的行洪安全，如图 7-12 所示。

（a）（b）

图 7-12　水上垃圾打捞、清淤

（a）图 1；（b）图 2

（6）建筑垃圾处理。居民自建房产生的建筑渣土应定点堆放，不应影响道路通行及农村景观，如图 7-13 所示。

图 7-13　建筑渣土用于填筑道路、填坑

3. 完善排水设施

（1）理清沟渠功能。主要分雨污合流沟渠、排内部雨水的沟渠、排洪沟渠（包括兼排内部雨污水的排洪沟渠）三类。

（2）疏通整治排水沟（管）渠及河流水系，如图 7-14 所示。

1）有条件尽量将外部雨洪分流，即新修一条排洪沟，使外部雨洪不从农村内部通过。不能外移的排洪沟应进行疏通整治，拆除其上所有阻水的建、构筑物，保证行洪断面，排洪沟宜采用明沟，可采用浆砌块石砌筑。如图 7-14（a）、图 7-14（b）所示。

2）雨水沟渠应进行疏通整治，可就地取材，采用砖或石头砌筑，新建道路可采用钢筋混凝土圆管。为避免垃圾等杂物堵塞沟道，人流量大的道路旁明沟应加设盖板，但一定距离需设雨水箅子，保证地面雨水进入。兼排污的合流沟渠应全部加设盖板，沟渠采用水泥砂浆抹面，避免污水外渗，污染环境。

图 7-14 疏通整治排水沟（管）渠及河流水系的方法
（a）沟渠断面整治改造前；（b）沟渠断面整治改造后；（c）定期清通排水沟渠；（d）清理河道淤积杂物，适当整理驳岸，
完善水边绿化，还"水清流畅"；（e）打通断头浜，疏通水系，改善水质，提高引排能力

3）排水沟渠应定期进行疏通清理，防止垃圾、淤泥淤积堵塞，保证排水通畅。

4）疏通整治河道，清除阻水障碍物，打通断头浜，提高引排和自净能力。

（3）建设一套污水收集管网。

1）尽量按雨污分流进行污水管网建设，即能分则分。污水管网应实施到户，对于实施分流确有难度的也应在合流沟渠出口上设截污井，保证旱流污水全部纳入污水管网。截污的方法如图 7-15 所示。

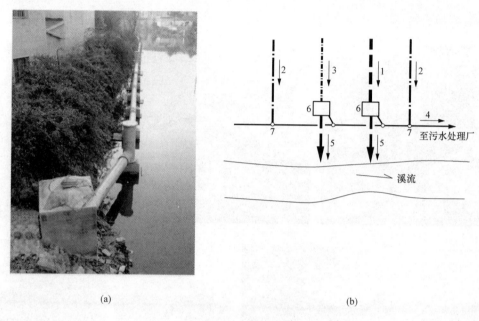

(a) (b)

图 7-15　截污的方法

（a）沿溪流铺设截污管道；（b）污水截流系统布置图

1—合流管沟；2—污水干管；3—雨水管沟；4—截流干管；5—溢流管；6—截污溢流井；7—检查井

2）因地制宜进行污水管道铺设，如在狭窄的街巷污水管道可选择铺设在现状沟渠下，采用密闭式检修口，并在合适的位置设通风口，上沟下管布置形式如图 7-16 所示。

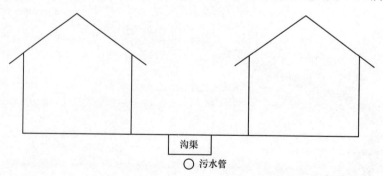

图 7-16　上沟下管布置形式

3）污水管可采用硬聚氯乙烯或聚乙烯双壁波纹排水管，污水检查井宜采用塑料成品检查井，如图 7-17 所示。

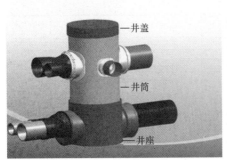

(a)

| (b) | (c) |

图 7-17　塑料排水管和检查井

（a）塑料检查井构造；（b）双壁波纹排水管；（c）塑料检查井安装

4）农家乐等餐饮废水须经过隔油池预处理后方可接入污水管网。

5）公共水冲厕所应设化粪池预处理后接入污水管网。

6）禽畜养殖污水应设沼气池等预处理后方可接入污水管网。

（4）建设污水处理设施。

1）城镇周边和邻近城镇污水管网的农村应优先选择接入城镇污水处理系统统一处理；居住相对集中的农村，应选择建设小型污水处理设施相对集中处理；地形地貌复杂、居住分散、污水不易集中收集的农村，可采用相对分散的处理方式处理生活污水。

2）污水处理设施的处理工艺应经济有效、简便易行、资源节约、工艺可靠，可按照相关农村生活污水处理技术，进行具体工艺选择。推荐组合工艺表见表 7-2，聚乙烯化粪池外观图如图 7-18 所示，三格化粪池如图 7-19 所示，沼气池处理生活污水结构图如图 7-20 所示，在建中的沼气池如图 7-21 所示，人工湿地实景如图 7-22 所示，人工湿地生态净化系统如图 7-23 所示，人工湿地系统如图 7-24 所示，氧化塘（景观湖）如图 7-25 所示，氧化塘上的生物浮岛如图 7-26 所示。

表 7-2　　　　　　　　　　　　推 荐 组 合 工 艺 表

项目	序号	组合形式	工艺流程	使用范围
散户（分散）污水处理工艺	1	化粪池	污水→化粪池→农用	粪便作为农肥的农户
	2	化粪池＋土地处理（或人工湿地）	污水→化粪池→厌氧生物膜单元→生态处理单元→排放	适合有可利用土地的村庄

续表

项目	序号	组合形式		工艺流程	使用范围
散户（分散）污水处理工艺	3	生物处理工艺		污水→调节池→生物接触氧化池→排放	适用于没有可利用土地的散户或对排放水质要求较高的地区，经济较发达的地区
集中式污水处理工艺	1	以生物技术为主体的处理工艺		污水→格栅→沉砂池→初沉池→生物处理单元→二沉池→排水	适用于经济发达，地势平缓，可利用土地资源有限的地区
	2	以生态技术为主体的处理工艺		污水→预处理单元→生态处理单元→排放或消毒排放	适用于经济发达，地势有一定高差和有可利用土地的地区
	3	具有脱氮除磷功能的污水处理工艺	生物脱氮工艺	污水→预处理单元→缺氧生物处理单元→好养生物处理单元→沉淀池→出水	适用于饮水水源保护区、风景或人文旅游区、自然保护区、重点流域等环境敏感区
			生物与生态组合脱氮除磷工艺	污水→预处理单元→生物处理单元→生态处理单元→出水	

图 7-18 聚乙烯化粪池外观图

（a）

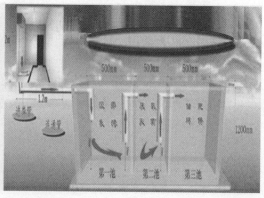

（b）

图 7-19 三格化粪池

（a）外观图；（b）1.5m³三格化粪池构造图

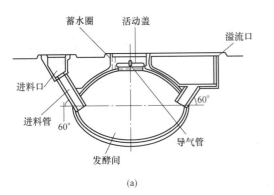

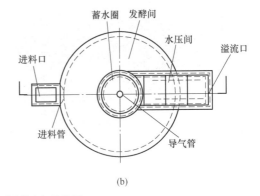

(a)

(b)

图 7-20 沼气池处理生活污水结构图

（a）侧视图；（b）剖面图

图 7-21 在建中的沼气池

图 7-22 人工湿地实景

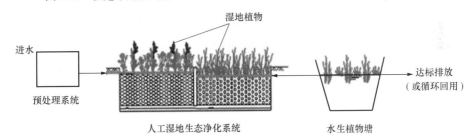

图 7-23 人工湿地生态净化系统

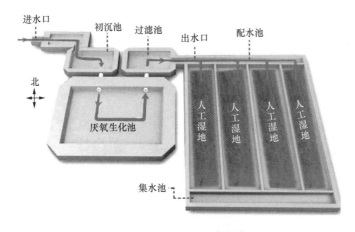

图 7-24 人工湿地系统图

图 7-25　氧化塘（景观湖）

图 7-26　氧化塘上的生物浮岛

（5）污泥处置和资源化。为避免污水处理产生的污泥对环境产生二次污染，应对污泥进行合理处置，利用农村优势将其作为农业利用和林业利用。

1）农业利用。以还田堆肥为目标，在适宜地点设置污泥堆肥场地，将脱水污泥进行堆肥发酵处理后用于农业生产。污泥堆肥用于不同作物如图 7-27 所示。

2）林业利用。林地不是食物链作物，公共健康的考虑及土地利用的规定不像农田那样严格，可通过施用污泥提供树木生长所需的营养元素，是污泥处置一条理想途径，此外林地需要更新时，也可充分利用污泥的作用，如图 7-28 所示。

图 7-27　污泥堆肥用于不同作物

7.3.2　安全防灾

合理配套公共管理、公共消防、日常便民、医疗保健、义务教育、文化体育、养老幼托、安全饮水等设施，硬化修整村内主要道路，设置排水设施，次要道路和入户道路路面平整完好，满足村民基本公共服务需求。

1. 道路桥梁及交通安全设施

农村道路桥梁及交通安全设施整治要因地制宜，结合当地的实际条件和经济发展状况，实事求是，量力而行。应充分利用现有条件和设施，从便利生产、方便生活的需要出发，凡

图 7-28 堆肥林业利用

是能用的和经改造整治后能用的都应继续使用，并在原有基础上得到改善。

（1）畅通进村公路。

1）提高道路通达水平。进村道路既要保证村民出入的方便，又要满足生产需求，还应考虑未来小汽车发展的趋势。对宽度不满足会车要求的进村道路可根据实际情况设置会车段，选择较开阔地段将道路向侧局部拓宽。

2）完善城乡客运网络。围绕基本实现城乡客运一体化的目标。加快城乡客运基础设施建设，完善城乡客运网络，方便村民生产、生活，促进农村地区的繁荣。

（2）畅通村内道路。

1）线形自然。农村道路走向应顺应地形，尽量做到不推山、不填塘、不砍树。以现有道路为基础，顺应现有农村格局和建筑肌理，延续农村乡土气息，传承传统文化脉络。

2）宽度适宜。根据农村的不同规模和集聚程度，选择相应的道路等级与宽度。规模较大的农村可按照干路、支路、巷路进行布置，规模过大的农村干路可适当拓宽，旅游型农村应满足旅游车辆的通行和停放。

a. 农村干路是将村内各条道路与村口连接起来的道路，解决农村内部各种车辆的对外交通，路面较宽，红线宽度一般在 6m 以上。

b. 农村支路是村内各区域与干路的连接道路。主要供农用小型机动车及畜力车通行。红线宽度在 3.5m 以上。

c. 农村巷路是村民宅前屋后与支路的连接道路，仅供非机动车及行人通行，红线宽度不宜大于 4m。

3）断面合理。农村道路从横断面上可以划分为路面、路肩、边沟几个部分。路面主要是满足道路通行畅通的需要。路肩和边沟则满足保护道路路面的需要，道路后退红线则满足在建筑物与路面间形成安全缓冲区的需要。道路路肩在实际使用中主要用来保护路基、种植树木和花草，可铺装成为人行道。道路边沟在实际使用中主要用来排放雨水、保护路基，有封闭式和开敞式两种主要形式。

　　a．路面宽度为 4～6m，在条件允许的情况下，要留出与道路铺装宽度相当的后退红线距离。既保证安全、减少对居民的噪声影响，也便于铺设公共工程设施和绿化美化农村，如图 7-29 所示。

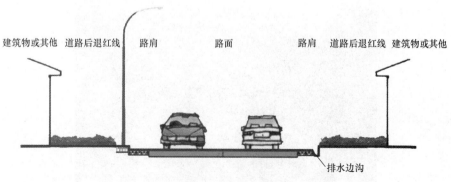

图 7-29　路面宽度为 4～6m

　　b．路面宽度为 2.5～3.5m，退红线距离一般为 2～2.5m，如图 7-30 所示。

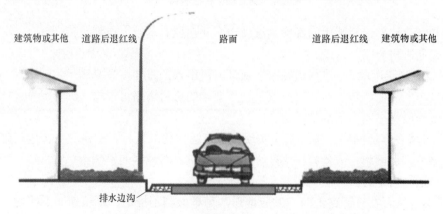

图 7-30　路面宽度为 2.5～3.5m

　　c．路面宽度为 2～2.5m，边沟与房基保护区宽度共计约为 1m，采用单向坡面，排水宜用暗渠，如图 7-31 所示。

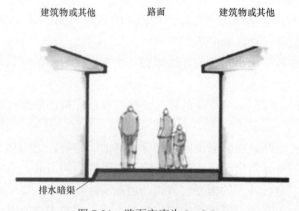

图 7-31　路面宽度为 2～2.5m

4）桥梁安全美观。农村内部桥梁在功能上有别于农村公路桥梁，其建设标准低于公路桥梁的技术标准，按照受力方式，可分为拱式（如图 7-32 所示）、梁式（如图 7-33 所示）和悬吊式三类。

图 7-32　拱桥坚固耐用、造型美观　　　　图 7-33　梁桥结构简单、外形平直

桥梁的建设与维护，除了应满足设计规范，还应遵循经济合理、结构安全、造型美观的原则。可通过加固基础、新铺桥面、增加护栏等措施，对桥梁进行维护、改造。重视古桥的保护，特别是那些历史悠久的古桥，已经成为了农村乡土特色中不可忽略的重要部分。

廊桥造型优美，结构严谨，既可保护桥梁，也可供人休憩、交流、聚会等，如图 7-34 所示。

图 7-34　廊桥

（3）设置停车场地。

1）集中停车。充分利用农村零散空地，结合农村人口和主要道路，开辟集中停车场，使动态交通与静态交通相适应，同时也减少机动车辆进入农村内部对村民生活的干扰。有旅游等功能的农村应根据旅游线路设置旅游车辆集中停放场地。集中停车场地可采用植草砖铺装，如图 7-35 所示，也可采用水泥混凝土等硬质铺装，如图 7-36 所示。

图 7-35 混凝土硬质铺装

图 7-36 植草砖铺装

2）路边停靠。沿农村道路，在不影响道路通行的情况下，选择合适位置设置路边停车位。路边停靠不应影响道路通行，遵循简易生态和节约用地原则。

（4）地面生态铺装。农村交通流量较大的道路宜采用硬质材料路面，一般情况下使用水泥路面，也可采用沥青、块石、混凝土砖等材质路面。还应根据地区的资源特点，优先考虑选用合适的天然材料，如卵石、石板、废旧砖、砂石路面等，既体现乡土性和生态性，也有利于雨水的渗透，又节省造价。具有历史文化传统的农村道路路面宜采用传统建筑材料，保留和修复现状中富有特色的石板路、青砖路等传统街巷道。

（5）配置道路交通设施。

1）道路安全设施。对农村道路进行全面的通车安全条件验收，要设置交通标志、标线和醒目的安全警告标志等措施保障通车安全。遇有滨河路及路侧地形陡峭等危险路段时，应根据实际情况设置护栏。道路平面交叉时应尽量正交，斜交时应通过加大交叉口锐角一侧转弯半径、清除锐角内障碍物等方式保证车辆通行安全，农村尽端式道路应预留一块相对较大的空间，便于回车。

a. 根据实际需求完善道路交通标线，如图 7-37 所示。

b. 道路应具有适宜的转弯半径，满足行车要求，如图 7-38 所示。

图 7-37 交通标线

图 7-38 转弯半径

c. 尽端式道路应设置回车场，如图 7-39 所示。

d. 道路重要节点应设置交通安全标志，如图 7-40 所示。

图 7-39　回车场

图 7-40　安全标志

当公路穿越农村时，应设置宅路分离设施，还可在村口适当处设置农村标志，道路通过学校、集市、商店等人流较多路段，应设置限制速度、注意行人等标志，并设置减速坎、减速丘等设施，同时配合画人行横道线。也可根据需要设置其他交通安全设施。

a）学校周边道路应设置警示标志，保障师生安全，如图 7-41 所示。

b）村口、学校等人流较多及坡度较大路段可设置减速带，如图 7-42 所示。

图 7-41　警示标志

图 7-42　减速带

2）道路排水。路面排水应充分利用地形并与地表排水系统配合，当道路周边有水体时，应就近排入附近水体；道路周边无水体时，根据实际需要布置道路排水沟渠。道路排水可采用暗排形式，或采用干砌片石、浆砌片石、混凝土预制块等明排形式。

a.农村道路两侧紧邻建筑物时，路面宜低于周边地块，如图 7-43 所示。

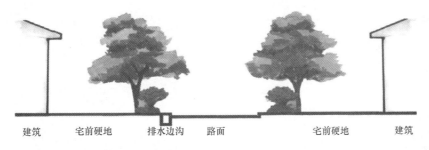

建筑　　　宅前硬地　　　排水边沟　　　路面　　　　宅前硬地　　　建筑

图 7-43　路面低于周边地块

b.道路两侧为农田、菜地时，路面宜高于周边地块，如图 7-44 所示。

c.平原地区农村道路主要依靠路侧边沟排水。山区农村道路可利用道路纵坡自然排水，如图 7-45 所示。

3）路灯照明。路灯一般布置在农村道路一侧、丁字路口、十字路口等位置，具体形式

建筑　　　　农田菜地　　　　　　　　路面　　　　　　　　农田菜地　　　　建筑

图 7-44　路面高于周边地块

(a) (b)

图 7-45　利用道路纵坡自然排水

（a）形式 1；（b）形式 2

应根据道路宽度和等级确定。路灯架设方式主要有单独架设、随杆架设和随山墙架设三种方式，应根据现状情况灵活布置。路灯应使用节能灯具，在一些经济条件较好的农村，可以考虑使用太阳能路灯或风光互补路灯，节省常规电能。

a. 单独架设路灯一般使用独臂式路灯，如图 7-46 所示。

b. 随杆架设路灯节约造价，经济实惠，如图 7-47 所示。

图 7-46　单独架设路灯　　　　　　　　　图 7-47　随杆架设路灯

c. 随山墙架设路灯应注意不能对墙体造成损害，不影响该户村民生活，如图7-48所示。

d. 路灯形式应与农村特色相协调，如图7-49所示。

4）路肩设置。路肩是为保持车行道的功能和临时停车使用的，并作为路面的横向支承，对路面起到保护作用。当道路路面高于两侧地面时，可考虑设置路肩。路肩设置应"宁软勿硬"，宜优先采用土质或简易铺装，不必过于强调设置硬路肩。

图7-48 随山墙架设路灯

图7-49 与农村特色协调的路灯

a. 当行车速度大于或等于40km/h时，应设置硬路肩，如图7-50所示。

b. 农村道路一般不需要设置硬路肩，但道路两侧要进行一定的覆土、绿化，如图7-51所示。

图7-50 硬路肩

图7-51 路侧覆土

路缘石及道牙把雨水阻止在排水槽内，以保护路面边缘，维持各种铺砌层，防止道路横向伸展而形成结构缝，控制路面排水和车辆，保护行人和边界。路面低于周边场地，道路排水采取漫排的不可做道牙；路面高于周边场地，设有排水边沟、暗渠的可根据情况设置道牙。

2. 公共服务设施

（1）公共活动场地。公共活动场地宜设置在农村居民活动最频繁的区域，一般位于农村的中心或交通比较便利的位置，宜靠近村委会、文化站及祠堂等公共活动集中的地段，也可根据自然环境特点，选择农村内水体周边、现状大树、村口、坡地等处的宽阔位置设置。注意保护农村的特色文化景观，特色农村应结合旅游线路、景观需求精心打造。

1）农村重要场所可布置环境小品，应简朴亲切，以农村特色题材为主题，突出地域文化特色，如图7-52所示。

2）保护利用农村的古树名木、祠堂、名人故居、碑牌甬道、井台渡口等特色文化景观，如图7-53所示。

（a）　　　　　　　　　　　　（b）

图7-52　路边绿地和小广场

（a）路边绿地；（b）小广场

（a）　　　　　　　　　　　　（b）

（c）　　　　　　　　　　　　（d）

图7-53　农村的特色的文化景观

（a）土楼；（b）名木；（c）祠堂；（d）古塔

3）结合农村内水体周边设置公共活动场地，打造亲水平台，如图7-54所示。

公共活动场地应以改造利用村内现有闲置建设用地为主要整治方式，严禁以侵占农田、毁林填塘等方式大面积新建公共活动场地；建设规模应适中，不宜过大；建设内容应紧扣村民生活需求，不可求大求洋。公共活动场地可通过建筑物、构筑物或自然地形地物围合构成，公共服务设施、住宅、绿化、水体、山体等建筑物、自然地形地物都可以用作围合形成场地。

(a)   (b)

图 7-54 水体周边活动场地

（a）亲水绿地；（b）亲水平台

公共活动场地可配套设置座凳、儿童游玩设施、健身器材、村务公开栏、科普宣传栏及阅报栏等设施，提高综合使用功能。公共活动场地可根据村民使用需要，与打谷场、晒场、非危险物品临时堆场、小型运动场地及避灾疏散场地等合并设置。公共活动场地兼作农村避灾疏散场地，应符合有关规定。

a．公共活动场地配套相关设施，可以提高综合使用功能。

b．公共活动场所切忌盲目求大求洋。建设与村民需求不匹配的大广场、大草坪等。

（2）公共服务中心。农村公共服务设施应尽量集中布置在方便村民使用的地带，形成具有活力的农村公共活动场所，根据公共设施的配置规模，其布局可以采用点状和带状等不同形式。

1）图 7-55 所示为整治后的农村公共活动中心，既提升了形象，又体现了乡土特色。

2）图 7-56 所示为农村公共服务中心、集中停车场共同布置在村口，既方便使用又展示形象。

(a)   (b)

图 7-55 公共服务中心

（a）整治前；（b）整治后

3）图 7-57 所示为农村公共服务中心、活动场地集中布置在农村中心，方便村民使用。

图 7-56　公共服务设施集中布置在村入口

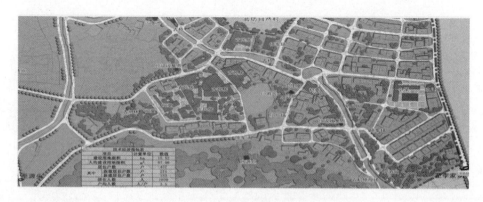

图 7-57　公共服务设施集中布置在村中心

4）应充分利用闲置的厂房、仓库、小学等加以改造为农村公共服务建筑。改造中应关注建筑物结构安全，老旧建筑应采取必要的加固措施；应注意根据新的使用要求将建筑空间合理划分；有条件的情况下应积极使用新材料、新技术，如图 7-58 所示。

(a)　　　　　　　　　　　　　　　　　　　　(b)

图 7-58　利用闲置小学改造成农村公共服务中心

（a）改造前；（b）改造后

5）新建公共服务中心应将各种功能综合布局，建筑风貌体现乡土特色，如图 7-59 所示，不可盲目求大求洋，如图 7-60 所示。

图 7-59　农村公共服务建筑建筑形式与色彩应 与农村整体风貌相协调

图 7-60　村委会过于豪华，且建筑形式、色彩 与农村风貌格格不入

（3）学校。小学、幼儿园应合理布置在农村中心的位置，方便学生上下学，学校建筑应注意结构安全、规模适度、功能实用，配置相应的活动场地，与农村整体建筑风貌相协调，并进行适度的绿化与美化。

1）学校应注意结构安全、规模适度、功能实用，并配置相应的活动场地，如图 7-61 所示。

2）学校应位于农村中心位置，方便学生上下学，并与农村建筑风貌相协调，如图 7-62 所示。

图 7-61　小学校运动场

图 7-62　小学校教学楼

（4）卫生所。通过标准化村卫生所建设、仪器配置和系统的培训，改善农村医疗机构服务条件，进一步规范和完善基层卫生服务体系。卫生所位置应方便村民就医，并配置一定的床位、医药设备和医务人员。

（5）公厕。结合农村公共设施布局，合理配建公共厕所。每个主要居民点至少设置 1 处，特大型农村（3000 人以上）宜设置两处以上。公厕建设标准应达到或超过三类水冲式标准。

结合农村公共服务中心、公共活动与健身场地，合理配建公共厕所。有旅游功能的特色农村应结合旅游线路，适度增加公厕数量，并提出建筑风貌控制要求。公厕应与农村整体建筑风貌相协调。

（6）其他。其他公共服务设施包括集贸市场农家店、农资农家店等经营性公共服务设施，参考指标为 200～600m²/千人，有旅游功能的农村规模可增加，配置内容和指标值的确定应以市场需求为依据。

3. 给水设施

（1）优先实施区域供水。临近城镇的农村，应优先实行城乡供水一体化。实施区域供水，城镇供水工程服务范围覆盖周边农村，管网供水到户。在城镇供水工程服务范围之外的农村，有条件的倡导建设联村联片的集中式供水工程。

（2）保障农村饮水安全。

1）给水工程须由有资质的单位负责设计、施工、管理。

2）所选水源应采用水质符合卫生标准、水量充沛、易于防护的地下或地表水水源。优质水源应优先保证生活饮用。

3）给水厂站及生产建（构）筑物（含厂外泵房等）周围 30m 范围内现有的厕所、化粪池和禽畜饲养场应迁出，且不应堆放垃圾、粪便、废渣和铺设污水管渠，如图 7-63 所示。有条件的厂站应配备简易水质检验设备，并保证净水过程消毒工序运行正常。

图 7-63　供水构筑物周围卫生干净，30m 范围内无污染源

4）饮用水水质应达到 GB 5749—2006《生活饮用水卫生标准》的要求。现有供水设施供水水质不达标的必须进行升级改造，如可在常规水处理工艺基础上增设预处理、强化混凝处理、深度处理工艺等。原水含铁、锰、氟、砷和含盐量以及藻类、氨氮、有机物超标的，应相应采取特殊处理工艺。

5）必须针对当地水源的水质状况，因地制宜地进行技术经济比较后，确定适宜的净水工艺。

6）村镇供水工程规模较小，净水构筑物结构形式推荐采用一体化钢结构，一体化净水设备具有占地面积小、装配式施工、施工周期短、安装简单、运行管理方便的特点，且可依靠设备厂家的技术力量解决村镇运行管理人才缺乏的难题。一体化净水设备可灵活进行不同工艺组合，还可切换运行，可适应水源水质的变化，出水水质更有保证，如图 7-64 所示。

7）现有明露铺设的给水干管和配水管均应改为埋地铺设，与雨污水沟渠及污水管水平净距宜大于 1.5m，当给水管与雨污水沟渠及污水管交叉时，给水管应布置在上方。

8）最不利点自由水头根据供水范围内建筑物高度情况确定，一般情况下不小于 16m，地形高差较大时，应采取分区分压供水系统，使供水范围内最低点自由水头不超过 50m。

(a)　　　　　　　　　　　　　　　　(b)

图 7-64　一体化净水设备及消毒设备
(a) 一体化净水设备；(b) 消毒设备

9）供水管材应选用 PE 等新型塑料管或球墨铸铁管，使用年限较长、陈旧失修或漏水严重的管道应及时更换。

（3）加强水源地保护。

1）集中式饮用水水源地应划定饮用水水源保护区范围，并设置保护范围标志。

2）地表水水源保护应符合下列规定：

a. 保护区内不应从事捕捞、养殖、停靠船只、游泳等有可能污染水源的任何活动。

b. 保护区内不应排入工业废水和生活污水，沿岸防护范围内不应堆放废渣、垃圾，不应设立有毒有害物品仓库和堆栈，不得从事放牧等可能污染该段水域水质的活动。

c. 保护区内不得新增排污口，现有排污口应结合农村排水设施予以取缔。

3）地下水水源井的影响半径内，不应开凿其他生产用水井；保护区内不应使用工业废水或生活污水灌溉，不应施用持久性或剧毒农药，不应修建渗水厕所、废污水渗水坑、堆放废渣、垃圾或铺设污水渠道，不得从事破坏深层土层活动；雨季应及时疏导地表积水，防止积水渗入和满溢到水源井内。

4. 安全与防灾设施

农村应综合考虑火灾、洪灾、震灾、风灾、地质灾害、雪灾和冻融灾害等的影响，贯彻预防为主，防、抗、避、救相结合的方针，综合整治、平灾结合，保障农村可持续发展和村民生命财产安全。

（1）保障农村重要设施和建筑安全。农村生命线工程、学校和村民集中活动场所等重要设施和建筑，应按照国家有关标准进行设计和建造。农村整治中必须关注建造年代较长、存在安全隐患的建筑，并对农村供电、供水、交通、通信、医疗、消防等系统的重要设施，根据其在防灾救灾中的重要性和薄弱环节，进行加固改造整治。

（2）合理设置应急避难场所。避震疏散场所可分为紧急避震疏散场所、固定避震疏散场所和中心避震疏散场所三类，应根据"平灾结合"原则进行规划建设，平时可用于村民教育、体育、文娱和粮食晾晒等生活、生产活动。用作避震疏散场所的场地、建筑物应保证在地震时的抗震安全性，避免二次震害带来更多的人员伤亡。要设立避震疏散标志，引导避难疏散人群安全到达防灾疏散场地，如图 7-65 所示。

（3）完善安全与防灾设施。

1）消防安全设施。民用建筑和农村（厂）房应符合农村建筑防火规定，并满足消防通道要求。消防供水宜采用消防、生产、生活合一的供水系统，设置室外消防栓，如图 7-66 所示，间距不超过 120m，保护半径不超过 150m，承担消防给水的管网管径不小于 100mm，如灭火用水量不能保证，宜设置消防水池。应根据农村实际情况明确是否需要设置消防站，并配置一定数量的消防车辆，发展包括专职消防队、义务消防队等多种形式的消防队伍，如图 7-67 所示。

图 7-65　应急避难场所

图 7-66　消防栓

图 7-67　消防摩托车具有体积小、灵活轻便、
行动快捷等优点

2）防洪排涝工程。沿海平原农村，其防洪排涝工程建设应和所在流域协调一致。严禁在防洪河道内进行各种建设活动，应逐步组织外迁居住在防洪河道内的村民，限期清除河道、湖泊中阻碍防洪的障碍物。农村防洪排涝整治措施包括修筑堤防、整治河道、修建水库、修建分洪区（或滞洪、蓄洪区）、扩建排涝泵站等。受台风、暴雨、潮汐威胁的农村，整治时应符合防御台风、暴雨、潮汐的要求。

3）地质灾害工程。地质灾害包括滑坡、崩塌、混石流、地面塌陷、地裂缝、地面沉降等，农村建设应对场区作出必要的工程地质和水文地质评价，避开地质灾害多发区。

目前，常用的滑坡防治措施有地表排水、地下排水、减重及支挡工程等；崩塌防治措施有绕避、加固边坡、采用拦挡建筑物、清除危岩以及做好排水工程等；泥石流的防治宜对形成区（上游）、流通区（中游）、堆积区（下游）进行统筹规划，采取生物与工程措施相结合的综合治理方案；地面沉降与塌陷防治措施包括限制地下水开采，杜绝不合理采矿行为，治理黄土湿陷。图 7-68 所示为修建的排导沟，图 7-69 所示为加固边坡；图 7-70 所示为修建拦沙坝。

4）地震灾害工程。对新建建筑物进行抗震设防，如图 7-71 所示，对现有工程进行抗震加固是减轻地震灾害行之有效的措施。提高交通、供水、电力等基础设施系统抗震等级，强化基础设施抗震能力。避免引起火灾、水灾、海啸、山体滑坡、泥石流、毒气泄漏、流行病、放射性污染等次生灾害。

图 7-68　修建排导沟

图 7-69　加固边坡

图 7-70　修建拦沙坝

图 7-71　新建建筑物进行抗震设防

5. 生活用能设备

当前，大部分农村地区还存在能源利用效率低、利用方式落后等问题，重视节约能源，充分开发利用可再生能源，改善用能紧张状况，保护生态环境，是农村整治的重点内容之一，各农村应结合当地实际条件选择经济合理的供能方式及类型。

（1）提高常规能源利用率。当前，推广省柴节煤炉灶，如图 7-72 所示。以压缩秸秆颗粒（如图 7-73 所示）、复合燃料等代替燃煤、传统燃柴作为炊事用能，是农村用能向优质能源转变的重要方式之一。

注：生物质成型燃料具有生产方便、燃烧充分、干净卫生等优点，可广泛用于家庭炊事、取暖、小型热水锅炉等。

（2）积极发展可再生能源。

可再生能源主要包括太阳能、风能、沼气、生物质能和地热能等。发展可再生能源，有利于保护环境，并可增加能源供应，改善能源结构，保障能源安全。

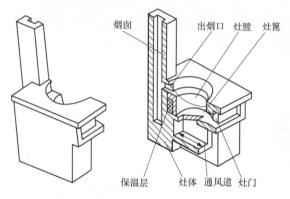

图 7-72　省柴灶

图 7-73　生物质成型燃料

1）户用沼气池容积应与家庭煮饭、烧水、照明等生活需求量匹配，并适当考虑生产需求，如图 7-74 所示。

2）小型风力发电能够为无电和缺少常规能源地区的农村解决生活和部分生产用电。风力机的选型、安装数量应与农村电力需求相当，如图 7-75 所示。

图 7-74　户外沼气池

图 7-75　风力发电

3）家庭独立使用的新型秸秆气化炉可以解决烟雾大、火力不稳定、加料不方便、保暖性能差等难题，如图 7-76 所示。

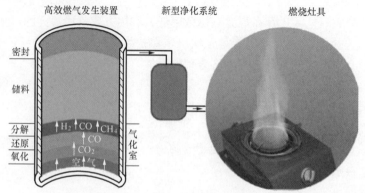

农林秸秆：C_nH_m（碳氢化合物）$\rightarrow H_2+CH_4+CO$

图 7-76　秸秆气化炉

4）可利用太阳能为建筑物提供生活热水、冬季采暖和夏季空调，并结合光伏电池技术为建筑物供电。太阳能热水器安装要整齐划一，美观安全，如图 7-77 所示。

5）使用太阳能、风能作公共照明的能源，风光互补路灯可以弥补风能和太阳能各自的不足，如图 7-78 所示。

图 7-77　太阳能热水器　　　　　　　　图 7-78　风光互补灯

（3）提倡使用节能减排设备。采用综合考虑建筑物的通风、遮阳、自然采光等建筑围护结构优化集成节能技术。通过屋面遮阳隔热技术，墙体采用岩棉、玻璃棉、聚苯乙烯塑料、聚氨酯泡沫塑料及聚乙烯塑料等新型高效保温绝热材料以及复合墙体，如图 7-79 所示，采取增加窗玻璃层数（如图 7-80 所示）、窗上加贴透明聚酯膜、加装门窗密封条（如图 7-81 所示）、使用低辐射玻璃、封装玻璃和绝热性能好的塑料窗等措施，有效降低室内空气与室外空气的热传导。同时，垂直绿化也是实现建筑节能的技术手段之一。

图 7-79　建筑保温材料

图 7-80　双层玻璃　　　　　　　　图 7-81　门窗密封条

使用符合国家能效标准要求的高效节能灯具（如图 7-82 所示）、水具（如图 7-83 所示）、洗浴设备、空调、冰箱等，都可以降低生活用能的消耗，减少温室气体排放。

图 7-82　节能灯具

图 7-83　节能水具

8 新农村住区规划实例

8.1　河坑土楼群落整治安置住宅小区的规划设计[❶]

　　"福建土楼"，自从 20 世纪 60 年代被误认为是"类似于核反应堆的东西"以来，便以其独特和神秘引起世人的瞩目。当海内外游客踏上山明水秀的闽西南大地，发现曾被误以为"核反应堆"的建筑原来是种类繁多、风格迥异、结构奇巧、规模宏大、功能齐全、内涵丰富的福建西南部山区土楼民居时，这如同一颗颗璀璨的明珠镶嵌在青山绿水之间，似从天而降的飞碟、地上冒出来的巨大蘑菇，如图 8-1 所示，无不令人叫绝。当国内外专家学者被"福建土楼"雄浑质朴的造型艺术、玄妙精巧的土木结构、美轮美奂的内部装饰、积淀丰富的文化内涵、聚族而居的遗风民俗和淳朴敦厚的民情风范所深深吸引时，无不为中外建筑史上的这一奇迹而惊叹，誉称其为"神秘的东方古城堡"。联合国教科文组织顾问史蒂芬斯·安德烈更是大加称赞为"世界上独一无二的神话般山村建筑模式。"

(a)　　　　　　　　　　　　　　　　　(b)

图 8-1　田螺坑土楼

(a) 田螺坑土楼群俯瞰；(b) 田螺坑土楼群远眺

　　南靖县河坑土楼群落是"福建土楼"最为密集的群落，成为"福建土楼"申请《世界遗产名录》中最为重要的组成部分之一。这是一个在不足 1km² 范围内沿"丁字形"的小河流两岸不足 500m 宽的狭小地带上，集中布置了被称为"地上北斗七星"的七方七圆两组土楼，呈现出气势恢宏的星象奇观，如图 8-2 所示，偌大的土楼建筑群，星罗棋布于青山秀水之间，给田野平添了一道壮丽的景色，展现了融山、水、田、宅于一体的山村风貌，如图 8-3 所示。

一、选址

　　为缓解土楼居住人口过于密集，改善人居环境和清理影响河坑土楼群落保护的建筑，必

　　[❶] 设计：福建村镇建设发展中心，范琴。指导：骆中钊。

须建设安置区，妥善安置疏散的居民。经多方研究决定，河坑安置小区选择在河坑土楼群的北面，虽然相距不到 500m，但由于有天然的河流和山丘作为隔离过渡带，使得河坑安置小区在不影响河坑土楼群落保护的前提下，既便于居民的生产和生活活动，又可确保两者有着较为密切的联系，如图 8-4 所示。

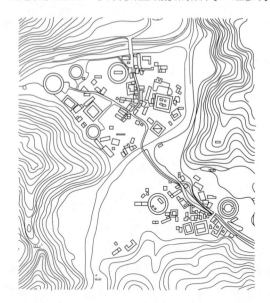

图 8-2　河坑土楼群平面图

图 8-3　河坑土楼群鸟瞰图

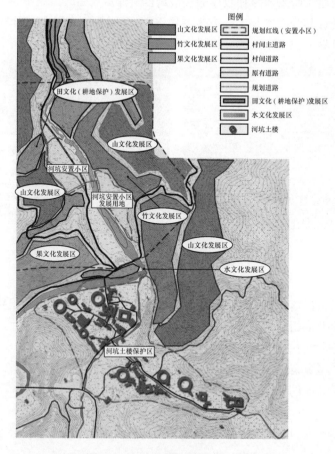

图 8-4　河坑安置住宅小区区位图

二、规划构思

我国传统民居聚落的布局，讲究"境态的藏风聚气，形态的礼乐秩序，势态和形态并重，动态与静态互释，心态的厌胜辟邪等"。十分重视人与自然的协调，强调了人与自然融为一体。在处理居住环境和自然环境的关系时，注意巧妙地利用自然形成"无趣"。对外相对封闭，内部却极富亲和力和凝聚力，以适应人们居住、生活、生存、发展的物质和心理需求。"福建土楼"充分展现了我国传统民居建筑文化的魅力，单体拔地而起，岿然矗立；聚落成群，蔚为壮观。有的依山临溪，错落有致；有的平地突兀，气宇轩昂。有的大如宫殿府第，雄伟壮丽；有的玲珑精致，巧如碧玉。有的如彩凤展翅，华丽秀美。有的如猛虎雄踞，气势不凡。有的斑驳褶皱，尽致沧桑。有的丝滑细腻，风流倜傥。有的装饰考究，卓尔不群。有的自然随意，率性潇洒。但却与蓝天、碧水、山川、绿树、田野阡陌、炊烟畜牧等交相辉映，浑然天成，构成了集山、水、田、宅为一体的一幅天地人和谐、精气神相统一的美丽画卷。

"福建土楼"贴近自然，村落与田野融为一体，展现了良好的生态环境、秀丽的田园风光和务实的循环经济。尊奉祖先，聚沃而居的遗风造就了优秀的历史文化、淳朴民风民俗、深厚的伦理道德和密切的邻里关系。这种"清雅之地"，正是那些随着经济的发展、社会生活节奏加快、长期生活在枯燥城市生活的现代人所追求回归自然、返璞归真的理想所在。"福建土楼"必然成为众人观光旅游和度假的向往选择。按照《保护世界文化与自然遗产公约》的有关规定，珍贵的文化遗产有着向公众进行展示的要求。因此，保护土楼，开发创意性土楼文化产业，已成为社会各界关注的焦点。为此，在河坑安置小区的规划中，就要求在弘扬传统优秀民居聚落布局的基础上，努力探索土楼文化的继承。福建西南部山区，曾经十分发达的传统农业稻草文明为福建大型土楼集体住宅风格的形成，提供了得天独厚的自然地理条件和姓氏聚族而居的物质基础。今天，为了吸引和留住吸饱了狼烟的城市人和各方游客。规划中，在确保农民权益不受侵犯的基础上，小区每种基本户型在同样的面宽和进深的基础上，又分别设置了一户居住型、两户居住型、分层公寓型以及连接东西向布置客房的尽端型四种，以适应不同的服务对象、不同的家庭人口组成不同的经济条件和不同的使用要求的需要，更利于规划布局和建设中适当调整的变化要求。

三、小区布局

小区不仅要安置搬迁居民的居住，也要重视安置农民的生活，确保农村经济的发展，集约化而更好地对土楼进行保护。为此，安置小区的规划布局，在考虑搬迁农民居住条件改善的同时，还特别安排了为适应发展假日经济所需要的服务业（为城里人和各方来客提供休闲度假的房屋出租和客房服务）。并通过统筹山、水、田、宅的总体规划，努力实现村庄的产业景观化。使村庄的经济在发展第一产业的基础上，发展第二产业（农副产品的加工业）和第三产业的服务业，为各方来客提供活动内容丰富、活动时间长短不同的"乡村文化"活动，以期达到令来客流连忘返的目的。

规划中，理顺道路骨架，用小区干道和县级公路衔接，形成环状的道路网，保证小区的交通需求，绿地系统结合地形分为中心绿地、院落绿地和线型绿化。以南北朝向多户拼联为主的低层住宅和东西朝向客房形成犹如方型土楼的建筑，依山就势、高低错落、大小各异，使其与周边道路、山形地势、自然水系，互为融汇，相得益彰。既提高了土地使用强度，又传承土楼文化，灵活的布局形成了造型独特和极富变化的天际轮廓线，取得良好的景观效果，如图 8-5 所示。

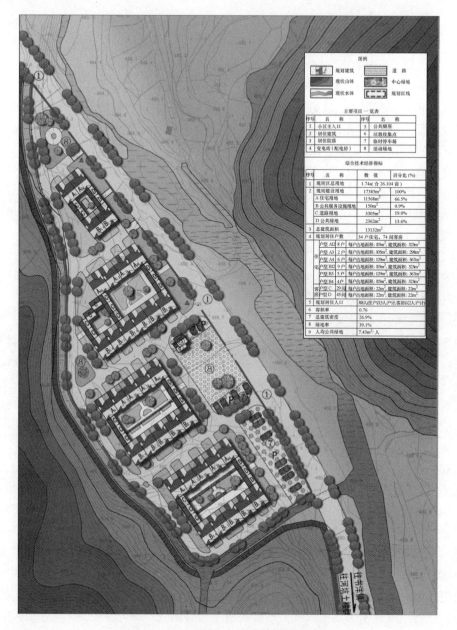

图例

规划建筑	道 路
现状山体	中心绿地
现状水体	规划红线

主要项目一览表

序号	名 称	序号	名 称
1	小区主入口	5	公共厕所
2	居住建筑	6	垃圾收集点
3	居住院落	7	临时停车场
4	变电站(配电房)	8	活动场地

综合技术经济指标

序号	名 称	数 值	百分比 (%)
1	规划区总用地	1.74ha(含 26.104 亩)	
2	规划建设用地	17385m²	100%
	A 住宅用地	11568m²	66.5%
	B 公共服务设施用地	150m²	0.9%
	C 道路用地	3305m²	19.0%
	D 公共绿地	2362m²	13.6%
3	总建筑面积	13132m²	
4	规划居住户数	34 户住宅, 74 间客房	
	户型A1 8户	每户占地面积:115m², 建筑面积:323m²	
	户型A3 2户	每户占地面积:105m², 建筑面积:298m²	
	户型A4 6户	每户占地面积:128m², 建筑面积:367m²	
	户型B2 9户	每户占地面积:128m², 建筑面积:323m²	
	户型B3 5户	每户占地面积:128m², 建筑面积:367m²	
	户型B4 4户	每户占地面积:115m², 建筑面积:323m²	
	户型C 8间	每间占地面积:22m², 建筑面积:22m²	
	户型D 45间	每间占地面积:22m², 建筑面积:22m²	
5	规划居住人口	388人(住户5人/户计客房间2人/户计)	
6	容积率	0.76	
7	总建筑密度	26.9%	
8	绿地率	39.1%	
9	人均公共绿地	7.43m²/人	

图 8-5 河坑安置住宅小区总平面规划图

四、建筑设计

1. 低层住宅的设计

在低层住宅设计中,为了突出展现小城镇低层住宅使用功能的双重性、持续发展的适应性、服务对象的多变性、建造技术的复杂性和地方风貌的独特性五大特点以及包括厅堂文化、庭院文化、乡土文化的建筑文化。每户住宅都设置了内天井,以确保多户拼联时,所有功能空间都能做到具有独立的对外采光通风,提高居住环境的质量。为了便于使用和布置,采用了 A 型(如图 8-6 所示)和 B 型(如图 8-7 所示)。两种低层住宅的设计:A 型为底层车库在北面,B 型为底层车库在南面。多视角效果图如图 8-8 所示,立面图如图 8-9 所示。

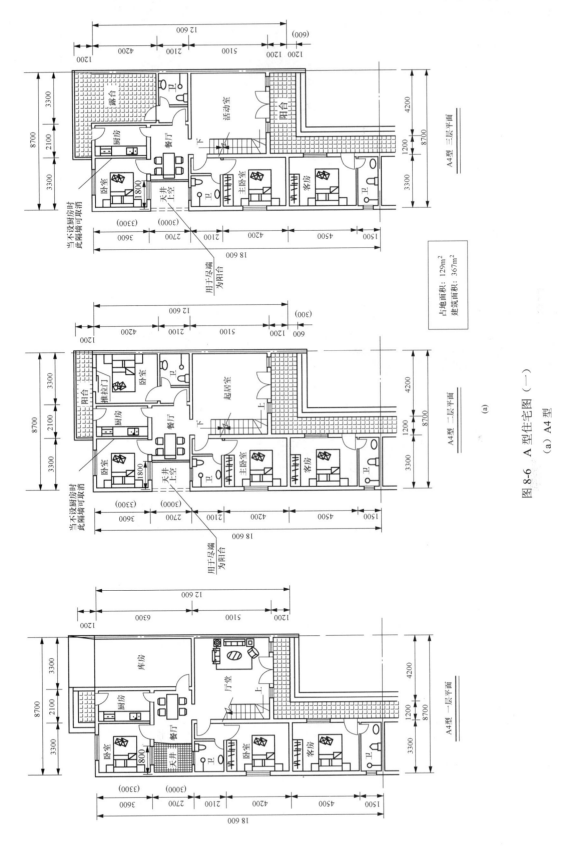

占地面积：129m²
建筑面积：367m²

图 8-6 A 型住宅图（一）

（a）A4 型

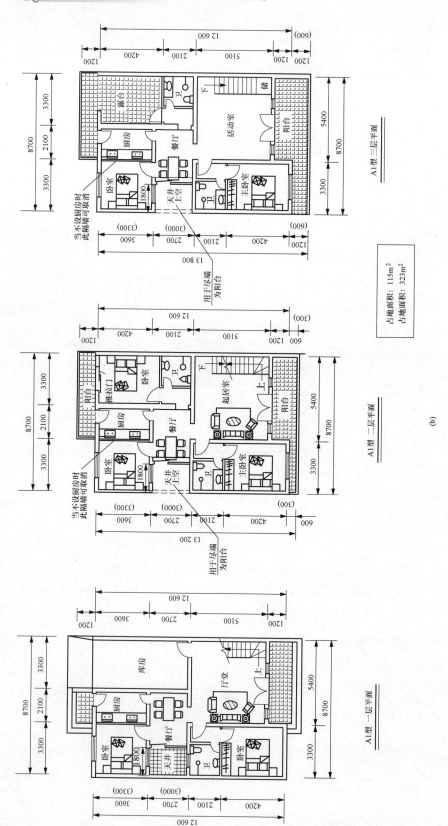

图 8-6 A 型住宅图（二）
(b) A1 型

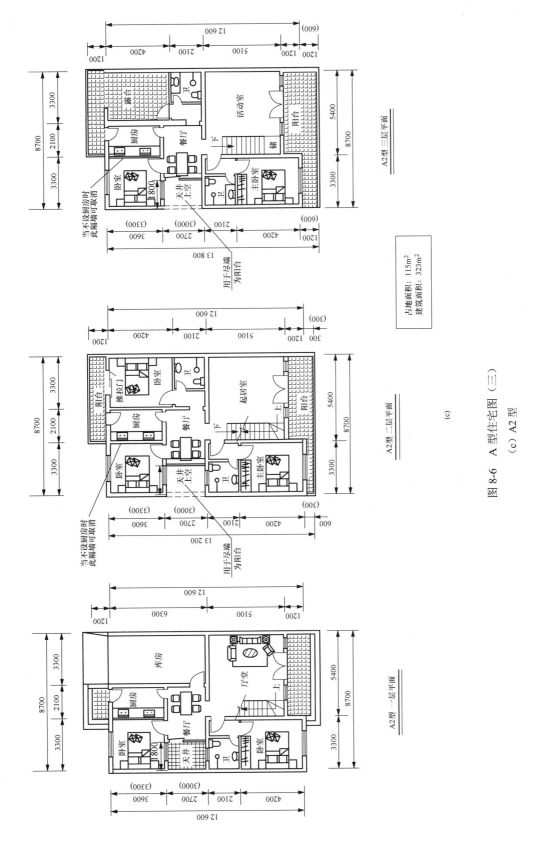

占地面积：115m²
建筑面积：323m²

A2型 三层平面

A2型 二层平面

A2型 一层平面

(c)

图8-6 A型住宅图（三）

(c) A2型

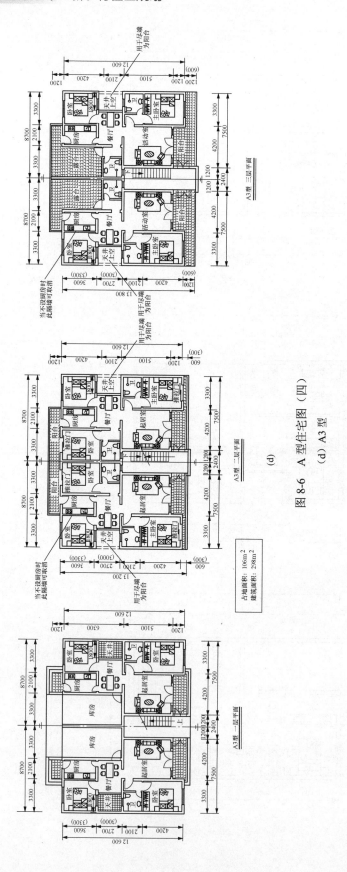

图 8-6 A 型住宅图（四）

(d) A3 型

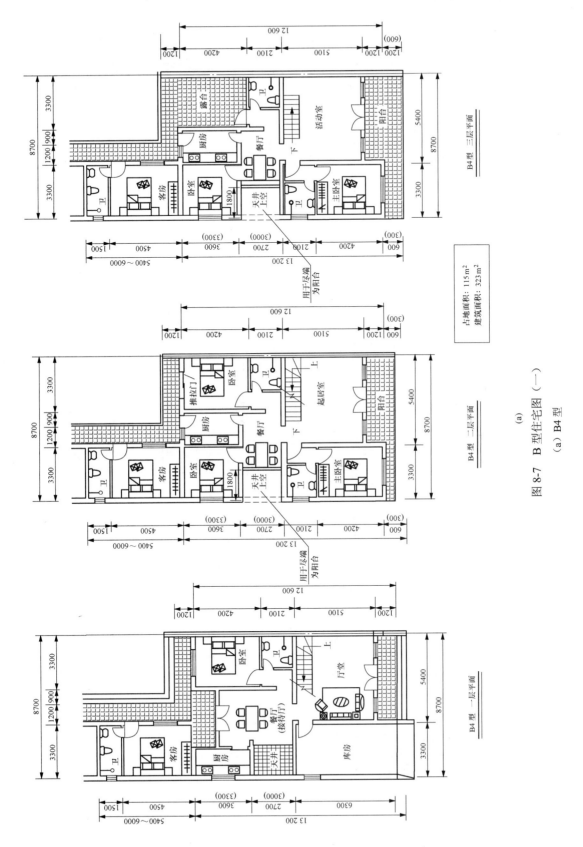

图 8-7 B 型住宅图（一）

(a) B4 型

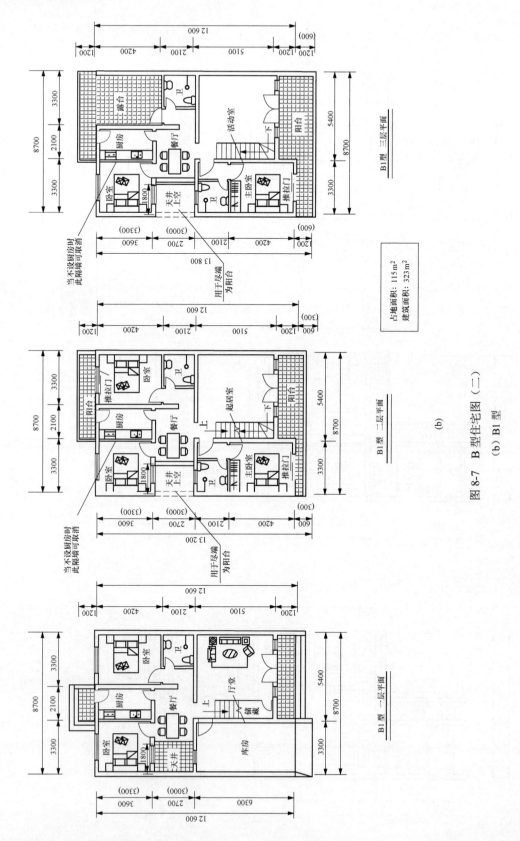

图 8-7 B 型住宅图（二）

(b) B1 型

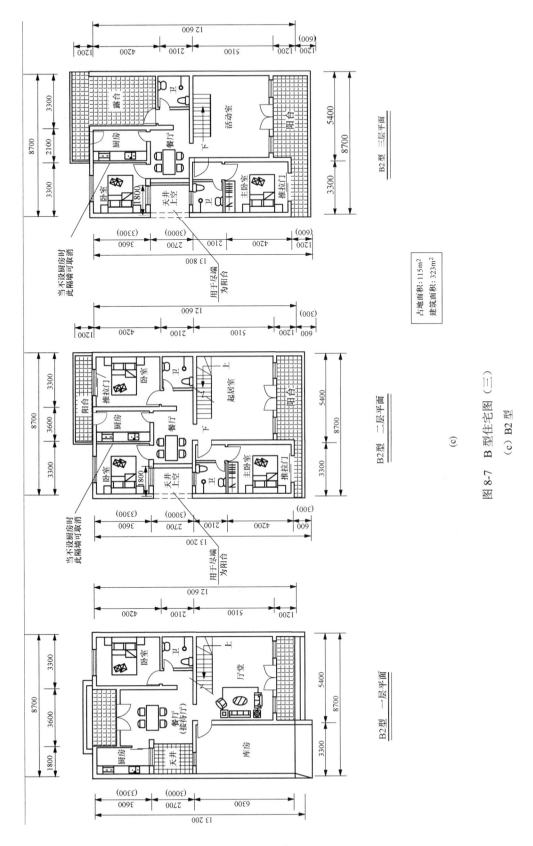

占地面积：115m²
建筑面积：323m²

B2型 三层平面

B2型 二层平面

B2型 一层平面

(c)

图 8-7 B 型住宅图（三）
(c) B2 型

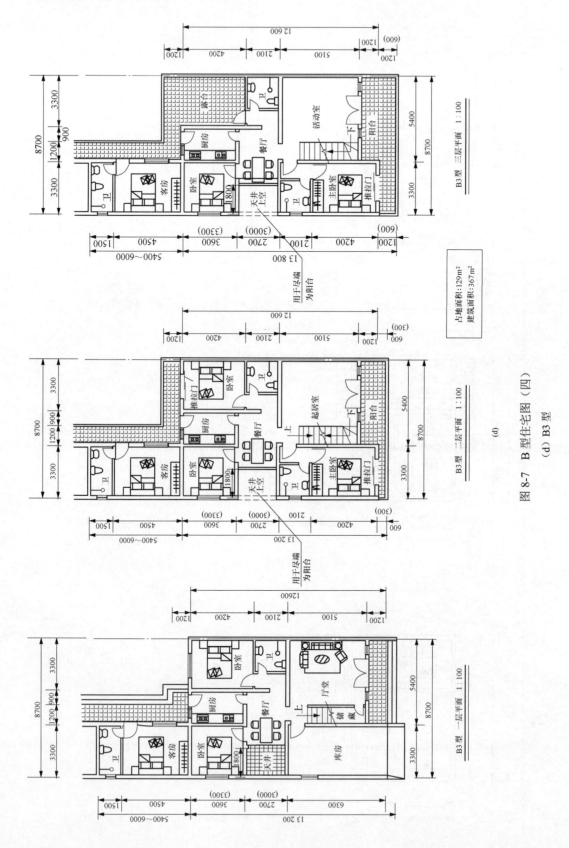

图 8-7 B 型住宅图（四）
(d) B3 型

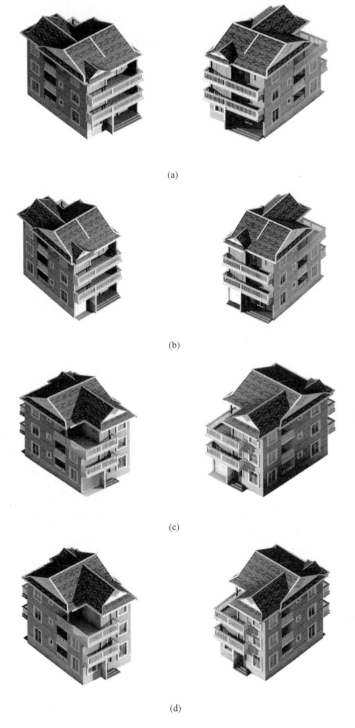

(a)

(b)

(c)

(d)

图 8-8　多视角效果图

（a）正立面视角效果图；（b）正立面视角效果图；

（c）背立面视角效果图；（d）背立面视角效果图

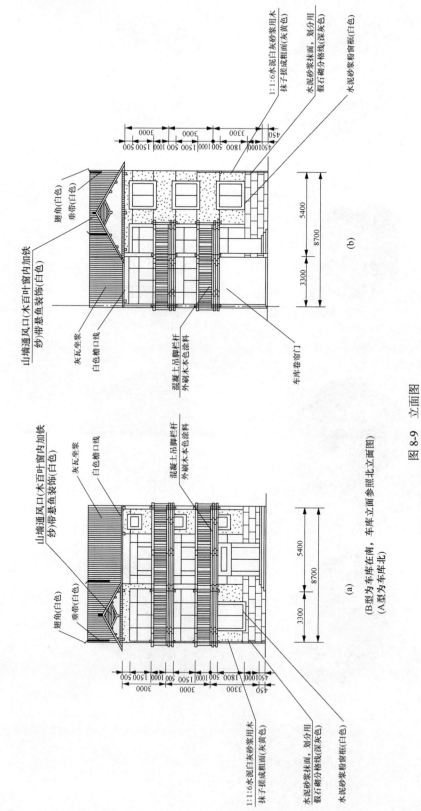

图 8-9 立面图

(a) A、B 型南立面图;(b) A、B 型北立面图

2. 客房设计

客房均布置在每座户型群楼的东西两侧，设单侧走廊。既可以与南北座向低层住宅的尽端相连，形成尽端型低层住宅的延续，也可自下而上三层形成独立对外的客房。

3. 造型设计

河坑安置住宅小区的建筑设计，立足于弘扬土楼文化，不仅屋顶采用了土楼住宅庆瓦的不收山的歇山坡屋顶造型，而且在总体布局中，更是充分吸取土楼建筑对外封闭、对内开放的布局手法。方型群楼东西向外立面以浅黄色的墙面为主，配以带有白色窗框的方窗洞，展现了浑厚质朴的土楼造型，如图 8-10 所示。由南北相向拼联而成的低层住宅和东西朝向客房围合的内部庭院，层层吊脚回廊相连（每户设隔断），再现了土楼住宅对内开敞的和谐风采。尽管是为了适应现代生活的需要，对于南北朝向的多户拼联低层住宅的南、北立面均采用较为敞开的做法，但也都仍然在敞开的做法中保留了层层设置延续吊脚回廊的做法。既充分呈现土楼的神韵，又富有时代的气息，如图 8-11、图 8-12 所示。

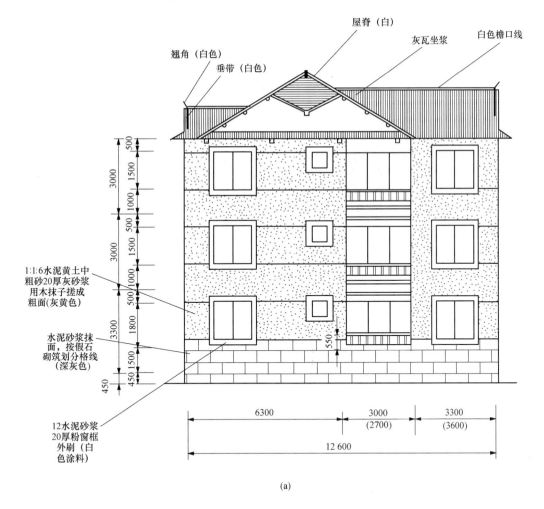

(a)

图 8-10　群楼东西立面图（一）

（a）A、B 型东（西）立面（尽端）图

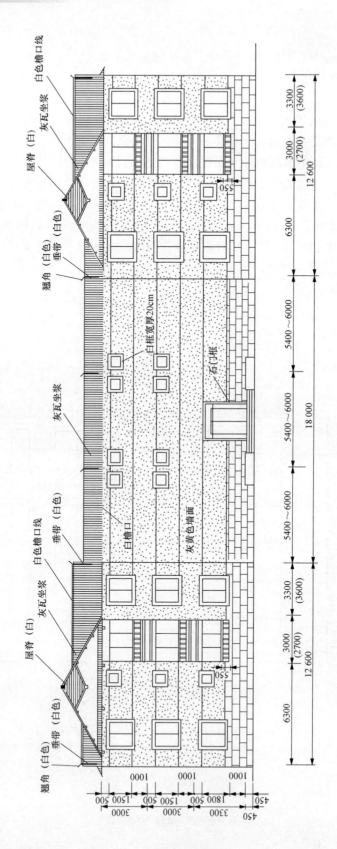

(b)

图 8-10 群楼东西立面图（二）

(b) 3 号楼东立面图

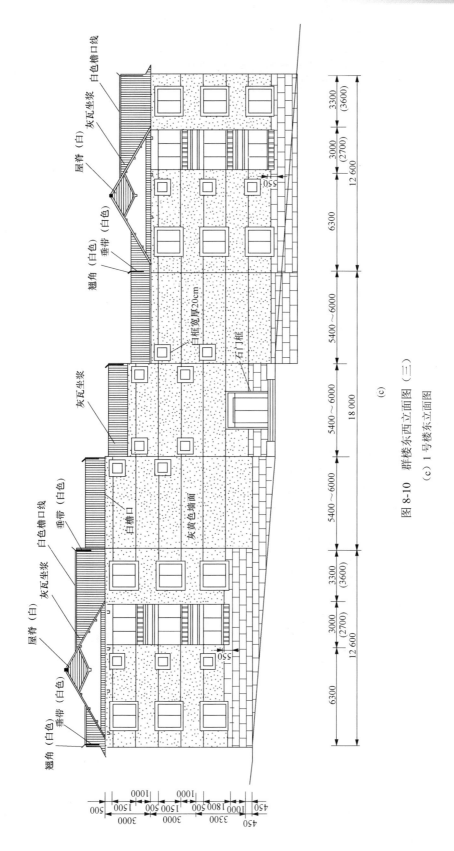

图 8-10　群楼东西立面图（三）

（c）1 号楼东立面图

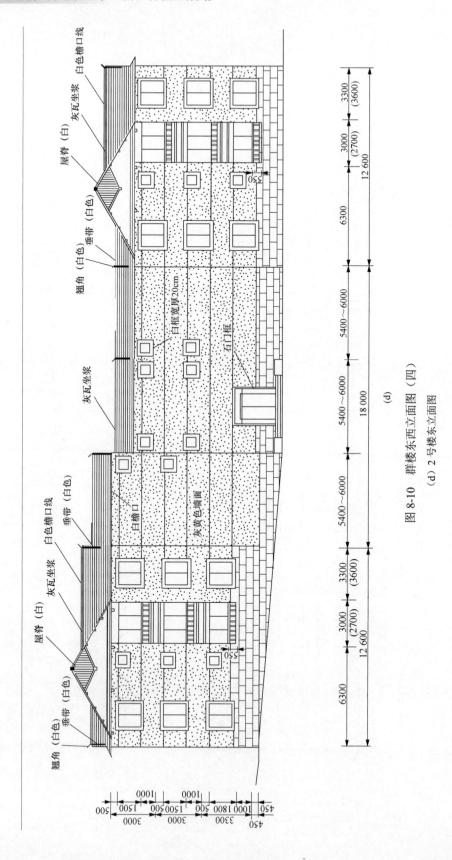

图 8-10 群楼东西立面图（四）

(d) 2 号楼东立面图

图 8-11　河坑安置住宅小区透视图

图 8-12　河坑安置住宅小区鸟瞰图

8.2　龙岩市适中古镇中和住宅小区的规划设计●

一、概况

1．区位

龙岩是距离厦门最近的内陆临海城市，也是海峡西岸经济区延伸两翼、对接两洲、拓展腹地的交通枢纽与重要通道。东与福建省泉州、漳州两市接壤，西与江西省赣州市交界，南与广东省梅州市毗邻，北与三明市相接，距厦门 142km（高速公路里程，下同）、泉州 216km、

● 设计：福建村镇建设发展中心范琴。指导：骆中钊。

福州 376km。龙岩是闽江、九龙江、汀江的发源地，是享誉海内外的客家祖地，客家文化、河洛文化和土著文化在此相互融合。

新罗区位于福建省西南部，辖 4 街道 12 镇 3 乡；东连漳平，西接上杭，北邻连城、永安，东南与南靖交界，西南与永定毗邻。地处闽、粤、赣三省边区的要冲，是厦门经济特区和闽南"金三角"的腹地，也是闽西的中心。

适中地处闽西南大门，毗邻漳平、永定、南靖等县（市），是闽西南通往闽东南和沿海经济发达地区的必经之路，也是闽西对外联系的重要"桥头堡"。

交通便利，319 国道和漳龙高速横贯全镇，适中公路业已竣工；基础设施较完备，通信发达，小城镇建设初具规模；已完成乡道硬化 90km，100%的行政村通水泥路。经济运行态势良好，经济实力继续跻身闽西前列。

2. 自然条件

适中属亚热带海洋性季风气候，夏凉无酷暑，冬暖无严寒，且雨量充沛，现已形成了具有适中特色和规模的农业产业化种养基地。

3. 交通条件

中和住宅小区交通条件较好，用地西北侧紧邻国道 319 线，现状北侧和中部已各有一现状水泥道路与国道相连，路面条件较好，规划中可结合整治拓宽作为小区主干道和民俗街主街。

"中和小区"地势较平；自然环境优美，人文气氛浓郁，紧邻振东楼、奋裕楼、符宁楼、望德楼、悠宁楼等适中特色土楼，南面为适中文体公园、陈氏宗祠和自然山体，西北不远处为白云堂，用地中有清澈的水流自东向西潺潺流过，如图 8-13 所示。建设基地现状如图 8-14 所示。

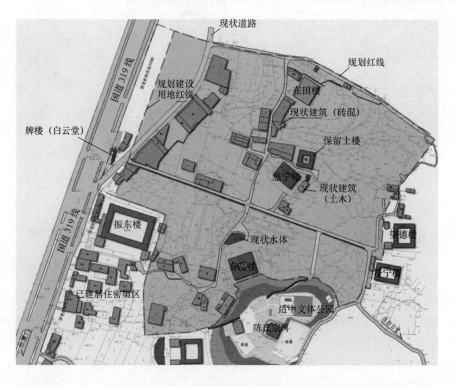

图 8-13　现状分析图

图 8-14　建设基地现状

(a) 现状道路及水渠；(b) 现状用地俯瞰；(c) 现状道路；(d) 现状国道及入口牌坊

4. 现状建筑和公共设施

规划用地现状较平整，东高西低，现状建筑以砖混结构为主，少量土木结构，由于建筑质量一般、建筑风格与周边土楼不一致，故仅需保留 3 幢价值较高、保存完整的土楼（按 6 户计）。

无现状公共建筑，需配置。建筑基地周边现状传统建筑如图 8-15 所示。

二、规划总体设想

1. 朝向和规划布局

（1）朝向与间距。根据当地的地形、地貌和习俗，建筑朝向主要采用南偏西，住宅日照间距采用 1:1。

（2）规划布局。"中和住区"规划设计中采用"集约用地、充分保护和延续土楼及其文化底蕴建筑特色"的设计，形成"一街、两轴、三组团"的结构系统。

1）一街。民俗街。

2）两轴。

主轴一："起势的景观节点"（入口小广场）——"高潮景观节点"（民俗街中心广场）——"结束景观节点"（民俗街东广场、保留土楼符宁楼、望德楼）。

主轴二："起势的景观节点"（小绿地、悠宁楼、保留土楼）——"高潮景观节点"（民俗街中心广场）——"结束景观节点"（文体公园、陈氏宗祠和青山）。

3）三组团。由民俗街和主干道自然地将住区分为三个组团，便于未来的规划管理和分期实施。

图 8-15　建设基地周边现状传统建筑

（a）古丰楼现场照片；（b）望德楼现场照片；（c）符宁楼现场照片；（d）悠宁楼现场照片

规划总平面图如图 8-16 所示，空间序列组团结构分析如图 8-17 所示。

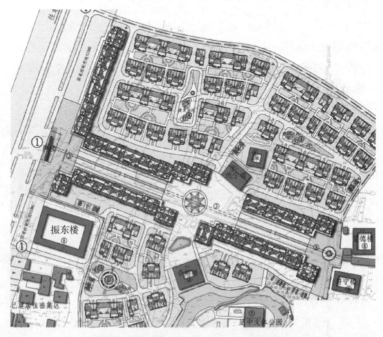

图 8-16　规划总平面

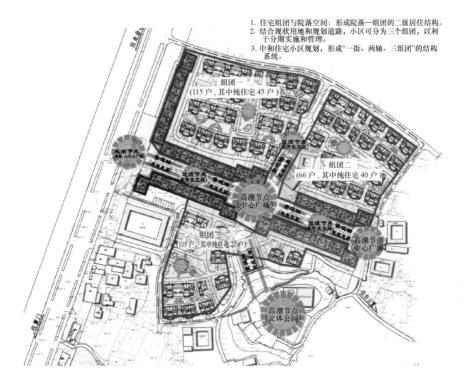

1. 住宅组团与院落空间：形成院落—组团的二级居住结构。
2. 结合现状用地和规划道路，小区可分为三个组团，以利于分期实施和管理。
3. 中和住宅小区规划，形成"一街、两轴、三组团"的结构系统。

图 8-17 空间序列组团结构分析

（3）居住组团与院落空间。根据道路系统的组织和用地条件，以民俗街和两轴为核心，形成 3 个居住组团。组团以公共绿地为中心（半开放空间，为居住住宅所包围，主要供各个组团的居民使用），用道路和绿化相互隔离，加上各组团建筑细部、色彩等的变化，形成形态各异、风格统一的空间环境，提高了住宅组团的识别性。

以四～十六户联排式住宅组成一个休闲的院落，由若干个这样的院落围绕组团绿地形成居住组团；同时小区整体为民俗街和主干道自然地分为三个组团，将有利于规划的分期实施和建成后的分组团管理。典型院落空间布局如图 8-18 所示。

图 8-18 典型院落空间布局

（4）民俗街的规划布局。东起保留土楼的望德楼和符宁楼，并与建于宋代供奉民间图腾"圣王公"白云堂相接，以确保盂兰盆节庆典活动时，满足抬请"圣王公"出巡队伍浩浩荡荡的需要。现状土楼如图 8-19 所示，现状用地鸟瞰图如图 8-20 所示。

图 8-19　现状土楼——典常楼

图 8-20　现状用地鸟瞰图

西至南北贯穿适中镇过境 319 国道的白云堂牌楼，穿过 319 国道再往西可达国家级文物保护单位的典常楼（最为豪华之一的土楼）和建于宋代的古丰楼（建设年代最早的土楼之一）。街道中心节点把需要保护的土楼——奋裕楼、悠宁楼有机地组织在一起，不仅形成了中和住宅小区东西景观轴交汇处的核心景观中心广场，既适应盂兰盆节大型群众集会活动的需要，又便于组织景观，满足开展适中方型土楼旅游。典型院落如图 8-21～图 8-30 所示。

(a)

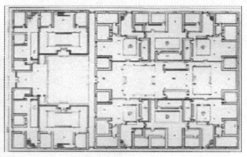

(b)

(c)

图 8-21　典常楼

（a）典常楼外景；（b）典常楼平面；（c）典常楼一瞥

图 8-22 适中庆云楼

图 8-23 古丰楼外景

(a)

(b)

(c)

(d)

图 8-24 怀远楼

（a）怀远楼外景；（b）怀远楼内景；（c）怀远楼立面图；（d）怀远楼剖面图

图 8-25 适中镇中和小区民俗街——西南段效果图

图 8-26 适中镇中和小区民俗街——东北段效果图

图 8-27 适中镇中和小区民俗街——西北段效果图

图 8-28 适中镇中和小区民俗街——东南段效果图

图 8-29　适中镇中和小区民俗街——西侧沿国道效果图

1）借助街道中心需要设置自东向西排洪沟，在将其组织为宽 2.0m、深 0.5m 的开放式的景观水渠（局部封闭以满足车辆调头和行人过往的需要）的同时，在中心广场地下设蓄水池及地面上人水交融的激光音乐旱喷泉，使得水渠、旱喷泉、奋裕楼前的月形水池和景观轴南侧的山上文化体育公园共同构成了融自然和人工于一体的显山露水的诱人景观。景观结构分析如图 8-31 所示。

图 8-30　适中镇中和小区鸟瞰图

2）街道两侧的垂直界面，充分吸取适中方型土楼内庭中（周环通长的）吊脚挑廊和坡顶披檐逐层退台的布局特点（如图 8-32 所示）。使得街道剖面在街道宽度为 18.0m 时，街道垂直界面的高度和街道宽度的比值都控制在 1:1 到 1:1.5 之间（如图 8-33 所示）。既能起到便于两侧往来围合聚气、繁荣商业活动的作用，又颇显宽敞开放，避免压抑感。立面造型虚实对比、层次丰富、高低错落、进退有序，以及时长时短的通廊处理，呈现了适中土楼的独特风貌和诱人的文化内涵。

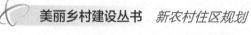

图 8-31　景观结构分析

图 8-32　土楼内庭景观

（a）土楼内部照片（一）；（b）土楼内部照片；（c）土楼内部照片（三）；（d）土楼内部照片（四）

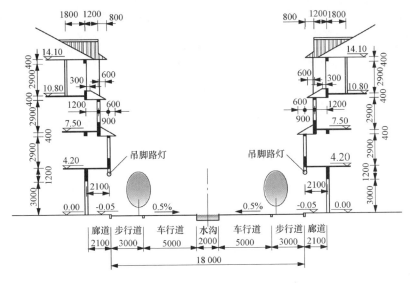

图 8-33 民俗街道路断面图（单位：mm）

3）吊脚挑廊的设置，既便于铺面的经营和管理，又为行人创造一个遮阳避雨的街道人行廊道，突出了地方特点，还便于旅游活动的开展、夜市的开发、创造更为活跃的商业活动。

遮阳避雨的街道人行空间布置，突出了地方特点。

4）廊道前布置了 3.0m 宽的步行道，既可用作墟集和夜市、摊商设摊的场地，也是小城镇居民出行上街的停车场地。对于方便群众生活、繁荣小城镇商业活动起着极为重要的作用。

5）为了适应大型群众民俗活动的需要，中心水渠两侧设置了 5.0m 宽的车行道，在日常生活中，可在路边有停车时，确保车辆顺利通行。

6）街道两侧的步行道和车行道之间不设分道的道牙石，仅以不同材料和铺砌方式区分，并在步行道上设盲道，以扩大街道的视觉感受，提高社会文明。

步行道上不设通常的行道树，而是在与铺面开间相对应的位置相间种植观赏性的四季常青的乔木（桂花或玉兰）和灌木（美人蕉等花卉）。以提高街景的绿化景观效果，并提高生活环境的质量。

7）规划中民俗街采用五种底商住宅，分别是 A、B 型为垂直分户低层底商住宅；甲、乙型为两代居（或跃层式低层底商住宅）；Ⅰ 型为多层底商住宅。所有平面尺寸面宽均为 8.7m，进深均为 13.2m；极便于在建设时根据实际需要进行调整。

8）民俗街所有商店招牌和灯箱广告统一布置在吊脚挑廊内商店门上 1.0m 高的范围内，其他地方不得随便悬挂，以免破坏街景的外观。利用街道两侧吊脚挑廊的吊脚，设置特制的艺术造型路灯，不仅可以减少灯杆的障碍，还可避免路灯对二层以上居民的灯光干扰，也可以提高街道的景观效果。节庆的大红灯笼统一布置在吊脚挑廊下和各层的外廊。街道夜景照明统一采用分段向建筑立面投射彩色灯光。

民俗街平面详图如图 8-34 所示，民俗街剖面详图如图 8-35 所示。

2. 道路系统规划

规划中首先理顺道路骨架，用主干道和规划中的国道 319 线衔接，保证出行的便利，同时严格控制国道上的开口，保证安全的同时避免对国道功能发挥的过度干扰；内部用三级道路，形成通而不畅的交通系统，保证了住区的日常出行需求。

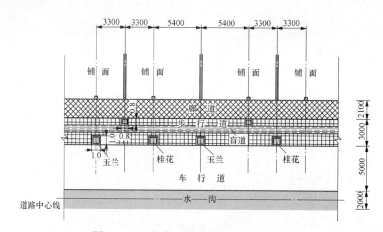

图 8-34　民俗街平面详图（单位：mm）

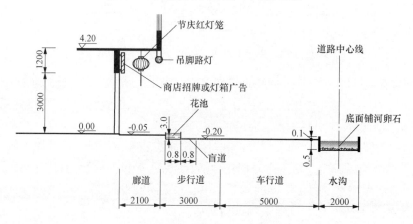

图 8-35　民俗街剖面详图（单位：mm）

道路系统分为以下三级：

（1）小区主干道。

1）民俗街主干道（道路红线 18m，含 2m 水渠、双侧 5m 车行道和双侧 3m 步行道）。廊道前布置了 3.0m 宽的步行道，既可用作墟集和夜市、摊商设摊的场地，也是小城镇居民出行上街的停车场地。对于方便群众生活、繁荣小城镇商业活动起着极为重要的作用。

为了适应大型群众民俗活动的需要，中心水渠两侧设置了 5.0m 宽的车行道，在日常生活中，可在路边有停车时，确保车辆顺利通行。

2）小区主干道 5m，双侧建筑退距均控制在 5m 以上，形成 15m 以上建筑间距。

（2）小区次干道 4m，双侧建筑退距均控制在 3m 以上，形成 10m 以上建筑间距。

（3）入户车行道 3m，双侧建筑退距均控制在 3m 以上，形成 9m 以上的建筑间距。

3. 绿化系统

（1）绿化与景观设计。小区规划结合现状，形成具有浓郁地方特色的民俗街和以两条空间序列为主导的十字的绿化系统，并在各主要节点及组团绿地、步行绿地分别布置形态各异的建筑小品及景色，根据不同位置，建议种植名树异草，使其具有鲜明的地方特色，同时形成林荫道，提供生活的便利和视线走廊。

（2）绿化系统。本次规划本着"因地制宜，以人为本"的原则，绿化尽量结合现状道路节点布设，形成"点、线结合"的绿化系统。

4．建筑设计

（1）根据当地的居住现状和今后的发展趋向，结合土楼建筑风格和地标性元素，共提供了七种户型（五种底商住宅；两种底层纯住宅，纯住宅提供两种进车方式），其中：

1）五种底商住宅共 174 户。

a．垂直分户低层底商住宅共 18 户，包括 4F 户型 A 计 12 户、4F 户型 B 计 6 户；

b．两代居（或跃层式低层底商住宅）共 60 户，包括 4F 户型甲 44 户（22 幢，每幢 2 户）、4F 户型乙 16 户（8 幢，每幢 2 户）；

c．多层底商住宅 6F 户型 I 共 96 户（16 幢，每幢 6 户）；

2）两种低层纯住宅共 112 户，包括 3F 户型 C31 户、3F 户型 D81 户。

（2）建筑设计上尤其注重了土楼文化的传承和建筑空间丰富和多样的塑造。

1）户型设计，既可以做到有天有地，也可以分层使用，使其既保证多代同堂，又互不干扰。

2）功能齐全，所有的功能空间均有直接对外的采光通风。以客厅和起居厅作为家庭对内对外活动中心，方便户内联系。南向的厅堂、起居厅、活动室和卧室前都布置了挑檐，避免太阳直晒。库房目前可作为储藏间或农具间使用，未来有车可作为车库使用，体现了规划的可持续性。

3）造型设计，主要突出土楼和福建古建筑符号，尤其是民俗街两侧的垂直界面，呈现了适中土楼的独特风貌和诱人的文化内涵，使中和住宅小区的立面呈现出虚实对比的建筑风格、丰富多样的建筑天际线，呈现现代气息和土楼风貌完美结合的独特中和住宅小区，相信在未来将成为适中镇，乃至新罗区又一闪亮风景线和地标性建筑。

（3）抗震规划设计。所有建筑物必须全部按六度抗震设防。

5．道路竖向规划

竖向规划通过研究地形变化规律，选择合理的竖向设计标高，满足规划区修路、建房、排水等使用功能要求，同时达到安全防灾、土方工程量少、综合效益佳的目的。

规划区的雨水、污水排放和道路的舒适安全性都要依靠竖向设计去控制。本区的竖向规划在紧密结合路网规划基础上，每一个路口高程点都是相互作用和控制，在每一个局部的建设中，都应满足竖向规划要求，坡度为 0.5%～4.9%，基本控制在 3% 以内，少数受地形限制，也都控制在 5% 以内。

建筑室外地面标高要与街坊地平、道路标高相适应，建筑室外地面标高一般要高于或等于道路中心的标高。

6．给水工程规划

采用市政给水水源，从中和住宅小区西侧入口处由市政给水管接入，顺中和住宅小区道路布置给水管向住户供水。

消防用水按 GB 50016—2006《建筑设计防火规范》同一时间内的火灾次数和一次灭火用水量确定。

室外消火栓系统：小区室外消火栓用水量为 20L/s，室外消火栓按不大于 120m 设置，设置室外消防栓 11 套，满足室外消防用水量的要求。

7．排水工程规划

（1）体制。本区排水体制为雨水、污水分流制。

（2）污水管道系统规划。小区污水分南、北两个组团分别收集，污水经过"住户预处理——化粪池"二级模式,向西排入市政污水管。

(3)雨水管道系统规划。雨水采用重力流,分南、北两个组团分别收集,分别收集该侧雨水,分两个口排入市政雨水管中。

8. 电力电讯工程规划

(1)电力。根据中和住宅小区负荷分布图,室外箱式变压器设在三组团中心绿地处,10kV的高压电源由中和住宅小区西侧主入口引入。

(2)电视。电视电缆进线由中和住宅小区西侧引入。在中心绿地处设户外型电视前端箱。

(3)电讯。由当地电信部门引至本工程电话交接箱,交接箱引若干条配线电缆对各自所属电话用户的电话分线箱配线。

电话电缆进线由中和住宅小区西侧入口引入。

9. 环卫规划设计

(1)采用塑料袋装垃圾,并结合小区的车行入口和道路节点处,分别设置垃圾收集点,集中转运,统一消纳。

(2)在道路交点和小绿地附近各设废物箱若干,废物箱应有分类收集,同时建议采用造型独特,最好能带有地域特色的垃圾箱,与周边环境、建筑相协调。既方便居民的使用,同时又是公共绿地中的一个小品,达到了绿色环保的效果。

三、主要经济技术指标

主要经济技术指标见表 8-1。

表 8-1　　　　　　　　　　主 要 经 济 技 术 指 标

项　目	指　标	项　目		指　标
规划用地	$6.6 \times 10^4 m^2$	居住户数(共 292 户、其中新建 286 户,纯住宅 112 户,民俗街 174 户)	A 型	12 户
规划建设用地	62737m²		B 型	6 户
总建筑面积	71251m²		C 型	31 户
居住人口	1287 人(4.5 人/户计)		D 型	81 户
建筑密度	31.1%		甲型	44 户
容积率	1.14		乙型	16 户
绿地率	36.2%		I 型	96 户
民俗街店面	128 间		保留	6 户(3 幢)

8.3　浙江省温州市瓯海区永中镇小康住宅示范小区规划设计❶

永中镇小康住宅示范小区用地位于永中镇东北部,东侧为北洋大河,西至罗东大街,南至三号横街,北临永宁大街。规划总用地 $9.3 \times 10^4 m^2$,其中小区用地 $6.85 \times 10^4 m^2$。

一、规划结构与功能布局

1. 规划结构

小区以"Y"型小区级道路联系两个相对独立的环状组团级道路为骨架,组织一个小区中心和两个居住组团。人车分流,车道与步行绿地系统相互分离。

---

❶　设计:浙江省城乡规划设计研究院。

2．功能布局

在小区中部临罗东大街规划小区主出入口。结合主出入口布置公共服务设施和小区中心广场。小区中心南北两则布置两个居住组团。

二、道路交通组织

1．出入口选择

为避开出入城镇主干道永宁大街大量的人流、车流和永宁大桥引桥坡道的地势高差，同时加强小区同周围中学、小学、商业服务设施的联系，在上区基地西侧中部，面临本镇生活性道路罗东大街，设置小区主出入口。南组团次出入口接三号横街，北组团次出入口接永宁大街。为联系沿河城市公共绿带，小区中心的东侧设置一处步行出入口。小区四处出入口的选择符合小区居民的出行轨迹，同时能保证消防救护的要求。

2．道路骨架

充分考虑小区居民的出行便捷和安全，小区级道路采用"Y"型，以此为基础连接两个相对独立的环形组团级道路，形成清晰的小区道路骨架。结合小区的功能布局，规划将城市公共绿带延伸至小区中心和组团，组成"山"形步行绿地系统。考虑残疾人和老年人车辆的通行，满足无障碍通行的要求，使小区交通组织功能明确，人车分流，内外联系通而不畅。

3．道路等级

小区道路规划分为四级。小区级道路宽 7m，组团级道路宽 4.5m，宅前路宽 3m，绿地步行道宽 0.6～1.5m。

4．停车系统

停车方式以集中为主，分散为辅。两个组团出入口直线路段西侧，各设置一处半地下集中停车库。独立式住宅、联立式住宅、点式住宅及两个组团道路外侧部分住宅设置室内停车库。停车位按住宅总套数 100%设置。组团道路外侧规划室外临时停车位，物业管理楼南侧布置公共停车场及小车洗车位。自行车停放在半地下集中车库。

5．道牙处理

组团级环形道路内侧设置单侧道牙；外侧无道牙，以行道树、护柱、路墩、镶草硬质铺地进行区分与布置，以利于临时停车。

三、住宅布局

1．日照间距、朝向、小气候

住宅日照间距不小于 1:1.2，大于 GB 50096—2011《住宅设计规范》及当地标准要求。住宅的朝向为南偏西 13°和正南向两种。通过组团架空层、大面积组团绿地、中心广场、林荫步行道等室内外空间的组织，形成良好的小环境气候。

2．住宅类型

根据市场需求，结合小区特点，住宅类型以多层公寓式为主，低层联立式、独立式住宅为辅。规划各类住宅共计 540 户，户均建筑面积 120.6m²/户。

3．安全防卫

通过小区主入口和组团次出入口的设置以及两上相对立、基本围合的组团布局，为小区封闭式管理提供了有利条件，并保证小区灾情发生时的疏散、救灾需要。

4．组团空间

小区组织南北两大组团，住户分别为 290 户和 250 户。南组团以独立式住宅、联立式住宅和公寓式住宅为基础，围合成 L 形空间组团绿地。北组团以点式住宅、联立式住宅、公寓式住宅为基础，围合成 L 形组团绿地空间。两个组团统一中求变化。

四、公共设施和环卫设施布置

1. 镇区公共设施

邻近小区有公共设施，如中学、小学、幼儿园、农贸市场等，项目齐全，使用方便。沿组团公共绿地的住宅底层架空，为居民提供半室内活动空间，并为当地传统的家庭喜庆聚会等提供了场所；组团外住宅底层基本作为停车库或沿街商业用房。架空层使外侧住宅居民与组团绿地有便捷的联系和更开阔的视觉空间。组团公共绿地与架空层相互渗透，形成自然环境与人工环境交融，室内空间与室外空间流动，封闭空间与开敞宽间结合的特点。

2. 小区配套公共服务设施

根据有关规范，考虑小区周围的服务设施配套现状，规划二级服务设施。小区级服务设施有 3 班幼儿园、文化活动俱乐部、物业管理楼、老年活动室等。幼儿园布置在主出入口路段的北侧，文化活动俱乐部正对小区主入口，物业管理楼设置在主出入口路段南侧。在中心广场南北两栋住宅底层设置老人活动室。使小区中心既安全方便，又富有生活气息。组团级公共服务设施主要由分布在架空层的室内活动室以及布置在两个组团主入口的安全保卫室和基层商店组成。

3. 环卫设施

为顺应组团居民生活流向和垃圾收集运送有序，南、北两组团各设置三处袋装垃圾收集点，实行分级、袋装化垃圾收集。小区中心广场东南角设有一处生态厕所。

五、绿地系统及绿化层次

1. 绿地系统

滨河城镇绿地与小区中心绿地、组团公共绿地形成既相对独立又互为渗透的"山"型公共绿地系统。公共绿地系统与小区机动车道互不干扰、相互分离。人均公共绿地面积为 5.7m^2。

2. 绿化层次

小区绿化分为五个以下层次：

第一层次：滨河城市公共绿带。以自然草坪疏密有至的乔灌木丛为主，规划自然流畅的游步道。与小区中心绿地相交处，布置隐喻地方传统建筑特征的台门、石埠码头等。

第二层次：中心广场绿地。由构架廊、叠泉、镶草硬质铺地、绿地以及具有地方性的大榕树、亭子和水面的组合构成。

第三层次：组团公共绿地。主要由缓坡草坪、园林小品、点状乔木、青石板步道、儿童游玩设施、羽毛球场组成。

第四层次：垂直绿化。主要为家庭绿化，以花木、绿篱、屋顶花园和攀援垂直绿化为主。

第五层次：道路绿化。结合小区入口，小区级道路和组团级道路配置行道树和镶草硬质铺地。

六、空间景观规划

1. 空间层次

规划把整个小区空间分为四个层次和四个不同使用性质的领域。

第一层次：公共空间——小区主出入口、小区中心广场。是为小区全体居民共同使用的领域。

第二层次：半公共空间——组团空间。系组团居民活动的领域。

第三层次：半私有空间——院落空间。

第四层次：私有空间——住宅户内空间。

2．空间序列

通过空间的组织，形成一个完整连续、层次清晰的空间序列，在小区整体空间组织上，形成两组空间序列。

第一组序列：小区出入口——小区中心广场——水乡巷道——城市公共绿带。空间体验特征为收——放——转折、收——放——收——放。

第二组序列：小区出入口——环形组团道路——住宅架空层——组团绿地。空间体验特征为收——放——转折、收——放——收——放。

3．空间处理手法

运用传统城镇建筑空间组织手法，追求江南城镇空间肌理特征，组织不同层次空间。

（1）水乡巷道空间。两边低层房屋＋两条道路＋一条小河，成为小区中心广场与城市公共绿地的过渡空间。

（2）中心广场。临水建亭＋大榕树＋水面，成为具有地方传统环境特征的小区广场。

（3）道路及其他。道路转折形成的小广场、河埠码头等，形成丰富的过渡空间，体现传统巷道转折、河埠码头功能所形成的灰空间特征。

4．景观规则

建筑层数分布从沿河二、三层过渡到五、六层，层次较丰富。两个组团之间有小区主入口和人工河道分隔，节奏分明，有较强的可识别性。建筑造型简洁明快，为避免台风侵扰，屋顶以平顶为主，局部运用坡顶符号。建筑色彩以淡雅为主，檐口点缀蓝灰等较深色彩。环境设计把开敞明快的自然草坪泉地与体现传统水乡城镇神韵的水乡巷道相结合，运用台门、亭子、石拱桥、青石板路、石埠码头等环境符号，还有地方材料、地方树种（榕树、樟树等）的运用，强化小区的可识别性和地方性，创造既有现代社区气息，又有强烈地方特色的小区风貌。

七、现状商住楼改造

改造小区西侧沿街 6 幢多层联立式农居，使其与小区及周围环境相协调。拆除主入口两侧部分房屋，结合小区主入口规划物业管理楼等，既突出了小区主入口的位置，又使沿街建筑有高低起伏、空间有进退变化。根据新建住宅和公建的造型及外饰面特点，对几幢保留建筑的外饰面加以改造，同时，以高大的乔木使新旧建筑之间适当分离和过渡。

八、探索与创新

1．课题

创造具有江南水乡特色的小康住宅区。

2．背景

本镇地处平原水网地区，老镇街巷与河流的关系，基本是"一河两路两房""一河一路两房"等典型江南水乡格局。小桥流水、粉墙黛瓦的江南水乡风光还依稀可见。与大多数江南水乡一样，近年的大规模开发建设，河流被埋、古老的民居被拆、代之而起的是大量农居住宅，呆板的行列式布局，千篇一律的"现代"建筑。传统风貌几乎消失殆尽。探索具有江南水乡特色，能适应二十一世纪生活的小康住宅区的规划设计手法，对地方文化的延续、传统风貌的保护、具有地方特色的居住环境创造都较有意义。

3．措施

延续传统水乡空间肌理。根据市场调查和居住实态调查，联立式住宅颇受居民欢迎，将两排三层联立式住宅布置在两个组团相邻处，中间规划人工河，河上布置石拱桥，河边设步行道，形成"一河两路（花园）两房"的格局，其格局、空间尺度、建筑形式均有传统神韵，联立式住宅背河面有车库，运用传统街巷的转折、视线的阻挡，创造丰富的路边小广场、河埠码头等过渡空间。紧邻组团绿地的住宅架空层，为居民提供了交往、喜庆聚会的场所，符合地方生活习惯。借用传统城镇环境符号、利用地方材料，如台门、亭子、石拱桥、石埠码头、驳岸以及丰富的地方石材、大榕树等。强化环境的地方特色。通过上述措施，结合现代规划设计手法，形成结构清晰、布局合理、功能完善、设施配套，又有浓郁地方特色的小康住宅区。

九、小区用地技术经济指标

小区用地平衡见表 8-2，技术经济指标见表 8-3。

表 8-2 　　　　　　　　　　　　小 区 用 地 平 衡 表

用　　　地		面积（×10⁴m²）	所占比例（%）	人均面积（m²/人）
一、小区用地		6.85	100	36.2
1	住宅用地	4.46	65.1	23.6
2	公建用地	0.54	7.9	2.9
3	道路用地	0.75	10.9	4.0
4	公共绿地	1.10	16.1	5.7
二、其他用地		2.45		
1	城市道路用地	0.68		
2	城市公共绿地	1.07		
3	现状住宅用地	0.70		
小区规划总用地		9.30		

表 8-3 　　　　　　　　　　　　技 术 经 济 指 标 表

序号	项目	单位	数量	所占比重（%）	人均面积（m²/人）	备注
一	小区用地	m²	6.85×10⁴	100	36.2	
（1）	住宅用地	m²	4.46×10⁴	65.1	23.6	
（2）	公建用地	m²	0.54×10⁴	7.9	2.9	
（3）	道路用地	m²	0.75×10⁴	10.9	4.0	
（4）	公共绿地	m²	1.10×10⁴	16.1	5.7	
二	住宅套数	套	540			
三	居住总人数	人	1890			
四	总建筑面积	m²	75 910	100		按 3.5 人/户计
（1）	住宅建筑面积	m²	65 851	86.7		其他建筑面积指停车库与住宅架空层，按面积计算规则规定，层高超过 2.2m，计算 1/2 面积
（2）	公建建筑面积	m²	333.82	4.4		
（3）	其他建筑面积	m²	6725.19	9.0		
五	住宅平均层数	层	4.3			
六	人口净密度	人/hm²	435			
七	住宅建筑面积净密度	万 m²/hm²	1.48			
八	建筑面积密度	万 m²/hm²	1.1			
九	总建筑密度	%	28.6			
十	绿地率	%	41.5			

十、规划图纸

规划图纸如图 8-36～图 8-44 所示。

图 8-36 道路竖向规划图

图 8-37 给水工程规划图

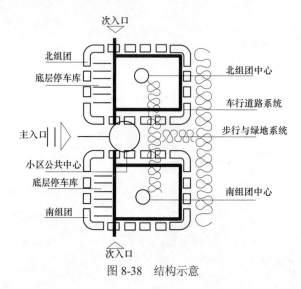

图 8-38　结构示意

注：

规划特点：

（1）延续传统城市支脉，尊重居民生活习俗，运用现代规划设计手法，创造具有浓郁地方特色的小康住宅示范小区。

（2）延续本镇具有江南水乡特色的空间肌理，借用传统环境符号，利用地方材料，配置地方树种。

（3）一个中心，两个组团，人车分流两套系统，布局合理，结构清晰。

（4）功能完善，环境优美，节约土地，有利管理。

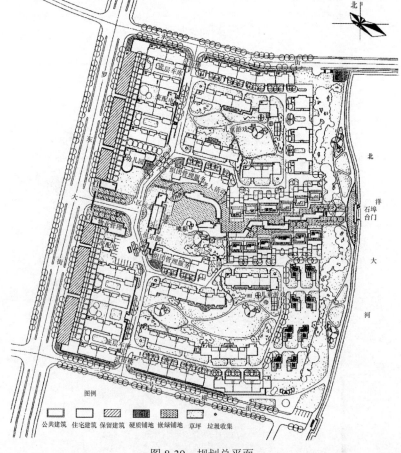

图 8-39　规划总平面

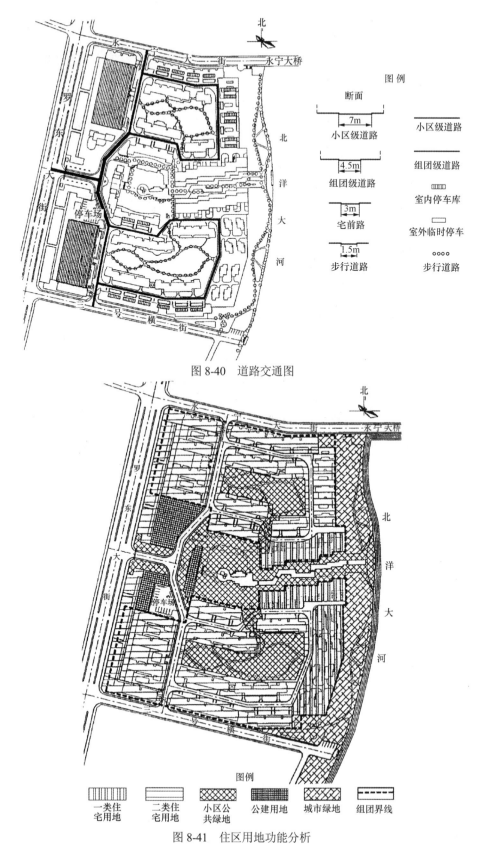

图 8-40 道路交通图

图 8-41 住区用地功能分析

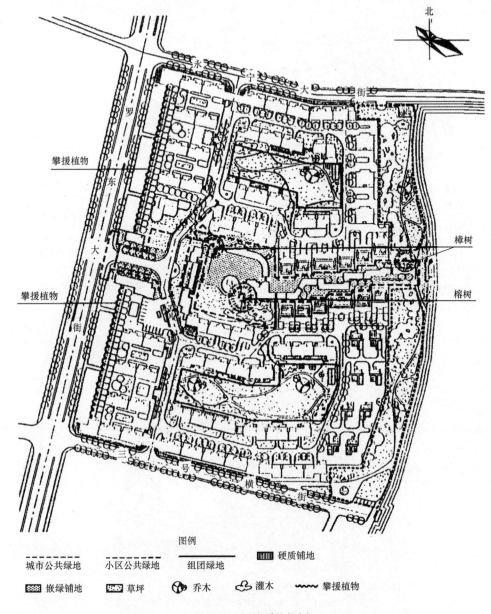

图 8-42 绿地系统规划

注: 1. 绿荫、绿地、绿壁、大树: 三级公共绿地。

(1) 城市公共绿地, 林荫步行道。

(2) 住区中心绿地。入口广场绿地。

(3) 组团中心绿地。

2. 三级绿地, 相对独立又相互渗透。

3. 层顶花园, 垂直绿化, 古树。

4. 地方树种和传统配置民居＋樟树＋亭子＋石埠、小桥。

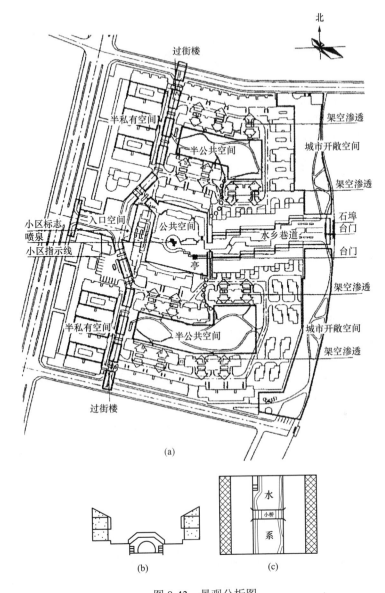

图 8-43　景观分析图

（a）总图；（b）街道剖面图；（c）街道平面图

注：1. 延续江南城镇空间肌理。

2. 体现水乡民居格局特色。

3. 水乡巷道空间＝两房＋两路＋一河，住区中心广场与城市公共绿地之间的过渡空间。

4. 灰空间。道路街巷转折形成的交往空间，河埠空间。

5. 空间序列。

（1）第一组为入口空间—住区广场—水乡巷道空间—城市公共空间，

　　特点为收—放—转折（收）—放—收—放。

（2）第二组为入口空间—组团道路空间—底层架空—组团绿地，

　　特点为收—放—转折（收）—放。

6. 空间形式：封闭与开敞，室内与室外，人工与自然。

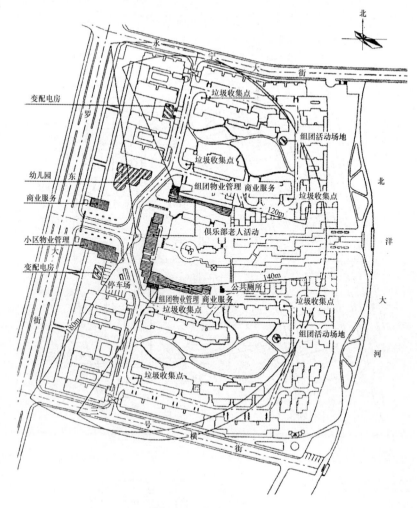

图 8-44　公建分布

8.4　福建省莆田县灵川镇海头村
小康住宅示范小区规划设计❶

　　海头村位于福建省莆市县灵川镇西南约 5km 处，湄洲湾北岸，是湄洲湾开发建设的主要腹地，福厦高速公路经海头村北穿过，省级公路枫笏公路从规划基地北侧穿过，是海头村主要对外联络通道，向南约 2km 为湄洲湾内港北岸。

　　示范住区占地 $5.29 \times 10^4 m^2$，规划安排低层联排式住宅及多层公寓住宅，共 204 套，可居住 714 人，平均占地 255m²/户，人均占地 74.1m²。

　　一、大环境意识下的选址

　　海头村小康住宅示范小区的建设，以村镇经济体制改革及乡村城市化的基本思路为指导，利用示范小区带动经济发展，带动旧村改造，在总体规划要求下进行迁村并点，发展适度规

---

　❶　设计：北方工业大学宋效魏。指导：骆中钊。

模经营，促进海头村作为重点中心村的建设。海头村示范小区的选址，充分利用了海头溪穿过村庄这一自然优势，利用福厦高速公路和枫笏省级公路从村边经过的交通优势，以及初具规模的民营工业区的经济发展优势。示范小区西侧紧临全村商业、贸易、休闲、娱乐中心，北隔枫笏公路与民营工业区相邻，小区用地完整、生活方便、安全卫生、环境优美，为文明的小康型住宅示范小区创造了条件。

二、规划结构与功能布局

示范小区作为海头村总体规划的重要组成部分，其规划结构以环境舒适、生活方便及有利于物业管理为原则，结合自然地形及道路条件形成了四个各具特色的居住组团，组团包含若干院落，作为最小的结构单元。

示范小区除设置满足自身需要的幼托、变配电、公厕及物业管理用房外，公共服务设施则依托村级配套公共建筑，以充分发挥其经济效益。

三、道路系统

示范小区的道路系统，既与全村总体规划路网涵接，又具有自身的相对独立性与完整性。既保证了居民出行方便、畅通，又有效地防止了外来车辆穿行。其特点是"双鱼骨形"的人车分流系统。此系统正视现代社会家庭车辆问题，充分意识到它将为今后居住区规划带来的根本性变化，具有超前研究和创新的意义。结合我国目前经济较发达的村镇特点，采用小汽车入户和就近相对集中式停车结合的办法（近期多余的停车位可暂作绿化用地），避免了人流和车流交叉。

在出入口的选择上，考虑居民就业、购物、活动等出行的主要方向，在西北侧设人行主要入口直接向村中心。在东侧、南侧设车行主要出入口。严格禁止在枫笏公路上开设小区的出入口。

四、住宅组团与院落空间

组团与院落构成了示范小区的主体。四个组团的布置依用地条件而形态各异，围合成封闭半开敞空间，由二层和三层低层联排住宅有机围合成大小不等的院落作为最小的住宅组群，结合邻里交往空间，它的安全、宁静和富于变化的空间，创造了良好的居住交往和休憩的环境，并注意解决邻里交往与居住私密性的矛盾。

四个组团又围绕小区中心绿地围合成更大一级的院落，这种多重围合充分体现了中国传统居住空间特点，同时又形成围而不封、合而不闭的现代流通空间。

五、绿化与景观设计

小区的绿化原则是因地制宜，以小区整体结构为基础形成具有地方特色的绿化系统。绿化分以下三大部分：

一是沿枫笏公路边的绿化隔离带；

二是充分利用海头溪（常年有水）和小区中心的公共绿地及步行系统营造的"休憩绿廊"，把各院落的散点绿地"串"成系统。

三是组团院落里的南方园林式的庭院绿化。

小区景观设计结合基地靠山面海，层层坡下的自然地势，首先注意了各主要道路的"线形景观"——沿街立面的规划，做到高低错落有致，收放疏密相间。同时，采用了轴线对景等常用手法，对驾车运动景观及透视效果等也都作了较细致的推敲。

对污水处理站地面上的圆筒形反应罐和垃圾收集都按照园林建筑小品的要求，加以精心处理。

六、方便齐全的公共服务设施

根据总体规划，在示范小区内布置了幼托，沿小区主干道布置了三个塑料袋装垃圾收集点，方便集运。小区内设置配电间和在中心绿地设置水冲公共厕所。其他设施即利用紧邻示范小区的村级中心设施（服务半径不超过300m），既方便居民生活，又美化了小区环境，减少了外界干扰。为方便居民的方便购物，可根据实际情况在沿街开设家庭个体商店和餐饮服务业。

七、技术经济指标

技术经济指标见表8-4。

表8-4　　　　　　　　　　　技 术 经 济 指 标 表

项目	计量单位	数量	所占比例（%）	人均面积（m²/人）
一、示范小区总用地	×10⁴m²	5.29	100	74.1
1、居住用地	×10⁴m²	3.54×1	66.9	49.6
2、公建用地	×10⁴m²	0.13	2.5	1.8
3、道路用地	×10⁴m²	0.69	13.0	9.6
4、公共绿地	×10⁴m²	0.64×2	12.1	9.0
5、其他用地	×10⁴m²	0.29	5.5	4.1
二、居住套数	套	204		
三、居住人数	人	714		
四、总建筑面积	万 m²	36 100	100	
1、居住建筑面积	m²	28 600	79.2	40.1
2、公共建筑面积	m²	1500	4.2	2.1
3、其他建筑面积	m²	6000	16.6	8.4
五、住宅平均层数	层			
六、人口净密度	人/hm²			
七、居住建筑面积净密度	万 m²/hm²			
八、示范小区建筑面积密度	万 m²/hm²			
九、示范小区总建筑密度	%			
十、示荡小区绿地率	%		43.1	

注　居住用地包括院落庭院，12hm²（21.2%）×2 公共绿地不计庭院面积。

八、规划图纸

规划图纸如图8-45～图8-51所示。

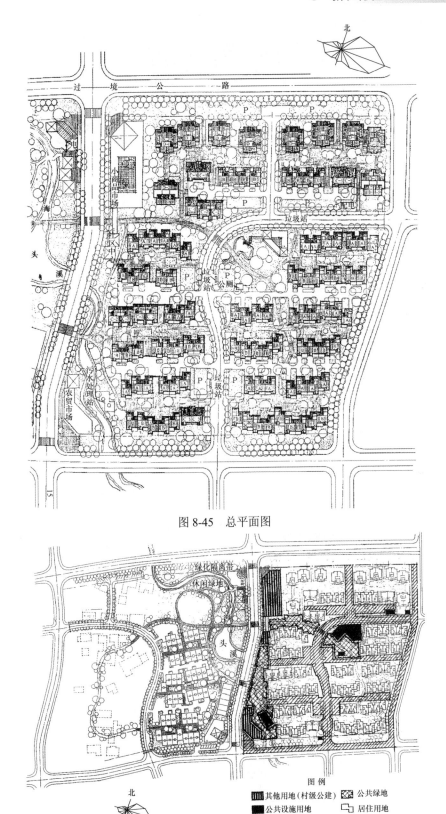

图 8-45 总平面图

图例
其他用地(村级公建)　　公共绿地
公共设施用地　　居住用地
道路广场用地

北

图 8-46 用地功能分析

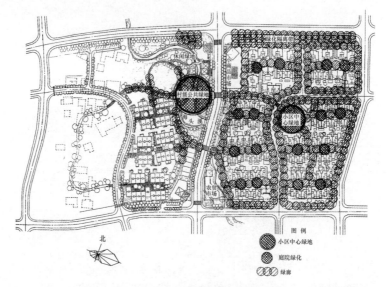

图 8-47 绿化系统分析

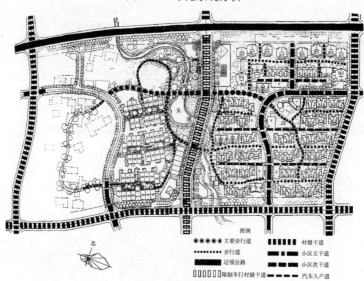

图 8-48 道路系统分析

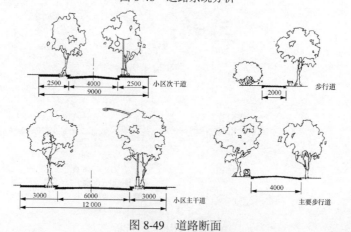

图 8-49 道路断面

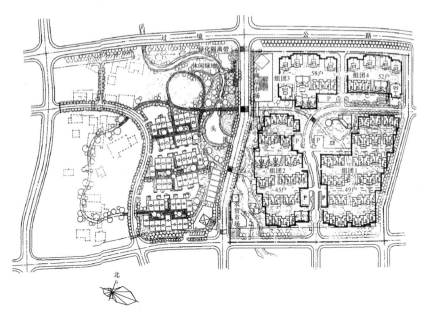

图 8-50　组团分析

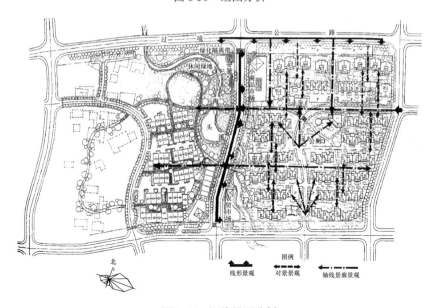

图 8-51　视线景观分析

8.5　厦门市思明区黄厝跨世纪农民新村规划设计❶

　　黄厝村位于厦门岛东部，距厦门市区仅 6km；依山傍水，山石多姿，风景秀丽；与金门岛隔海相望，最近处仅 5000m。黄厝村在厦门市总体规划中属于鼓浪屿万石山国家级著名风景名胜旅游区的组成部分，依照黄厝村经济发展的需要，将五个自然村集中建设一个新农村居民点。新农村居民的经济发展方向将由现有的一般性瓜果经济作物走向高科技瓜果园种植

　　❶　设计：华新工程顾问国际有限公司王征智。指导：骆中钊。

业，同时服务于黄厝风景旅游区的开发事业。

黄厝村总体规划占地 $4.786\times10^5m^2$，其中农村占地 $1.588\times10^5m^2$，规划 500 户农宅。

一、总体布局

总体布局分为农宅区、集中绿化区、观光旅游区、商业区、传统文化中心、双门大厦、高科技果树植物园、湖滨度假村、山林休闲村和停车场十个区。

二、小区出入口与道路系统

为了便于物业管理、方便农宅区与相关产业之间的联系，在小区西面和北面的24m宽城市干道上各设一个出入口，主要出入口放在西面，便于与城市联系。道路布局分为小区级道路和组团级道路。两个出入口，通过红线宽15m的小区级道路将七个住宅组团联结成一体。线性柔和弯曲的小区干道不仅避开当地冬季强烈的东北寒风，还为组织小区干道的轴线景观创造条件，使住宅组团的布置富于变化，活跃了小区的生活气息。小区干道上布置了无障碍通道，为残疾人提供方便。组团内道路为 4m 宽，每户设一个小汽车的停车位，停车位集中布置在多层住宅的底层或自家设置独立车库，并为将来留有发展余地。组团级道路与院落组合在一起。

三、绿化布局

除了积极保护基地上的绿化原貌外，在农宅区的规划中，加宽了组团间的邻里绿带。邻里绿带极其自然地嵌入住宅组团内，并与小区干道的林荫组成方格状的绿化网，同时着重布置了组团内的公共绿地和宅前绿地，从而形成别具特色的网点结合的绿化系统。充分利用绿化的开放空间、基地有着良好的绿化原貌和运用各种空间所提供的花园庭院、邻里公园、自然风貌、绿地等形式的绿地效果，适当布置集中绿化地带，并把区段绿地嵌入住宅组团内，使其与组团绿化有机地融为一体。沿小区干道组成了林荫的绿化走廊，小区绿化率达54.8%。组团间的邻里绿带和道路相结合，形成四条景观视线走廊，加强了山与海的关系，使山石与海礁、林木与沙滩、连绵起伏的群山与白浪涛涛的大海相映成趣，利用邻里绿带布置闽南独特的石亭、石桌椅等园林小品以及曲折变化的游廊、步行道、山石兰竹，不仅可为居民提供休闲和消夏纳凉、邻里安佳的场所，使得农宅区与山海融为一体，同时还使其具有浓郁的乡土气息。

四、住宅组团布局

（1）根据厦门的自然条件和民情风俗，为有效控制土地使用保护自然生态，在容纳 500户农宅并维持高品质的生活空间的同时，采用适当的紧缩农宅建设用地，以便留出更多的集中空地作为邻里绿带，使住宅和住宅组团与周围环境更为有机的融合。

（2）融入我国传统民居的合院布局，吸取了闽南传统建筑文化神韵中丰富多变的层次，采用毗联式多层与低层相结合，高密度院落式的布局形式。不仅为每套住宅都争取到东南或西南较好的朝向，还根据小区干道线型变化和环境特征，对住栋的长度和高度以六种住宅类型组成错落有序、形态各异，既统一又变化的七个住宅组团，使其形成各有一个小型的邻里交往活动空间，并将空间分为公共、半公共、私密性三种空间层次，组团中间庭院为公共空间，宅前绿地为半公共空间，入户后即进入私密空间。

（3）吸取闽南传统建筑风格，努力展现富于变化的层次、优美柔和的曲线、吉祥艳丽的色彩和华丽精湛的装饰，形成独具风采的建筑特征。加上对不同组团饰以不同的色彩、布置各具特色的石雕，从而提高了住宅组团的可识别性。

（4）按照以上的构想，农宅区中的七个独具特色的住宅组团与富有特色的绿地系统有机融合，使整个农宅区的住宅群无论从海边、还是在山上沿环岛道路或小区间道路都能观察到浓绿葱郁的林木，掩映着色彩斑斓、造型别致的屋宇，整个农宅区的住宅组群蕴藏在充满着浓郁田园风光的生活气息之中。

五、住宅设计

住宅设计分为公寓式（一梯两户）、联体独立式及跃层式三种形式六种类型，每套住宅建筑面积分别为 160、180 和 190m² 三种。

在住宅设计中，注重提高住宅建筑的功能及环境质量，充分考虑厦门的自然条件、民情风俗和居住发展的需要，努力使住宅设计不仅达到适居性、舒适性和安全性，同时还应具有灵活性、多样性和可改性。设计的六种类型共同的特点如下：

（1）功能空间齐全，各功能空间都有较明确的专用性，内部空间联系密切，分隔灵活，具有较为灵活的可改性和适应性。

（2）尽量减少无用空间，化零为整地把一些过道集中变成可供使用的空间，单体中形成的起居厅就是一个典型的实例。

（3）在加大建筑进深的情况下，做到所有功能空间均有良好的通风和采光（包括浴厕）。

（4）主要卧室及客厅均有好的朝向和开阔的视野。

（5）每套住宅设置双阳台。为适应厦门地区的气候条件和民情风俗的需要，在客厅前布置深达 2.4m 的大阳台，为居民提供消夏纳凉、休闲品茶、布设盆栽和喜庆张灯的半室外私有空间。

（6）每套住宅均有两个以上的卫生间，主卧室带有能够设置成套设备的专用卫生间。

（7）厨房、卫生间均有足够的面积，为安装成套设备提供方便。

（8）每套住宅均设置了门厅，为住户提供雨具、鞋具的存放场所，并起到了室内外过渡空间的作用。

（9）每套住宅都有较多的储藏空间，便于住户使用。

住宅设计以上特点为住户提供了一个有足够功能空间、方便生活、舒适宁静的家居环境。

建筑造型特征及其群体效果是影响村镇风貌的及其重要因素。

多种宗教的共存与多种文化的交融形成了风貌独特的闽南民居建筑，砖与石等地方材料的巧妙运用使得闽南民居建筑更具有明显的地方特色。在进行住宅的建筑造型设计时，不仅努力创造简洁明快的时代气息，同时从体形组合、色彩处理、建筑材料的运用和细部处理上都注重展现闽南传统建筑文化的风采。优美柔和的曲线、吉祥严厉的色彩、活力精湛的装饰使得新村住宅的设计具有浓郁的乡土气息。

六、技术经济指标及分析

技术经济指标见表 8-5，土地使用面积分配见表 8-6。

表 8-5　　　　　　　　　　技术经济指标一览表

项　　目	计量单位	数量	所占比例（%）	人均面积（m²/人）
一、农宅区总用地	hm²	15.38	100	51.27
1. 居住用地	hm²	6.72	43.7	22.4

项　目	计量单位	数量	所占比例（%）	人均面积（m²/人）
2．公建用地	hm²	2.39	15.54	7.97
3．道路用地	hm²	4.8	31.2	16.0
4．公共绿地	hm²	1.47	9.56	4.90
二、居住套数	套	500		
三、居住人数	人	3000		
四、总建筑面积	m²	113302		
1．居住建筑面积	m²	95064	83.94	31.69
2．公共建筑面积	m²	18238	16.7	6.08
五、住宅平均层数	层	2.9		
六、人口净密度	人/hm²	446		
七、居住建筑面积净密度	万 m²/hm²	1.42		
八、农宅区建筑面积密度	万 m²/hm²	0.74		
九、农宅区总建筑密度	%	24.0		
十、农宅区绿地率	%	54.8		

表 8-6　　　　　　　　　　　　　土地使用面积分配表

使用分区	土地使用面积（m²）	土地使用面积所占比例	宅基面积（m²）	建筑楼地板面积（m²）	容积率
农宅区	67 249	14.09	32 922	95 063.81	1.41
商业区	18 635	3.9	8686	34 523	1.85
社区中心	18 600	3.9	3800	13 966	0.75
小学	13 250	2.8	1520	4272	0.32
观光旅馆	19 500	4.1	4735	44 290	2.27
文化中心	29 400	6.2	13 480	13 480	0.46
高科技果园	31 700	6.6	1403	1403	0.04
度假休闲区	53 080	11.1	7774	32 688	0.59
道路	90 779	19	—	—	—
绿地及其他	135 107	28.31	—	—	—
合计	477 300	100	74 320	239 686	0.50

七、规划图纸

规划图纸如图 8-52～图 8-63 所示。

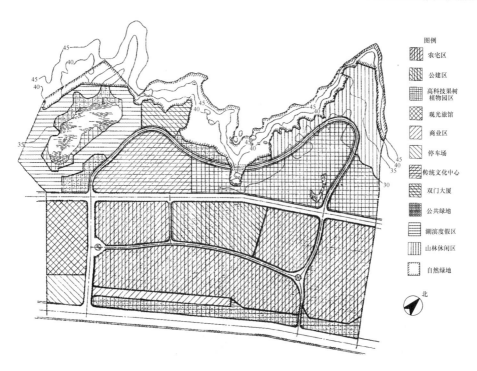

图 8-52 功能分区总平面图

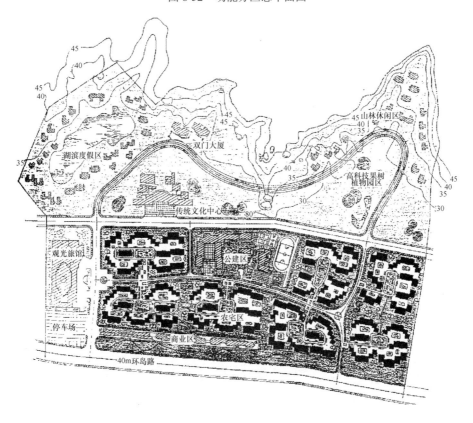

图 8-53 规划总平面

图 8-54   绿化总平面图

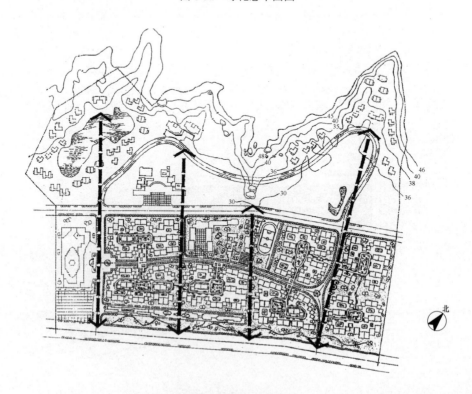

图 8-55   视觉走廊示意图

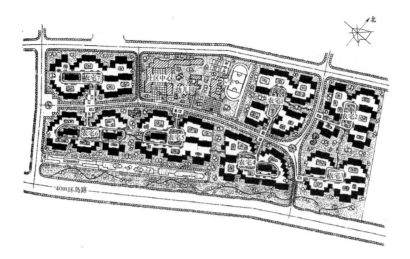

图 8-56　农宅区规划平面图

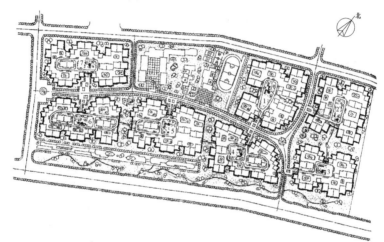

图 8-57　组团分区

图 8-58　道路系统图

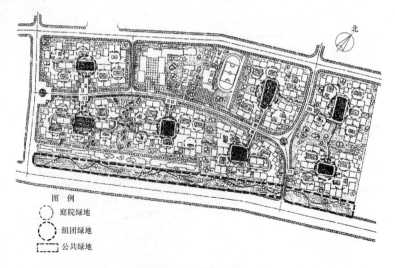

图 8-59　绿化系统

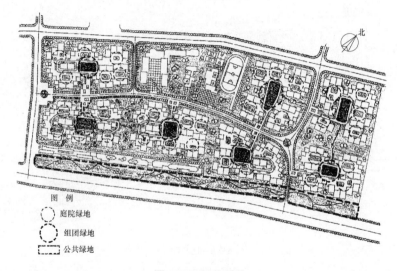

图 8-60　绿化系统

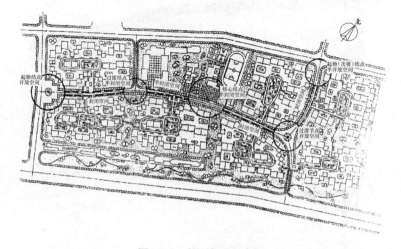

图 8-61　空间序列示意图

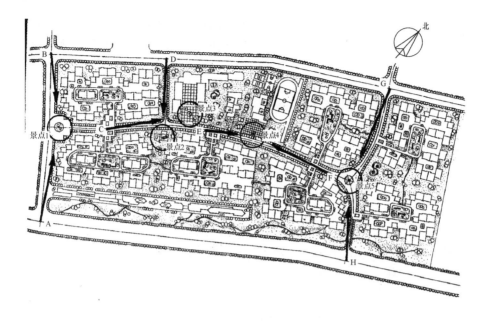

图 8-62　景观示意图

组团入口 ——→ 公共空间 ——→ 半公共空间 ——→ 私密空间(入户)

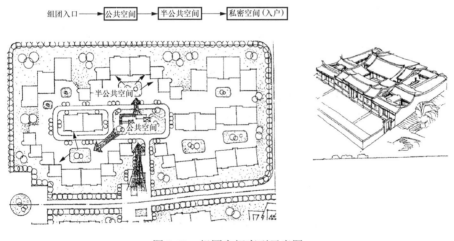

图 8-63　组团空间序列示意图

8.6　江苏省张家港市南沙镇东山村居住小区规划设计[1]

南沙镇东山村居住小区地处香山风景区东南面，基地共 $2.8 \times 10^5 \text{m}^2$，城区规划道路将小区分为东西两块，东块基地，东、南面以河道为界，北面临环路，西块北依香山脚下；西块为农田，基地中部原有排洪水渠和池塘。

一、功能结构分析

设计原则是创造一个功能合理、结构明晰、特色鲜明的居住小区。

❶　设计：同济大学规划设计研究院。

小区居住共分 6 个组团，为公众服务的各项公共建筑和商业处于小区中部及南北向的城区道路两侧，结合水面组织广场步行系统；布置公共设施，改变以往农村商业沿街"一层皮"的做法，形成由自然水面步行系统、绿化、广场共同构成富于情趣、气氛活跃、舒适方便的公共活动环境。

居住的 6 大组团，各有特色。第 2、第 4 组团临近水面，采取较为灵活的组合方式，以流畅富有动感的曲线围合，组成住宅间的内部空间，与自由的驳岸相得益彰，互相呼应；第 1、第 5 组团，临近南北向的城区道路，采用较规整的组合方式，以直线或折线围合出住宅间的空间；第 3 组团，围绕公共中心区域，采用点式自由布置，生动变化；第 6 组团，依山就势布局，形成高低错落的山地建筑风貌，各组团间过渡自然，整体和谐。

二、道路交通系统分析

设计原则是构造一个合理、通畅、便利、清晰的交通网络。

（1）道路框架城区道路将基地分为东西两块，本小区以一条环状的一级道路将东、西两块基地贯通，并分别形成开向城市道路的出入口，由于东块基地面积大，并在其北面也有住户，因此向北也设一小区的出入口，便于联系。以一级环路为框架，由两级道路伸展到各个组团，并形成通畅道路，再由三级道路（即宅前后小路）延伸至各住宅单元，并同步行系统相联系。小区整体交通脉络分级清楚，道路通顺，交通方便。

（2）道路等级居住小区内道路分为两套系统三个等级。

1）两套系统为车行与人行分流系统，可避免主要道路人行车行的干扰，另可提供安全、舒适的人行通道。

2）车行道路分级如下：

一级道路为小区的环路，宽 11m，为全区主要框架。

二级道路为各级团内主要道路，宽 5m，为各组团间联系。

三级道路为宅前宅后路，宽 3m，为组团内交通组织，也为步行道。

（3）步行交通为了体现居住小区的现代功能格局，以及提供高品质的居住环境，规划中建立了一整套相互联系的步行交通系统，并与绿化系统、水体有机结合，共同构成一个安全、舒适、怡人的生活环境。小区中部有一条明显的东西向步行带，它将小区入口、下沉式广场、钟塔、葡萄架、观景平台、水面和各公共建筑串联起来，并以此为主轴向四方各居住组团延伸，和组团内的中心绿地相连，到达宅前后小路。另外，又与小区滨河步行带环通，共同构成完整的步行交通网络。

三、空间形态及景观分析

设计原则是营造形态丰富、疏密有致，优美怡人的景观特色。

整个小区分为中部、西北部低层控制区（以二、三层联立式为主）；东北、西南部为多层控制区（以四层为主的公寓），形成一条由东南向西北较为开阔的视觉走廊，并顺应地势延伸到西北面的山景和烈士陵园；相反，从山上俯视，居住区的风貌也一览无余，组成整个香山风景区的一部分。

基地原有泄洪水塘，进行规划整治后，使之贯通相连，汇集到东西方向的河道中，自然流畅的水岸给居住小区的景观注入活跃的因素，使整体小区依山环水，自然景观十分优越。对水体的利用和适当改造，形成一条与视觉走廊相对应的蓝色走廊，成为一大景观特色。

住宅组团形态也由地形不同分别处理，滨水住宅沿河道、水池采用放散状空间组织，将视线引向水面。临街住宅采用平直或曲折组织空间，围合内向空间，避免外界干扰。

四、绿化系统分析

设计原则是形成一个纵横交织、互联成网的绿化系统。

绿化系统分为以下几个层面。

（1）中心绿化。因为小区位于风景区附近，周围又为大片农田，自然生态环境良好，所以不设大面积的集中绿地，而是与中心公共建筑及其周围散点的住宅组成中心绿地。使中心绿地、水面和中心步行系统结合组成本区的公共活动中心。

（2）滨水绿化与水体相呼应，以花卉、草坪、灌木等和滨水步行道及休息广场相结合。

（3）组团中心绿地各组团内部以建筑围合成中心绿地，每一组团有1~2个，供老人和儿童休憩和游戏。

（4）沿街绿带在主要道路两侧布置行道树，形成绿色轴线，纵横交织，组成网络。

五、公共设施

分建布置，商业除沿街设一部分外，结合广场水面布置商店、餐饮、幼托、农贸市场、文化活动中心。文化活动中心也可以提供村民举行喜庆欢宴之用，满足农村日益提高的文化和传统习俗的需要。东块半圆广场和葡萄架、钟楼组成整体、高耸的钟楼，成为该小区的标志和认知点。

西块结合公寓的布置设一半圆形下沉式广场，提供村民们自娱自乐组织各类演出活动，提高社区文化及文明程度。

六、土地使用平衡表与技术经济指标

土地使用平衡表见表8-7，技术经济指标见表8-8。

表8-7 土地使用平衡表

用地项目	面积（×10⁴m²）	人均面积（m²/人）	%
小区用地	27.6	78	100
住宅用地	12.9	26.5	46.8
公建用地	2.1	5.9	7.6
公共绿地	9.8	27.7	35.5
道路广场用地	2.7	7.8	10.1

表8-8 技术经济指标

住宅套数	885 套	住宅平均层数	3.1 层
居住人数	3540 人	人口净密度	274 人/×10⁴m²
总建筑面积	15.04×10⁴m²	住宅建筑净密度	43%
住宅建筑总面积	13.59×10⁴m²	容积率	55.1%
公共建筑总面积	1.45×10⁴m²	绿化率	35.5%

七、规划图纸

规划图纸如图 8-64～图 8-69 所示。

图 8-64　小区规划设计

图 8-65　总平面图

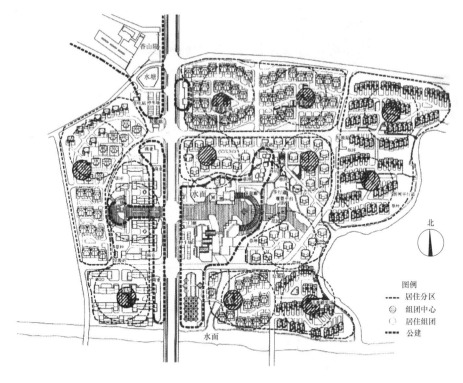

图 8-66　功能结构分析

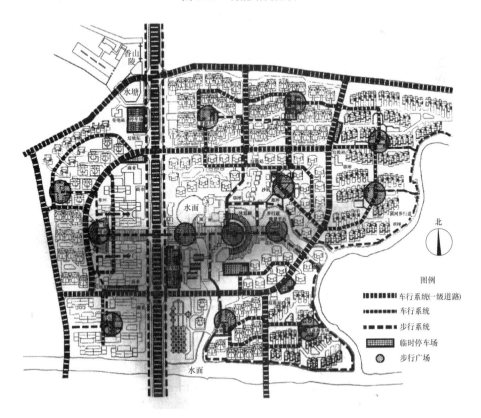

图 8-67　道路交通系统分析图

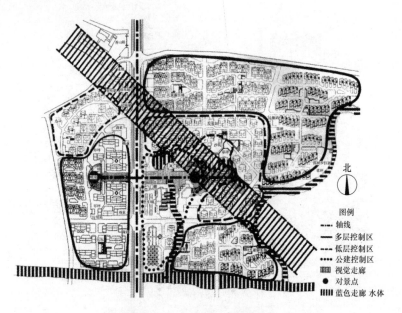

图 8-68　空间形态及景观分析

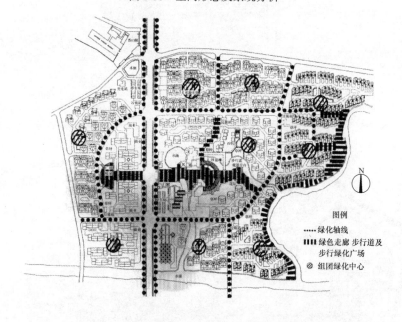

图 8-69　绿化系统分析图

8.7　龙岩市新罗区岩山乡莱山村村庄规划❶

一、概况

新罗区岩山乡位于新罗区东北部，面积 103.17km²，辖 13 个村委会，人口 5 千多人，境内山脉连绵，是龙岩主要林区之一，森林覆盖率达 82%，主要矿产有煤、石灰石。岩山乡现

---

❶　设计：龙岩市城乡规划设计院陈雄超。指导：骆中钊。

已形成林业、种植业和矿产开发三大支柱产业。岩山乡还毗邻龙硿洞风景区，景区于 1991 年被省政府列为省级风景区，龙硿洞风景区溶洞面积大（共 5.4 万 m²），洞穴深、洞形奇，景观丰富，具有较高旅游观赏价值。

莱山村则位于岩山乡的东部，莱山村由莱山村、莱山内、田尾和大丁坑四个自然村组成。其中田尾村 9 户 30 人、大丁坑村 19 户 56 人、莱山内 14 户 42 人、莱山村 150 户 597 人。全村 192 户 725 人，平均 3.77 人/户，人均年收入 6000 元/年。

莱山村地处福建西部，夏季主导风向为东南风，冬季主导风向为东北风，村庄地势呈南高、北低，高低差较大。

二、现状分析

（1）莱山村有着保护完好的原始森林和次生林及良好的植被、优越的山地自然风光。村内还保留有一株独具特色的老仙人掌树。

（2）莱山村有不少保留较好的传统民居和悠久的历史文化，陈氏宗祠经修缮保留完好。

（3）莱山村水蜜桃颇富盛名，可用作产业发展的主打品牌产品。

（4）莱山村的养猪业，可进一步集中，并加以发展沼气，形成生态养猪业。

（5）莱山村的林地养鸡颇具规模，可通过进一步发展，形成优良品牌。

（6）引资的立成水泥塑料厂虽可解决部分村民就业和向村里缴纳管理费，但污染严重，远期应停产拆除，并将部分厂房改为开展休闲度假的接待用房。

（7）现有农宅多为单层土房（木构架），不仅占地大、布置无序、拥挤，而且年久失修，不少已破烂不堪。在规划区内除保留一些较能展现历史文化风貌的传统民居外，应拆除，进行统一规划，以节约用地。

（8）主要村道虽已硬化，但未能形成有序的交通组织，不但难能组织有效的防灾保护和方便生活，而且严重影响村庄的生产发展。

（9）已建村委会办公楼质量较好，可继续使用。有些颇富特色的传统民居建筑质量较好，具备可开辟为村服务中心（卫生站、文化站、老年活动站）的条件。已建的戏台和广场，由于严重影响规划用地，应予以拆除。

（10）福利设施尚不健全。

（11）生活用水水源不足（正在开山调引水）。

三、设计依据

（1）《福建省村庄规划编制技术守则（试行）》（闽建村〔2006〕6 号）。

（2）新罗区岩山乡总体规划》。

（3）《莱山生态文明示范村建设规划（初稿）》。

（4）《住宅设计规范》。

（5）《建筑设计防火规范》。

（6）其他现行有关国家及福建省设计规范和法规。

四、规划年限和类型

（1）规划年限。十五年（2008—2023 年）。

（2）规划类型。旧村改造重建型。

五、规划原则

（1）因地制宜，量力而行。根据当地的地域及经济状况，有针对性地解决村庄实际问题，分类指导。

（2）节约用地，合理布局。要始终坚持保护耕地、合理用地和节约用地的原则，充分利用丘陵、缓坡和其他非耕地进行建设。

（3）立足现状，配套设施。合理地安排村庄各类用地，立足现有基础，重点完善公共设施和基础设施。

（4）延续特色，生态优先。充分利用丘陵、平原、水系等不同自然地理条件，保护整体景观，挖掘地方文化内涵，延续文脉。

六、建设规划

（一）总体规划布局

莱山村村庄规划设计应体现传统文化与时代精神的有机结合，力图营造既具有地方风格，又富有现代气息，和谐自然的人性空间，并为村庄可持续发展创造条件。

（1）利用地形，因地制宜，尽量利用荒坡地，不占耕地，充分利用空闲杂地，以拆旧建新为主。

（2）保留有代表性的传统建筑，充分利用占地较大的特点，辟为公共活动场所。

（3）合理确定宅基地面积。根据规定，每人要少于 $20m^2$。利用荒地，可以适当增加，但每人不得超过 $30m^2$，从农村住宅使用的实际情况来看，一层应布置的功能空间应包括厅堂、餐厅、厨房、卫生间、楼梯间、老人卧室和较大的储藏室（以车库为准）。一般应在 $80\sim100m^2$ 较为合适。同时，考虑到农村住宅功能具有生活、生产的双重性以及发展休闲度假的功能，促进经济发展的需要。

本方案 A、B、C 三种户型如下：

A 型：宅基地面积为 $7.8\times13.2-2.1\times2.1=96$（$m^2$）

B 型：宅基地面积为 $13.2\times3.3+6.3\times9.3-2.1\times2.1=96$（$m^2$）

C 型：公寓式住宅，每户建筑面积均在 $150m^2$ 以下。

（4）努力实行"一户一宅"，坚持拆旧建新，退还旧宅基地，统一规划，合理利用。

（5）合理确定房屋朝向和间距。

1）朝向。据资料显示，莱山村所在位置属于亚热带海洋性季风气候，气候温和，日照充分，雨量充沛，有明显干湿季之分，夏季主导风向为西南风，冬季主导风向为东北风。根据实际地形和现状，住宅布置与村主干道垂直，坐北朝南，为住宅取得较好的朝向。

2）根据日照计算，并考虑采光通风、防灾和居住私密性的要求以及住宅南高北低的地形条件，住宅南北向间距不小于11m，山墙间距不小于4m。

（6）采用大深度、小面宽的住宅方案。

（7）住宅组合以拼联式为主，尽量减少独立式住宅。

（8）采用 A、B 型三层低层住宅和 C 型多层公寓式相结合。

（二）道路系统

（1）充分利用已硬化的村庄道路系统，保护山村风貌。

（2）为保证道路的通行作用，结合住宅院落式的空间组织，采用入户车行道两侧布置住宅的方式，力求使入户车行道为两侧的住宅服务，既减少了道路的长度，又可实现人车分离，为住宅组群创造一个供人们休闲交往的庭院空间。

（3）合理确定道路网和道路宽度。

小区交通道路分为以下四级：

1）村庄主干道，道路红线宽 5m。

2）村庄次干道，道路红线 3.5m。

3）入户车行道宽 2.5m。

（三）道路竖向

村庄现状地形高低差较大，为节约工程造价、便于分期实施、并与现有道路及保留住宅相衔接，采用较大的道路纵坡，道路纵坡最大 8.8%，最小 0.2%。住宅依托道路分平台而建，与现有地坪标高结合紧密，节约土方及工程造价。

（四）绿化景观

（1）利用原有深沟和耕地回填后，改造成荷塘、鱼塘和观光果园，形成村落中心的大片景观绿地，颇显田园风光。

（2）在各主要结点以组团绿地、院落绿地、步行绿地分别布置形态各异的建筑小品，根据不同位置配植各具特色的山花、树种，使其具有鲜明的地方特点，环境景观具有较强的识别性。另外，加强房前屋后的庭院绿化布置，以葡萄架和菜地种植，发挥庭院文化的作用，突出农家气息。

（3）保护古树（仙人掌树等）和原有绿化，保护传统风貌。

（五）风貌保护规划

（1）因地制宜，利用坡坎，保护好地形地貌，更好地与村庄周边山林植被有机地融合，凸显山村的特色。

（2）充分发挥原有硬化的道路，保护好道路两侧已成材的竹木与周边现有的农田、山林，使其与环境保持密切的关系。

（3）保护好传统建筑，并发挥其作用。将一些传统建筑风貌完好、建筑质量良好的宗祠适当完善后转为村庄的活动中心，充分利用好传统建筑，保护好村庄历史遗存，传承村庄宗祠的精神寄托，提高村庄的归属感。

（六）环卫规划

（1）在公共活动场所周边设置公共厕所，每厕建筑面积应不低于 $10m^2$。全村共设 3 座小型水冲式公共厕所。

（2）倡导垃圾分类，生活垃圾及其他垃圾能及时、定点分类收集，密闭储存、运输；生活垃圾收集点的服务半径不宜超过 70m。村内垃圾密闭运输至镇级垃圾中转站，再运至垃圾处理场进行统一处理。

（七）防灾规划

（1）结合给水管道设置消防栓，间距不大于 120m，5m 村主道设为消防通道，平时应保证村主道的畅通，同时利用鱼塘、河流等水体设置消防备用水源。

（2）沿房屋周边的山坡设置截洪沟、泄洪沟，并严格按国家规范设置护坡、挡土墙等设施，确保实施的牢固。

（3）应设突发急性流行性传染病的临时隔离、救治室。

（4）龙岩市属地震基本烈度六度区。村庄住宅抗震按地震烈度 6 度设防，村中的组团中心绿地、广场等作为村民防震避灾疏散安置空间，不得随意侵占。

（八）节能减排规划

村庄多种能源并举，利用太阳能、沼气、生物制气等天然能源和再生能源取代燃烧柴草与煤炭。积极采用太阳路灯，普及应用太阳能热水器。合理集中布置养殖小区，逐步实现家畜禽集中圈养，并与"一池三改"（改厨、改厕、改圈）户用沼气工程建设结合。

（九）住宅设计

为了节约用地，除了在总体布局上以两户并联及多户并联为主，独立式为辅外，住宅单体设计多采用小开间、大进深的处理手法。根据当地的居住现状和今后的发展趋向，为使小区设计体现以人为核心的设计思想，努力做到多样性，结合地形及车库入口方向的不同，共设计了3种方案、5种类型，A、B型宅基地面积控制在96m²以下，并可单独布置，也可并联组合。其特点如下：

（1）功能齐全。每套住宅都布置了齐全的功能空间，每幢均设有车库、厅堂及5~6个卧室，4个卫生间，还有活动室、起居厅、露台、阳台等，做到所有的功能空间均有直接对外的采光通风。并根据家居的活动规律和需要，对功能空间进行合理组合，减少室内的交通面积，一层分设两个主次出入口，并布置一间老人卧室，努力做到动静分离、洁污分离、公私分离、食居分离、居寝分离，为村民温馨的家居提供了必要的条件。

（2）吸取当地传统民居的特点，结合现代生活的需要，平面布置突出以厅为中心的组合形式，弘扬传统建筑的厅室文化。以客厅和起居厅作为家庭对内对外的活动中心，方便户内主要空间的联系，把面积较大的客厅、起居厅都布置在南向，以适应当地民情风俗和各种功能的需要，结合内天井的布置为组织自然通风创造条件。

（3）南向的厅堂、起居厅、活动室和卧室前都布置了挑檐，从而避免了太阳直晒，为居室的清凉环境创造条件。

（4）重视农宅间的庭院布置，实现农村住宅独特的庭院文化。

（5）采用内天井的平面布置，充分保证各功能室内的自然采光和通风，显示出颇富特色的乡土文化。

（6）较大的空间可适应持续发展的需要。

（7）功能齐全的平面布置为促进农村经济发展创造条件。可为开展农村部分生产活动和作为休闲度假的需要提供必要的功能空间。

（8）立面造型设计丰富，具有浓郁的地方风貌和现代特征。根据不同的户型，设计不同的坡屋面和色彩。弘扬了闽西土楼富于变化的屋顶形式文脉，使得那富于变化的立面层次、淡雅朴素的色彩和精湛细巧的装饰，再现了传统民居的韵味，大面积开敞的门窗、灰白的色彩和简洁的处理手法，使得立面造型又颇具时代新意。

（十）给排水工程

（略）

（十一）电力工程规划

（略）

（十二）电信工程规划

（略）

（十三）规划技术经济指标

（1）规划用地面积：69 373m² （合 104 亩）。

其中，村庄建设用地 63 758m²，观光农业用地 5615m²。

（2）总建筑面积：57 380m²。

（3）容积率：0.9。

（4）建筑密度：30.2%。

（5）绿地率：34.5%。

（6）总居住户数：206 户。

（7）居住人口：721 人（从 3.5 人/户计）。

（8）人均建设用地：88.43m²。

（十四）规划图纸

规划图纸如图 8-70～图 8-80 所示。

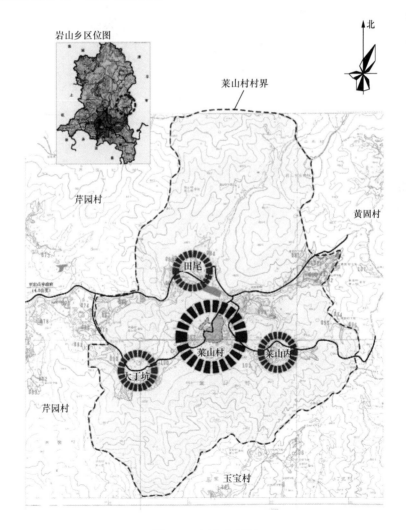

图 8-70 区位分析图

图例
新建住宅
保留建筑
宅旁绿地
公共绿地
河流水田
步行绿地
垃圾点

北

图 8-71　总平面图

北

观光农业用地
5615m²

S-24901.8m²
村庄一期建设用地
26902m²
可建设 104 户（其中公寓式 30 户）

村庄二斯建设用地
36856m²

图 8-72　分期建设图

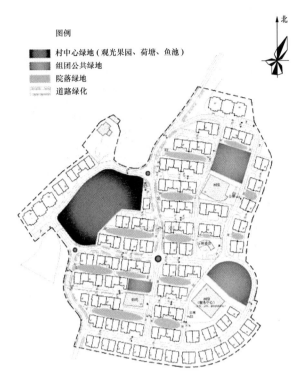

图 8-73　景观环境分析图

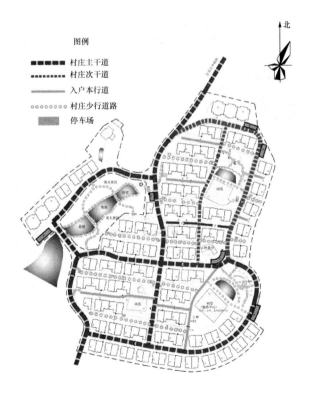

图 8-74　道路交通分析图

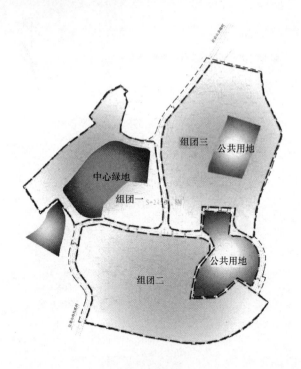

图 8-75 用地分析图

图 8-76 现状分析图

图 8-77 道路竖向图

图 8-78 外观图

A 户型模型

B 户型模型

C 户型模型

图 8-79 户型模型

图 8-80 全景图

8.8 伊拉克南部油田工程师住宅小区规划设计❶

伊拉克南部油田工程师住宅区位于城市主干道的西侧，占地 1km²，东西及南北均为 1000m 长，基地平坦。规划设计要求布置 300 幢单层住宅（二室户为 163m²、三室户为 205m²、四室户为 222m²）及其相关的配套公共设施，使其形成相对独立的住宅区。

一、规划布局

考虑伊拉克的地理位置和气候特点以及其为信奉伊斯兰教的国家，在规划布局时，把伊斯兰教教堂置于住宅区的中心位置，并以其为中心组织东西向的公共建筑用地，把整个住宅区划分为三段。中间为公共建筑用地，南、北为居住用地。形成了以伊斯兰教教堂为中心，东、西两个公共建筑区和南、北四个住宅小区的住宅区。

在公共建筑用地上，教堂的东面布置着与城市关系较为紧密的商业、医疗、文化活动建筑；在教堂的西面，布置着直接为住宅区内部服务的市政办公和中学。

住宅区内共划分为四个住宅小区。由每 10 户组成的住宅组团作为住宅小区的基本组合单元，每个住宅小区分别由七个或八个住宅组团围绕小区的公共绿地进行布置，在公共绿地上布置着小商店、变电站及供老年人、儿童、居民活动的场所。

分别在南部和北部各两个住宅小区之间的绿化带中布置了小学和幼托，便于儿童就近上学。

在住宅区的西北角布置了为住宅区服务的动力设施。污水处理场即在用地之外另行安排。

二、道路交通

用三条不同宽度的道路组成了月牙形的环形主干道。20m 宽的月牙形主干道使住宅区形成了两个与城市主干道连接的出入口；在其中间布置了联系住宅区公共建筑的 12m 宽中心环形干道，同时沟通了各住宅小区与教堂、商业服务、文化活动、医院等的联系；用 15m 宽的月牙形干道把住宅区两个出入口的 20m 主干道延伸进入住宅区的内部，形成建接各住宅小区的内部月牙形主干道。

---

❶ 本规划设计是作者骆中钊应邀代表中方参加国际招标的投标方案。

以教堂为中心，在半个环形范围内向外放射的八条 6m 宽的次干道，不仅把 12m 宽的环形主干道和 15m 宽的月牙形主干道连接起来，还形成了每两条贯穿一个住宅小区的次干道。

整个住宅区的道路交通组织构架清晰、分工明确、安全便捷。

三、绿化系统

住宅区占地面积大、建筑密度低，再加上由组团的院落绿地、住宅小区的中心绿地和小区之间的成片绿化带、公共建筑用地上的大片绿地以及带形的林荫行道树，组成了点、线、面结合的绿化系统。营造起人工的绿色环境，使人们置身于林木之中，在这干旱炎热的沙漠地带中，时时都能感受到绿色的清凉。

四、建筑设计

根据当地的气候条件，吸取了阿拉伯民族优良的传统建筑文化。公共建筑的设计，均以内庭和大挑檐来形成荫凉舒适的环境。内庭中布置各种水池、使其更富活力。大挑檐中的各种留洞，不仅有利于遮阳和通风，还使得墙面上形成了富于变化的光影效果，宽厚的檐口饰以绿色面层，檐下的各种拱券和拱廊，喷涂白色、米黄色、牙黄色的墙面和大片的玻璃窗，使其既呈现着伊拉克民族的传统文化，又颇具时代感。

住宅即是一律的单层平屋顶，以便于人们夜晚消夏乘凉。

五、规划图纸

规划图纸如图 8-81～图 8-84 所示。

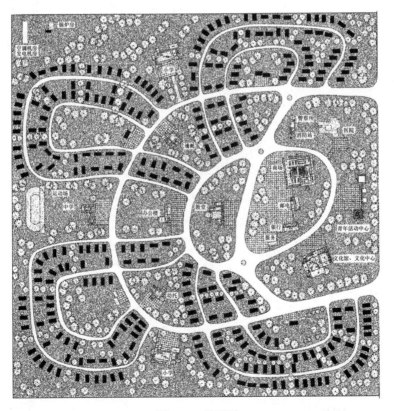

图 8-81　总平面

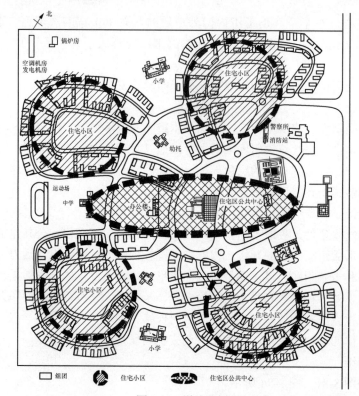

图 8-82 道路分析

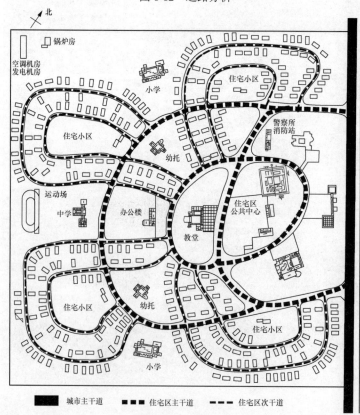

图 8-83 道路交通

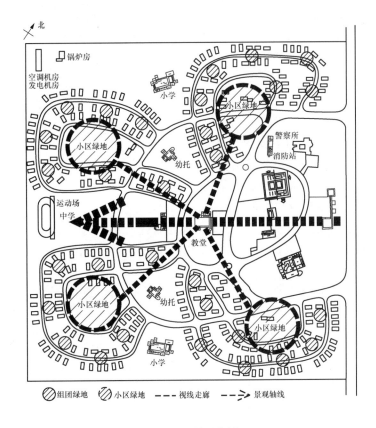

图 8-84　景观分析

8.9　福建省建瓯市东游镇安国寺畲族乡村公园住宅小区规划❶

建瓯市东游镇安国寺畲族乡村公园住宅小区规划，根据党中央建设社会主义新农村的总体要求和安国寺发展的客观实际，为保护农民合法权益，努力弘扬畲族文化，推进农村经济发展，建设山水宜居社会主义新农村，具有非常积极的意义。对当地经济社会发展、空间布局、基础设施和公共服务设施建设、生态环境保护、农村社区管理进行统筹规划，按照"旅游富村、科技强村、文明建村、和谐兴村"的工作思路，扎实推进安国寺畲族乡村公园住宅小区建设。

安国寺自然村，风光秀丽，原始森林、梯田式田园、灵动的瀑布溪流、苍翠的古树林群落、古朴的寺庙古厝与村庄住宅和谐共存于山水之间；生活居住习惯充分体现了延续传统农耕经济背景下南平山区乡村的自然特征。

小区背山面水，目前尚保留有少数民族畲族风土人情和具有历史文化价值的安国寺寺院遗址；自然山林水系、人文遗址可供开展创意性农业生态观光和人文观光。距离东游镇仅 7km，

---

❶　设计：福建村镇建筑发展中心范琴。指导：骆中钊。

交通便捷，有通村公路通往外界。用地起伏较大，虽然为小区的规划设计带来了一定的挑战性，但为小区未来发展形成独特的风格创造了条件。

小区规划用地 3.74hm^2（合 56.183 亩），规划建设用地为 3.3256hm^2，规划居住户数共计住宅 77 户。根据当地居民实际情况，可居住 385 人（以每户 5 人计）。

一、小区概况

1. 地理位置

东游镇位于松溪河之畔，鹫峰山脉西侧，镇城北部与龙村乡接壤，西部与顺阳乡毗邻，南部与屏南县相连，东部与川石乡相接。松溪河、省道瓯政公路横贯全境。东游镇拥有 1050 多年的建城史，具有深沉凝重的历史文化底蕴。据考证，早在新石器时代（约公元前 3000 年），就有先民在此繁衍生息，西周时属七闽地。后晋天福八年（公元 943 年）王延政在建州称帝，选址党城筑城百里，规模宏大，有所谓："渡头城、云头街"之说，为东游城镇发展的最初雏形，历逾千载，人文荟萃，文史斑斓。民国二年（1913 年），东游为建瓯县东区永平乡。1949 年为福建省建瓯第一行政公署第二区。1958 年成立人民公社，1984 年 6 月人民公社改为乡政府，1985 年 1 月撤乡设镇，是建瓯市最早设镇的乡镇之一。

安国寺畲族乡村公园住宅小区位于建瓯市东游镇胡墩村西部的安国寺自然村，交通区位良好，自然人文资源丰富；距离村庄以东北院岭有原生态瀑布，西上有 2 座庙宇及原始森林；以南是深山峡谷，有各种稀少的树种、奇形怪状的石头；以北有金龙坑峡谷，各式各样的岩壁、瀑布等。

2. 农业生态观光资源丰富

安国寺农业资源丰富，其中总耕地 3.17×10^{5}m^2（475 亩），南地耕地面积 1.87×10^{5}m^2（280 亩），合计 5.03×10^{5}m^2（755 亩）；林地面积约 2×10^{6}m^2（3000 亩），内有水系东西向贯穿全村，水流清澈见底，终年有水，另有若干山泉溪流汇入主流，为小区带来灵气和活力。

安国寺的物产丰富。一、二月份有冬笋、雷竹笋；三、四月份有捕竹、毛竹、苦竹笋；五、六月份有枇杷、桃子和杨梅；七月份有西瓜；八、九月份有锥栗；十、十一月份有柑橘；十二月份有蜂蜜和苦珠。一年四季可谓月月有特产，是休闲观光、亲自采摘和自然山水体验的好去处。

3. 悠久的人文历史资源

安国寺是东游镇畲族聚居的村庄，拥有悠久的畲族文化历史，同时也是太极内家祖师兰仁兴祖居地。

宋朝永隆五年（943 年）二月，王延政在建州称帝，国号"大殷"，改年号为"天德"，派出护国法师在其辖区寻找风水胜景建造寺庙，以祷告天神保佑，图保江山永固；东游镇胡墩村所辖的一个大山坳，因其四周矮山、高峰次第环围，正似层层更迭的盛开花瓣，而椭圆形的山坳，恰似莲花蓬心，坐落中央，实乃建造寺庙的绝佳之地；因东有金龙卧岩；南有仙奶坐镇；西有仙掌护座；北有将军（将军山）守护，特敕建安国寺。

4. 用地情况

用地交通环境良好，南侧有水泥硬化的通村公路联系外界，有通村公路从小区东北侧通过，未来可衔接。自然环境优美，现状聚落呈台地布局，层层叠叠，未来将延续山地民居的建筑风格和空间脉络；现状用地为北高南低，向溪流倾斜；现有建筑以土墙木屋为主，占房屋总数的 1/2，且多为 20 世纪 70 年代建设，现正在筹建新村，村民积极性高。

5. 公共设施

规划用地范围内为山地，无公共设施需完善。

二、规划构思和设计说明

（一）规划依据

（1）《中华人民共和国城乡规划法》。

（2）GB 50180—1993《城市居住区规划设计规范》。

（3）福建省实施《中华人民共和国城乡规划法》办法。

（4）《福建省村庄规划导则》。

（5）《福建省村镇住宅试点小区管理办法》。

（6）《福建省村镇规划标准》。

（7）GB 50096—2011《住宅设计规范》。

（8）GB 50016—2014《建筑设计防火规范》。

（9）其他现行有关国家及福建省、南平市设计规范和法规。

（10）地形图及相关基础资料。

（二）规划指导思想和原则

（1）因地制宜，合理布局。充分利用现状地形条件，以求最佳效益。

（2）分期实施，滚动开发。规划考虑建设的阶段性，采用一步规划分期实施的办法，滚动式开发，同时考虑规划的可持续发展。

（3）互动互用，互不干扰。正确处理好小区对外交通和小区内部交通。

（4）生态优先，强化特色。坚持可持续发展的原则，不破坏生态环境；保护安国寺优美的原生态肌理，规划布局及设施建设体现生态优先理念，突出保护山林、水系、村落有机镶嵌所构成的特有的山区村落的自然生态格局；延续传统建筑特色，完善现代公共服务和设施建设内涵，坚持不同时期建筑的和谐共存，保留乡村发展的自然痕迹，塑造富有地域特征及乡土气息的现代乡村形象，保持强烈的可识别性。

（三）规划总体设想

1. 小区规划布局

（1）朝向与间距。根据当地的地形、地貌和习俗，建筑朝向主要采用南偏东，住宅日照间距采用 1:1，即不小于 10m，山墙间距不小于 4m。

（2）规划布局与功能分区。小区不仅要安置居民的居住，更要重视安置农民的生产，开发旅游资源的同时努力弘扬畲族文化，确保农村经济的发展。为此，安置区的规划，在考虑到农民居住条件改善的同时，安排了发展服务业（为城里人提供休闲度假的客房出租和临时客房），同时在此规划的基础上，建议抓紧做好以安国寺村域为主体的乡村公园总体规划（也即在全村范围内集山、水、田、人、文、宅为一体的乡村公园规划）。通过村庄的产业景观化和景观产业化，充分做好乡村公园的总体规划，在发展第一产业的基础上，发展第二产业和第三产业的服务业，以达到吸引游客，留住来客（客人在此可借助第一、二产业进行各种活动）、招揽回头客、做活假日经济。这也就是要对全村庄进行创意性生态农业文化的乡村公园规划。

住宅小区规划设计中尽量节约用地，各类用地集约设计。理顺道路骨架，用小区干道和镇干道衔接形成环状的道路网，保证了小区的交通需求；绿地系统结合现状分为三级（中心绿地—院落绿地—线形绿化）。建筑上以两户拼联为主的低层住宅，结合台地布置，同时与周边道路、山形地势、自然水体互为浑融、相得益彰，既提高了土地利用率，又使布局灵活，形成良好的景观效果和优美的天际轮廓线。

2. 道路系统规划

结合当地实际情况和现有硬化道路，依据现状，形成小区的二级道路系统。

（1）小区干道 5m；

（2）入户车行道 3m。

另外，结合中心绿地、河滨绿带和人行入口设置步行道和绿廊。

（四）绿化系统和结构分析

1. 绿化系统

该次规划本着"因地制宜，以人为本"的原则，绿化尽量结合现状道路节点布设，形成"点线结合"的绿化系统。

（1）点。主要结合入口和道路的交点处、结合山水自然景观，形成两处景观节点。强调了小区入口，同时为居民提供了休闲娱乐的场所，滨水绿地主要以亲水、观水、戏水等动态活动为主；小区人行入口附近的广场和狭长中心绿廊，提供展现乡土文化的活动场地，既方便居民的使用，又可成为开展农业观光、人文旅游、独具特色的一道风景线，提高了居民的人居环境，并具有地域标识性。

（2）线。道路和溪流两侧形成郁郁葱葱的林荫道和滨水绿化带，不但可以遮阴，而且具有独特魅力的导向性。

（3）将现状水景引入小区，形成环状活水，不但为小区平添了生气，同时为周边的山体排洪排涝提供了安全的保障，成为小区的独有特色。

2. 结构分析

结合现状条件，小区以传承山居聚落文化的，基本形成四个台地，每个台地间高差为 1.5m 左右，形成依山就势、层层叠叠的建筑空间，很好地将"山、水、绿地、建筑、农田"结合起来，各得其所，同时结合主入口处中心绿地设置综合楼一座，内设幼儿园、变电站、公厕等，结合道路节点设置停车场四处，供来访客人停车用，同时避免外来车辆对本小区内部的干扰。

（五）建筑设计

根据当地的居住现状和今后的发展趋向，可居住住宅 77 户，每户占地面积 105、108m²，建筑面积 287、306m²，结合台地和车行道，有南北两种进车。

建筑设计上尤其注重了土楼文化的传承：

（1）激活集山、水、田、人、文、宅为一体的畲族文化规划。

1）弘扬山居聚落的自由式布局，采用台地层叠的布局方式，尽量保留原有的地形地貌和原生地表，减少工程量，保留原有稳定的土层地貌。

2）考虑到山水人家的发展和实际经济状况，建议在保护农民宅基地房权的基础上，鼓励农民把房屋租赁给城里人在此休闲度假。

3）户型设计，既可以做到每户三层，有天有地，也可以分层使用，每户卧室为 6 间以上，每层有独立的卫生间，主卧考虑自带专用的卫生间；也考虑农村的实际情况，设计了二代居住宅，即一层为老人居住，二、三层为年轻人居住的独特布局，使其既保证多代同堂，又互不干扰。

4）功能齐全，所有的功能空间均有直接对外的采光通风。以厅堂和起居厅作为家庭对内对外活动中心，方便户内联系。南向的厅堂、起居厅、活动厅和卧室前都布置了挑檐，避免太阳直晒。

5）立面造型设计丰富，以忠勇传芳四龙柱、公扬公主风吻脊、彩带飘扬艳碧空、匾额展现思衍源、时代畲寮富木韵和灯笼高悬歌山哈展现畲族时代屋寮的特点。浓郁的地方风貌和现代特征；兼之使用大面积开敞的门窗和简洁的处理手法，使得立面造型颇具时代新意。

（2）抗震规划设计。所有建筑物均按七度抗震设防。

（六）道路竖向规划

竖向规划通过研究地形变化规律，选择合理的竖向设计标高，满足规划区修路、建房、排水等使用功能要求，同时达到安全防灾、土方工程量少、综合效益佳的目的。

规划区的雨水、污水排放和道路的舒适安全性都要依靠竖向设计去控制。本区的竖向规划在紧密结合路网规划基础上，每一个路口高程点都相互作用和控制，在每一个局部的建设中，都应满足竖向规划要求。

建筑室外地面标高要与街坊地平、道路标高相适应，建筑室外地面标高一般要高于或等于道路中心的标高。

（七）市政工程规划设计

（略）

三、主要经济技术指标

主要经济技术指标见表 8-9。

表 8-9　　　　　　　　　主 要 经 济 技 术 指 标

项　目	指　标	项　目		指　标
规划用地	3.7455hm²	人均公共绿地		7.9m²/人
规划建设用地	3.3256hm²	居住人口		77 户、385 人
总建筑面积	23531m²	其中	户型甲	6 户
建筑密度	25.1%		户型丙	44 户
容积率	0.71		户型己	20 户
绿地率	35.8%		户型戊	7 户

四、规划设计图纸

规划设计图纸如图 8-85～图 8-92 所示。

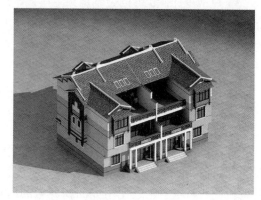

(a)

(b)

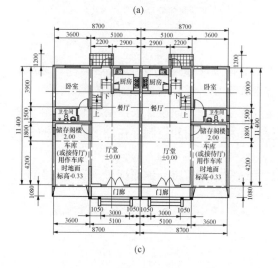

(c)

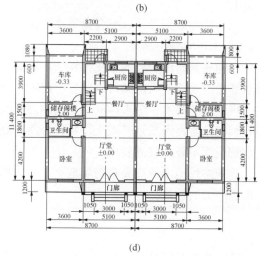

(d)

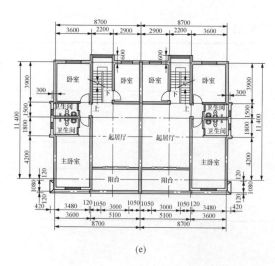

(e)

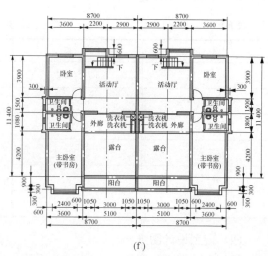

(f)

图 8-85　甲型住宅（单位：mm）

（a）外观一；（b）外观二；（c）首层平面户型甲 1（南进车）；（d）首层平面

户型甲 2（北进车）；（e）二层平面；（f）三层平面

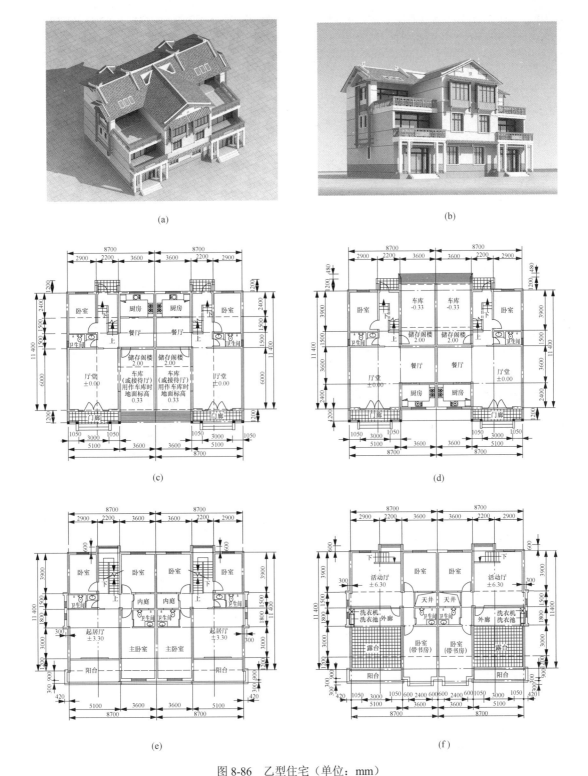

图 8-86 乙型住宅（单位：mm）

（a）外观一；（b）外观二；（c）首层平面户型乙 1（南进车）；（d）首层平面
户型乙 2（北进车）；（e）二层平面；（f）三层平面

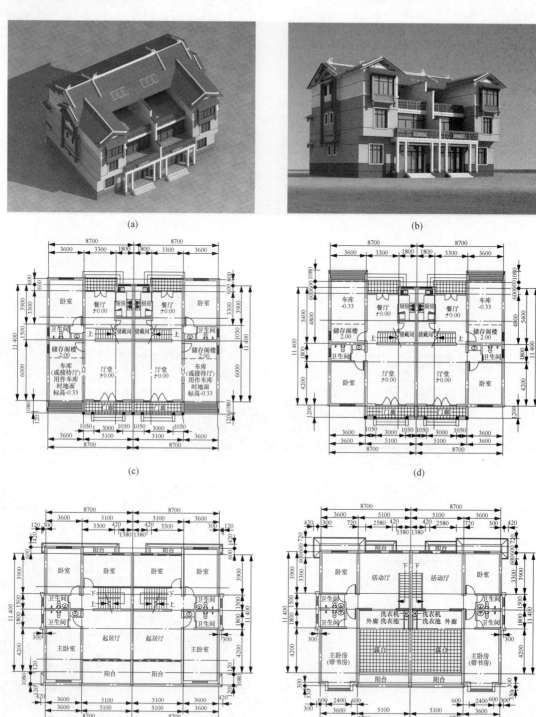

图 8-87　丙型住宅（单位：mm）

（a）外观一；（b）外观二；（c）首层平面户型丙 1（南进车）；（d）首层平面

户型丙 2（北进车）；（e）二层平面；（f）三层平面

(a)

(b)

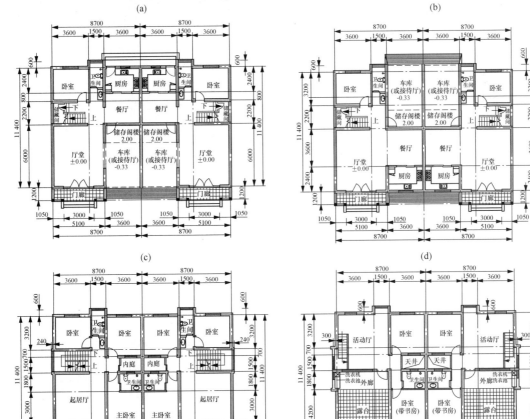

(c)

(d)

(e)

(f)

图 8-88 丁型住宅（单位：mm）

（a）外观一；（b）外观二；（c）首层平面户型丁 1（南进车）；（d）首层平面户型丁 2（北进车）；

（e）二层平面户型丁 1（南进车）；（f）三层平面户型丁 1（南进车）

(a)

(b)

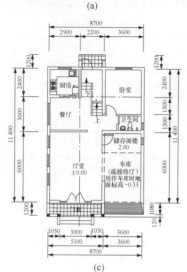

(c)

(d)

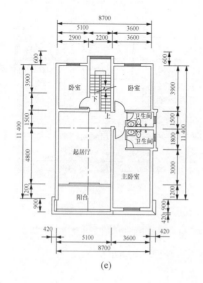

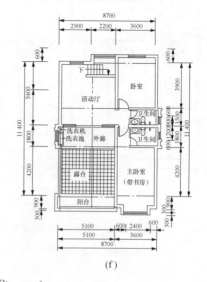

(e)

(f)

图 8-89 戊型住宅（单位：mm）

（a）外观一；（b）外观二；（c）首层平面户型戊 1（南进车）；（d）首层平面
户型戊 2（北进车）；（e）二层平面；（f）三层平面

(a)　　　　　　　　　　　　　　　　　(b)

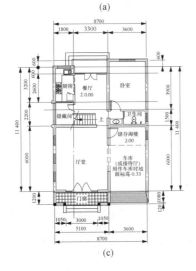

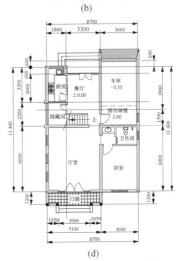

(c)　　　　　　　　　　　　　　　　　(d)

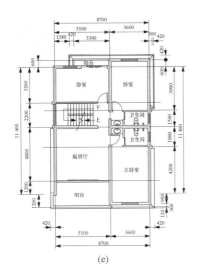

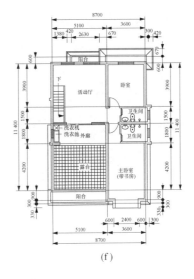

(e)　　　　　　　　　　　　　　　　　(f)

图 8-90　已型住宅（单位：mm）

（a）外观一；（b）外观二；（c）首层平面户型已 1（南进车）；（d）首层平面

户型已 2（北进车）；（e）二层平面；（f）三层平面

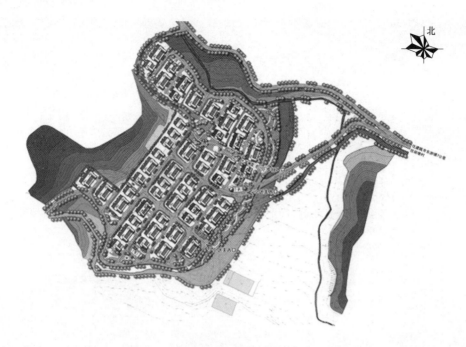

图 8-91　规划总平面

图 8-92　鸟瞰图

参 考 文 献

[1] 骆中钊. 小城镇现代住宅设计. 北京：中国电力出版社，2006.

[2] 骆中钊，骆伟，陈雄超. 小城镇住宅小区规划设计案例. 北京：化学工业出版社，2005.

[3] 骆中钊，张野平，徐婷俊. 小城镇园林景观设计. 北京：化学工业出版社，2006.

[4] 刘延枫，肖敦余. 底层居住群空间环境规划设计. 天津：天津大学出版社，2001.

[5] 肖敦余，胡德瑞. 小城镇规划与景观构成. 天津：天津科学技术出版社，1989.

[6] 赵之枫，张建，骆中钊，等. 小城镇街道与广场设计. 北京：化学工业出版社，2005.

[7] 文剑刚. 小城镇形象与环境艺术设计. 南京：东南大学出版社，2001.

[8] 朱建达. 小城镇住宅区规划与居住环境设计. 南京：东南大学出版社，2001.

[9] 骆中钊，杨鑫. 住宅庭院景观设计. 北京：化学工业出版社，2011.

[10] 汤铭潭，等. 小城镇与住区道路交通景观规划. 北京：机械工业出版社，2011.

[11] 骆中钊. 小城镇住区规划与住宅设计. 北京：机械工业出版社，2011.

[12] 骆中钊. 风水学与现代家具. 北京：中国城市出版社，2006.

[13] 王宁等. 小城镇规划与设计. 北京：科学出版社，2001.

[14] 赵荣山，纪江海，李国庆，等. 小城镇建筑规划图集. 北京：科学出版社. 2001.

[15] 张勃，恩璟璇，骆中钊. 中西建筑比较. 北京：五洲传播出版社，2008.

[16] 乐嘉藻. 中国建筑史. 北京：团结出版社，2005.